广东省建筑施工特种作业人员继续教育教材（第二版）

广东省建筑安全协会 编著

主　编：王　启
副主编：林东辉
编　委：余南华　邓　波　吴瑞卿　赖泽荣
甘京铁　肖鸿韬　卢健明

华中科技大学出版社

内 容 简 介

本书为建筑施工特种作业人员继续培训教材。全书共5章，主要针对建筑施工特种作业人员必须掌握的安全生产知识和事故案例分析进行了阐述，内容包括：建筑施工安全概论、建筑施工安全管理制度、建筑施工安全管理、建筑施工生产安全事故案例分析、建筑施工生产安全事故及防范。全书内容系统全面，文字简练，图文并茂。

本书可作为建筑施工特种作业人员继续教育培训用书，也可供安全员、安全监理人员及其他安全管理人员学习参考。

图书在版编目(CIP)数据

广东省建筑施工特种作业人员继续教育教材/广东省建筑安全协会编著. —2版. —武汉：华中科技大学出版社，2019.2(2023.4重印)

ISBN 978-7-5680-5025-8

Ⅰ.①广… Ⅱ.①广… Ⅲ.①建筑工程-工程施工-安全技术-继续教育-教材 Ⅳ.①TU714

中国版本图书馆CIP数据核字(2019)第031381号

广东省建筑施工特种作业人员继续教育教材(第二版) 广东省建筑安全协会 编著

Guangdong Sheng Jianzhu Shigong Tezhong Zuoye Renyuan Jixu Jiaoyu Jiaocai

策划编辑：何臻卓 李国钦
责任编辑：陈 骏 黄 勇
封面设计：原色设计
责任校对：周怡露
责任监印：朱 玢
出版发行：华中科技大学出版社(中国·武汉) 电话：(027)81321913
武汉市东湖新技术开发区华工科技园 邮编：430223
录 排：华中科技大学惠友文印中心
印 刷：广州佳达彩印有限公司
开 本：787mm×1092mm 1/16
印 张：12.5
字 数：320千字
版 次：2023年4月第2版第10次印刷
定 价：32.00元

第二版前言

安全生产事关人民生命财产安全，事关党和国家事业发展大局。党的十九大报告强调，要树立安全发展理念，弘扬生命至上、安全第一的思想，健全公共安全体系，完善安全生产责任制，坚决遏制重大、特大安全事故，这对我们进一步加强建筑施工安全生产工作、切实防范安全事故提出了更高、更严的要求。建筑施工现场在生产过程中主要有露天作业及高处作业多、体力劳动多、生产工艺及施工方法多样的“三多”特点，并且建筑施工存在较多不安全因素，建筑行业是事故发生率较高的行业，因此，加强施工现场安全管理有着重要的意义。

建筑施工特种作业人员是指在房屋建筑和市政工程施工活动中，直接从事可能对本人、他人及周围设备设施的安全造成重大危害的作业人员。《建设工程安全生产管理条例》第二十五条规定：“垂直运输机械作业人员、安装拆卸工、爆破作业人员、起重信号工、登高架设作业人员等特种作业人员，必须按照国家有关规定经过专门的安全作业培训，并取得特种作业操作资格证书后，方可上岗作业。”《安全生产许可证条例》第六条规定：“特种作业人员经有关业务主管部门考核合格，取得特种作业操作资格证书。”

本书根据住房和城乡建设部颁布的《建筑施工特种作业人员管理规定》和《建筑施工特种作业人员安全技术考核大纲(试行)》《建筑施工特种作业人员安全操作技能考核标准(试行)》的要求编写，旨在进一步规范建筑施工特种作业人员安全技术继续教育培训工作，帮助广大建筑施工特种作业人员更好地理解和掌握建筑安全技术理论和实际操作安全技能，全面提高建筑施工特种作业人员的知识水平和实际操作能力。

“安全第一、预防为主、综合治理”是我国安全生产的方针，加强对建设工程项目施工安全的管理是稳定社会秩序、确保经济发展的大事。为加强建设工程项目的安全技术管理，防止建筑施工安全事故发生，保障人身和财产安全。近年来，各级住房和城乡建设主管部门认真贯彻落实党中央、国务院关于安全生产的重大决策部署，在落实施工企业安全生产责任以及加强政府安全监管方面的力度不断加大，建筑施工生产安全事故逐年下降，建筑施工安全生产呈现稳定好转的态势。然而，在事故总量持续减少的同时，群死群伤的较大及以上事故还时有发生，这些事故不仅造成了人员的重大伤亡和财产的巨大损失，也影响了社会的和谐稳定。

本书主要针对建筑施工特种作业人员必须掌握的安全生产知识进行了阐述，并重点摘录了住房和城乡建设部工程质量安全监管司组织编写的《建筑施工生产安全事故案例分析》以及 2018 年—2020 年我国房屋和市政工程领域发生的建筑施工生产安全较大及以上事故的典型案例，目的是使建筑从业人员吸取安全生产事故教训，增加安全生产基本知识，提高安全生产意识，有效遏制和减少建筑施工安全生产事故的发生。

编者

2022 年 1 月

目　　录

第 1 章　建筑施工安全概论

1.1　建筑施工安全简述

1.1.1　安全生产管理的概述

安全问题是伴随着社会生产而产生和发展的。只要有生产就会有不安全的因素，就会有防止伤害、保护劳动者安全的要求。每一个国家建筑工程的安全生产状况和发展与其历史文化传统、经济发展以及技术管理水平有着十分密切的关系。随着建筑业的不断发展，其在国民经济中的地位和作用逐渐增强，已成为我国重要的支柱产业之一。

(1)建筑业是我国国民经济的重要支柱产业，同时也是一个事故多发的行业，相对于其他行业来说更应该强调安全。

1)建筑工程施工的特点决定了建筑业是危险性高、事故多发的行业，施工生产的流动性、建筑产品的单件性和类型多样性、施工生产过程的复杂性都决定了施工生产过程中的不确定性，施工过程、工作环境必然呈多变状态，因而容易发生安全事故。

2)建筑施工露天作业、高处作业多，手工劳动及繁重体力劳动多，而劳动者素质又相对较低，这些都增加了不安全因素。

3)随着我国经济体制改革的不断深化，建设生产经营单位的经济成分日趋多样化，由国有、集体经济成分变为国有、股份制、私营、外商投资、个体工商户并存的形式。随着投资主体的多元化，建设规模越来越大，建设工程市场竞争越来越激烈。

4)建筑业的发展，对安全技术、劳动力技能、安全意识、安全生产科学管理方面都提出了新要求。尤其是新材料、新工艺在建设工程上的应用，使得工程建设速度也大大加快，施工难度不断加大，引发了新的危险因素。

(2)建筑业在国民经济中支柱产业的重要地位决定了建筑业的安全生产是关系到国家经济发展、社会稳定的大事。

1)随着社会化大生产的不断发展，劳动者在生产经营活动中的地位不断提高，人的生命价值也越来越受到重视。关心和维护从业人员的人身安全权利，是社会主义制度的本质要求，是实现安全生产的重要条件。

2)安全生产是直接关系到人民群众生命安危的头等大事，搞好安全生产，是实践“三个代表”重要思想的具体体现。

3)安全生产是全面建设小康社会的前提和重要标志，是社会主义现代化建设和经济持续发展的必然要求。它体现先进生产力的发展水平，代表先进文化的前进方向。安全生产得不到保证，伤亡事故大量发生，劳动者和公民的生命安全得不到保障，就会严重影响和干扰全面建设小康社会的步伐，直接影响着国民经济的快速发展，会给国家和社会造成巨大的损失。

近年来，我国通过采取一系列加强建筑安全生产管理的措施，有效地降低了伤亡事故的发生。1998年《建筑法》的颁布实施，对规范建筑市场行为做了明确的规定，使得我国建筑安全生产管理走上了法制轨道。2004年开始正式实施的《建设工程安全生产管理条例》是我国真正意义上第一部针对建设工程安全生产的法规，使建筑业安全生产做到了有法可依，它对建设安全管理人员的行为有明确的指导意义。

1.2.2 建筑施工安全的定义

建筑施工安全，指在建筑工程相应的施工要求与施工条件下，保证施工过程中涉及人员和财产的安全，包括施工作业安全、施工设施(备)安全、施工现场(通行、停留)安全、消防安全以及其他意外情况发生时的安全。

安全施工，是指以国家法律、法规、规定和强制性条文及技术标准为依据，采取各种相应手段进行控制，消除生产过程中的不安全因素，以达到减少一般安全事故、杜绝重大安全事故发生为目的的施工活动。

1.2.3 建筑施工安全的特点和难点

1. 建筑产品的多样性决定建筑安全问题的不断变化

(1)建筑产品是固定的、附着在土地上的，而世界上没有完全相同的两块土地。

(2)建筑结构是多样的，有混凝土结构、钢结构、木结构等；规模是多样的，从几百平方米到数百万平方米不等。

(3)建筑功能和工艺方法也同样是多样的，应该说建筑产品没有完全相同的。

(4)建造不同的建筑产品，对人员、材料、机械设备、防护用品、施工技术等有不同的要求，而且建筑现场环境也千差万别，这些差别决定了建造过程中总会不断面临新的安全问题。

2. 建筑工程的流水作业，使得施工班组需要经常更换工作环境

(1)与其他工业不同，建筑业的工作场所和工作内容是动态的、不断变化的。

(2)混凝土的浇筑、钢结构的焊接、土方的挖运、建筑垃圾的处理等每一个工序都可以使得工地现场在一夜之间变得完全不同。

(3)随着建筑业的发展，施工现场从最初地下几十米的基坑到耸立几百米高的摩天大楼。

为此，建设过程中的周边环境、作业条件、施工技术等都是在不断发生变化，同时包含着较高的风险，但相应的安全防护设施却未能跟上施工的需要。

3. 建筑施工现场存在的不安全因素复杂多变

(1)建筑施工的高能耗、施工作业的高强度、施工现场的噪声、热量、有害气体和尘土等，以及施工工人露天作业，受天气温度影响大，这些都是工人经常面对的不利工作环境和负荷。

(2)劳动对象体积和规模大，工人露天作业，受天气、温度影响大。

(3)建筑业的劳动对象庞大，工人围绕对象工作，劳动工具粗笨及工作环境不固定，危险源较多。

(4)高温和严寒使得工人体力和注意力下降，雨雪天气还会导致工作面湿滑，夜间照明不够都容易导致事故。

4. 安全措施难以落实

一些施工单位往往同时有多个项目竞标，而且通常上级公司与项目部分离。这种分离使得现场安全管理的责任，更多的由项目部来承担。由于项目的临时性和建筑市场竞争的日趋激烈，经济压力也相应增大，公司的安全措施往往被忽视，不能在项目上得到充分落实。

5. 多个建设主体关系的复杂性决定了建筑安全管理的难度较高

(1)工程建设的责任单位有建设、勘察、设计、监理及施工等诸多单位。

(2)施工现场安全由施工单位负责，实行施工总承包的，由总承包单位负责；分包单位向总承包单位负责，服从总承包单位对施工现场的安全生产管理。

(3)建筑施工安全虽然是由施工单位负主要责任，但其他责任单位也都是影响建筑安全的重要因素。

(4)目前施工企业队伍、人员是全国流动的，就使得施工现场的人员经常发生变化，而且施工人员属于不同的分包单位，有着不同的管理措施和安全文化。

6. 目标(结果)导向对建筑单位形成一定压力

建筑施工中的管理主要是一种目标导向的管理，只要结果(产量)不求过程(安全)，而安全管理恰恰是体现在过程上。项目具有明确的目标(质和量)和资源限制(时间、成本)，这些使得建筑单位承受较大的压力。

7. 从业人员素质低、流动性大使得施工现场危险因素增多

建筑业从业人员的素质相对较低，建筑业又需要大量的人力资源，属于劳动密集型行业、工人与施工单位间的短期雇佣关系，造成施工单位对施工作业培训严重不足，使得施工人员违章操作的现象时有发生，这其中就蕴涵着不安全行为。而当前的安全管理和控制手段比较单一，大多依赖经验、监督、安全检查等方式。

1.2　我国建筑施工安全生产现状

1.2.1　总体情况

建筑业已经名副其实地成为我国国民经济的支柱产业，同时关联产业众多，社会影响较大。由于建筑施工现场环境复杂、危险因素较多以及施工人员安全生产意识淡薄等诸多因素，建筑业安全生产形势也一直比较严峻。为进一步加强建筑安全生产工作，近年来，国务院及各级住房和城乡建设主管部门出台了一系列相关法律、法规及技术标准，不断加大安全监管力度，严格督促施工企业落实安全责任，建筑安全生产形势明显好转，事故起数和死亡人数不断下降。根据住房和城乡建设部的统计，全国房屋和市政工程事故起数和死亡人数已经由 2007 年的 840 起、1017 人下降到 2017 年 692 起、死亡 807 人。较大及以上事故起数及死亡人数分别由 2007 年 35 起、144 人下降到 2017 年的 23 起、90 人，建筑安全生产形势稳步总体呈现好转趋势，见图 1-1。

1.2.2　建筑施工生产安全较大及以上事故主要类型和特点

通过对近年来发生的较大及以上事故的调查分析发现，事故多发类型主要集中在坍塌事故(含模板支撑工程及脚手架坍塌、基坑坍塌和其他坍塌等)、建筑起重机械倒塌事故等。2019 年全国共发生房屋市政工程生产安全较大及以上事故 23 起，死亡 107 人，比 2018 年事故起数增加 1 起，死亡人数增加 20 人，分别上升 4.55%和 22.99%；其中，重大事故 2 起，死亡 23 人。按照类型划分，土方、基坑坍塌事故 9 起，占事故总数的 39.13%；起重机械伤害事

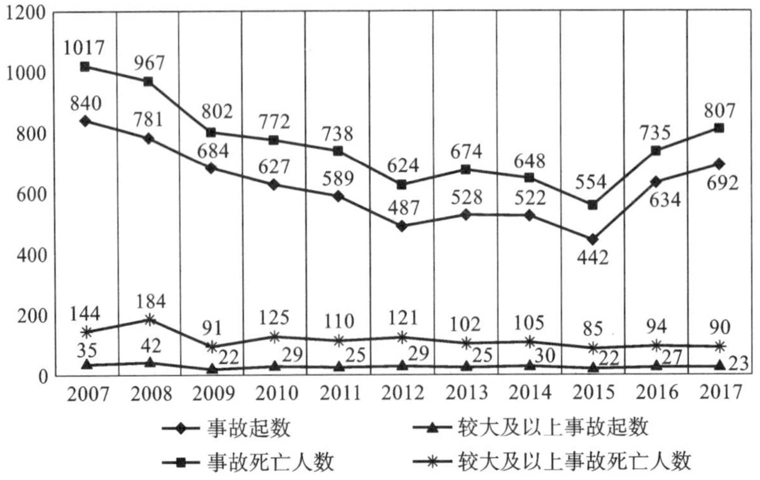

图 1-1　2007—2017 年全国房屋市政工程事故的情况

故 7 起,占总数的 30.43%;建筑改建、维修、拆除坍塌事故 3 起,占总数的 13.04%;模板支撑体系坍塌、附着升降脚手架坠落、高处坠落以及其他类型事故各 1 起、各占总数的 4.35%。由此看出,土方、基坑坍塌和起重机械伤害事故是防范群死群伤事故的重点。事故类型比例见图 1-2。

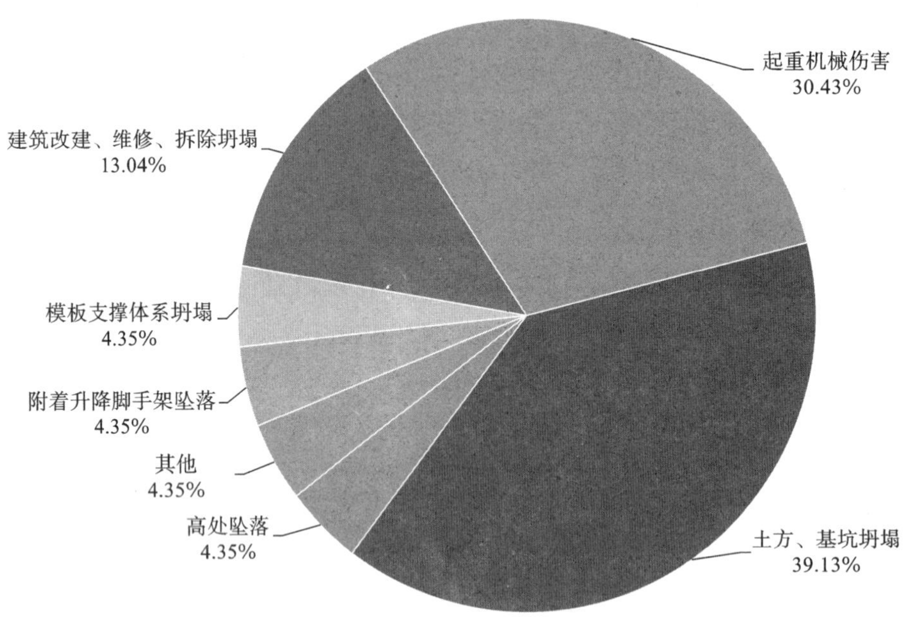

图 1-2　2019 年较大及以上事故类型比例图

1.3　从业人员的安全生产权利义务

《中华人民共和国安全生产法》明确规定了从业人员的安全生产权利义务。

(1)生产经营单位与从业人员订立的劳动合同,应当载明有关保障从业人员劳动安全、防止职业危害的事项,以及依法为从业人员办理工伤保险的事项。

生产经营单位不得以任何形式与从业人员订立协议，免除或者减轻其对从业人员因生产安全事故伤亡依法应承担的责任。

(2)生产经营单位的从业人员有权了解其作业场所和工作岗位存在的危险因素、防范措施及事故应急措施，有权对本单位的安全生产工作提出建议。

(3)从业人员有权对本单位安全生产工作中存在的问题提出批评、检举、控告；有权拒绝违章指挥和强令冒险作业。

生产经营单位不得因从业人员对本单位安全生产工作提出批评、检举、控告或者拒绝违章指挥、强令冒险作业而降低其工资、福利等待遇或者解除与其订立的劳动合同。

(4)从业人员发现直接危及人身安全的紧急情况时，有权停止作业或者在采取可能的应急措施后撤离作业场所。

生产经营单位不得因从业人员在前款紧急情况下停止作业或者采取紧急撤离措施而降低其工资、福利等待遇或者解除与其订立的劳动合同。

(5)因生产安全事故受到损害的从业人员，除依法享有工伤保险外，依照有关民事法律尚有获得赔偿的权利的，有权向本单位提出赔偿要求。

(6)从业人员在作业过程中，应当严格遵守本单位的安全生产规章制度和操作规程，服从管理，正确佩戴和使用劳动防护用品。

(7)从业人员应当接受安全生产教育和培训，掌握本职工作所需的安全生产知识，提高安全生产技能，增强事故预防和应急处理能力。

(8)从业人员发现事故隐患或者其他不安全因素，应当立即向现场安全生产管理人员或者本单位负责人报告；接到报告的人员应当及时予以处理。

(9)工会有权对建设项目的安全设施与主体工程同时设计、同时施工、同时投入生产和使用进行监督，提出意见。

工会对生产经营单位违反安全生产法律、法规，侵犯从业人员合法权益的行为，有权要求纠正；发现生产经营单位违章指挥、强令冒险作业或者发现事故隐患时，有权提出解决的建议，生产经营单位应当及时研究答复；发现危及从业人员生命安全的情况时，有权向生产经营单位建议组织从业人员撤离危险场所，生产经营单位必须立即作出处理。

工会有权依法参加事故调查，向有关部门提出处理意见，并要求追究有关人员的责任。

(10)生产经营单位使用被派遣劳动者的，被派遣劳动者享有本法规定的从业人员的权利，并应当履行本法规定的从业人员的义务。

1.4 建筑施工特种作业

1.4.1 建筑施工特种作业概念

1. 特种作业

根据《特种作业人员安全技术培训考核管理规定》(国家安全监管总局令第30号)，特种作业是指容易发生事故，对操作者本人、他人的安全健康及设备、设施的安全可能造成重大危害的作业。特种作业人员是指直接从事特种作业的从业人员。

特种作业的范围由特种作业目录规定。特种作业目录规定：特种作业主要包括电工作业、焊接与热切割作业、高处作业、制冷与空调作业、煤矿安全作业、金属非金属矿山安全作业、石油天然气安全作业、冶金(有色)生产安全作业、危险化学品安全作业、烟花爆竹安全作业、安全监管总局认定的其他作业。

2. 建筑施工特种作业

建筑施工特种作业是指在房屋建筑和市政工程施工活动中,从事可能对本人、他人及周围设备设施的安全可能造成重大危害的作业。

建筑施工特种作业包括:

(1)建筑电工;

(2)建筑架子工;

(3)建筑起重司索信号工;

(4)建筑起重机械司机;

(5)建筑起重机械安装拆卸工;

(6)高处作业吊篮安装拆卸工;

(7)经省级以上人民政府建设主管部门认定的其他特种作业。

3. 建筑施工特种作业人员

建筑施工特种作业人员指在房屋建筑和市政工程施工活动中,从事可能对本人、他人及周围设备设施的安全造成重大危害作业的人员。

1.4.2 建筑施工特种作业人员相关规定

建筑施工特种作业人员相关规定如下。

(1)从事建筑施工特种作业人员应当具备下列基本条件:

1)年满 18 周岁且符合相关工种规定的年龄要求;

2)经医院体检合格且无妨碍从事相应特种作业的疾病和生理缺陷;

3)初中及以上学历;

4)符合相应特种作业需要的其他条件。

(2)建筑施工特种作业人员必须经建设主管部门考核合格,取得建筑施工特种作业人员操作资格证书(以下简称"资格证书"),方可上岗从事相应作业。

(3)持有资格证书的人员,应当受聘于建筑施工企业或者建筑起重机械出租单位(以下简称用人单位),方可从事相应的特种作业。

(4)用人单位对于首次取得资格证书的人员,应当在其正式上岗前安排不少于 3 个月的实习操作。

(5)建筑施工特种作业人员应当严格按照安全技术标准、规范和规程进行作业,正确佩戴和使用安全防护用品,并按规定对作业工具和设备进行维护保养。建筑施工特种作业人员应当参加年度安全教育培训或者继续教育,每年不得少于 24 学时。

(6)在施工中发生危及人身安全的紧急情况时,建筑施工特种作业人员有权立即停止作业或者撤离危险区域,并向施工现场专职安全生产管理人员和项目负责人报告。

(7)资格证书有效期为两年。有效期满需要延期的,建筑施工特种作业人员应当于期满前 3 个月内向原考核发证机关申请办理延期复核手续。延期复核合格的,资格证书有效期延期 2 年。

(8)建筑施工特种作业人员申请延期复核,应当提交下列材料:

1)身份证(原件和复印件);

2)体检合格证明;

3)年度安全教育培训证明或者继续教育证明;

4)用人单位出具的特种作业人员管理档案记录;

5)考核发证机关规定提交的其他资料。

(9)建筑施工特种作业人员在资格证书有效期内,有下列情形之一的,延期复核结果为不合格:

1)超过相关工种规定年龄要求的;

2)身体健康状况不再适应相应特种作业岗位的;

3)对生产安全事故负有责任的;

4)2年内违章操作记录达3次(含3次)以上的;

5)未按规定参加年度安全教育培训或者继续教育的;

6)考核发证机关规定的其他情形。

(10)用人单位应当履行下列职责:

1)与持有效资格证书的特种作业人员订立劳动合同;

2)制定并落实本单位特种作业安全操作规程和有关安全管理制度;

3)书面告知特种作业人员违章操作的危害;

4)向特种作业人员提供齐全、合格的安全防护用品和安全的作业条件;

5)按规定组织特种作业人员参加年度安全教育培训或者继续教育,培训时间不少于24小时;

6)建立本单位特种作业人员管理档案;

7)查处特种作业人员违章行为并记录在档;

8)法律法规及有关规定明确的其他职责。

1.4.3 建筑施工特种作业范围

住房和城乡建设部将规定的6个建筑施工特种作业划分为建筑电工、建筑架子工(普通脚手架)、建筑架子工(附着升降脚手架)、建筑起重司索信号工、建筑起重机械司机(塔式起重机)、建筑起重机械司机(施工升降机)、建筑起重机械司机(物料提升机)、建筑起重机械司机(门式起重机)、建筑起重机械安装拆卸工(塔式起重机)、建筑起重机械安装拆卸工(施工升降机)、建筑起重机械安装拆卸工(物料提升机)、建筑起重机械安装拆卸工(门式起重机)和高处作业吊篮安装拆卸工等13个岗位工种,各岗位工种的具体操作范围规定如下。

(1)建筑电工。在建筑工程施工现场从事临时用电作业,具体讲是在建筑施工现场直接从事临时供电线路、配电装置的敷设、安装、测试、维修、检查、拆除等作业的人员。

(2)建筑架子工(普通脚手架)。在建筑工程施工现场从事落地式脚手架、悬挑式脚手架、模板支架、外电防护架、卸料平台、洞口临边防护等登高架设、维护、拆除作业,不得从事附着式升降脚手架的安装、升降、维护和拆卸以及物料提升机(井架、龙门架)、高处作业吊篮的搭设、拆除等作业。

(3)建筑架子工(附着升降脚手架)。在建筑工程施工现场从事附着式升降脚手架的安装、升降、维护和拆卸作业,不能从事普通脚手架的施工作业。

(4)建筑起重司索信号工。在建筑工程施工现场从事对起吊物体进行绑扎、挂钩等司索作业和起重指挥作业。

(5)建筑起重机械司机(塔式起重机)。在建筑工程施工现场从事固定式、轨道式和内爬升式塔式起重机的驾驶操作,不得从事汽车式、轮胎式和履带式起重机驾驶操作。

(6)建筑起重机械司机(施工升降机)。在建筑工程施工现场从事施工升降机的驾驶操作。

(7)建筑起重机械司机(物料提升机)。在建筑工程施工现场从事物料提升机的驾驶操作。

(8)建筑起重机械司机(门式起重机)。在建筑工程施工现场从事门式起重机的驾驶操作。

(9)建筑起重机械安装拆卸工(塔式起重机)。在建筑工程施工现场从事固定式、轨道式和内爬升式塔式起重机的安装、附着、顶升和拆卸作业。

(10)建筑起重机械安装拆卸工(施工升降机)。在建筑工程施工现场从事施工升降机的安装和拆卸作业。

(11)建筑起重机械安装拆卸工(物料提升机)。在建筑工程施工现场从事物料提升机的安装和拆卸作业。

(12)建筑起重机械安装拆卸工(门式起重机)。在建筑工程施工现场从事门式起重机的安装和拆卸作业。

(13)高处作业吊篮安装拆卸工。在建筑工程施工现场从事高处作业吊篮的安装和拆卸作业。

第 2 章　建筑施工安全管理制度

2.1　安全生产管理制度

2.1.1　安全生产责任制度

安全生产责任制度是建筑施工企业最基本的安全生产管理制度，是按照“安全第一、预防为主、综合治理”的安全生产方针和“管生产必须管安全”的原则，将企业各级负责人、各职能机构及其工作人员和各岗位作业人员在安全生产方面应做的工作及应负的责任加以明确规定的一种制度。安全生产责任制度是建筑施工企业所有安全规章制度的核心。

特种作业人员应当遵守安全生产规章制度，服从管理，坚守岗位，遵照操作规程操作，不违章作业，对本工种岗位的安全生产、文明施工负主要责任。特种作业人员安全生产责任制主要包含以下内容：

(1)认真贯彻、执行国家和省市有关建筑安全生产的方针、政策、法律法规、规章、标准、规范和规范性文件；

(2)认真学习、掌握本岗位的安全操作技能，提高安全意识和自我保护能力；

(3)严格遵守本单位的各项安全生产规章制度；

(4)遵守劳动纪律，不违章作业，拒绝违章指挥；

(5)积极参加本班组的班前安全活动；

(6)严格按照操作规程和安全技术交底进行作业；

(7)正确使用安全防护用具、机械设备；

(8)发生生产安全事故后，保护好事故现场，并按照规定的程序及时如实报告。

2.1.2　安全生产教育培训制度

施工单位应当建立健全安全生产教育培训制度。特种作业人员应严格执行安全生产教育培训制度，按规定接受下列培训教育。

1. 三级教育

建筑施工企业对新进场工人进行的安全生产基本教育，包括公司级安全教育(第一级教育)、项目级安全教育(第二级教育)和班组级安全教育(第三级教育)，俗称“三级教育”。新进场的特种作业人员必须接受“三级”安全教育培训，并经考核合格后，方能上岗。

(1)公司级安全教育，应包括以下主要内容：

1)国家和地方有关安全生产方面的方针、政策及法律法规；

2)建筑行业施工特点及施工安全生产的目的和重要意义；

3)施工安全、职业健康和劳动保护的基本知识；

4)建筑施工人员安全生产方面的权利和义务；

5)本企业的施工生产特点及安全生产管理规章制度、劳动纪律。

(2)项目级安全教育，由工程项目部组织实施，应包括以下主要内容：

1)施工现场安全生产和文明施工规章制度；

2)工程概况、施工现场作业环境和施工安全特点；

3)机械设备、电气安全及高处作业的安全基本知识；

4)防火、防毒、防尘、防爆基本知识；

5)常用劳动防护用品佩戴、使用的基本知识；

6)危险源、重大危险源的辨识和安全防范措施；

7)生产安全事故发生时自救、排险、抢救伤员、保护现场和及时报告等应急措施；

8)紧急情况和重大事故应急预案。

(3)班组级安全教育，由班组长组织实施，应包括以下主要内容：

1)本班组劳动纪律和安全生产、文明施工要求；

2)本班组作业环境、作业特点和危险源；

3)本工种安全技术操作规程及基本安全知识；

4)本工种涉及的机械设备、电气设备及施工机具的正确使用和安全防护要求；

5)采用新技术、新工艺、新设备、新材料施工的安全生产知识；

6)本工种职业健康要求及劳动防护用品的主要功能、正确佩戴和使用方法；

7)本班组施工过程中易发事故的自救、排险、抢救伤员、保护现场和及时报告等应急措施。

2. 年度安全教育培训

特种作业人员应参加年度安全教育培训，培训时间不少于 24 学时。其教育培训情况记入个人工作档案。安全生产教育培训考核不合格的人员，不得上岗。

3. 经常性教育

建筑施工企业应坚持开展经常性安全教育，经常性安全教育宜采用安全生产讲座、安全生产知识竞赛、广播、播放音像制品、文艺演出、简报、通报、黑板报等形式，在施工现场设置安全教育宣传栏、张挂安全生产宣传标语。特种作业人员应积极参加和接受经常性的安全教育。

4. 转场、转岗安全教育培训

作业人员进入新的施工现场前，施工单位必须根据新的施工作业特点组织开展有针对性的安全生产教育，使作业人员熟悉新项目的安全生产规章制度，了解工程项目特点和安全生产应注意的事项。

作业人员进入新的岗位作业前，施工单位必须根据新岗位的作业特点组织开展有针对性的安全生产教育培训，使作业人员熟悉新岗位的安全操作规程和安全注意事项，掌握新岗位的安全操作技能。

5. 新技术、新工艺、新材料、新设备安全教育培训

采用新技术、新工艺、新材料或者使用新设备的工程，施工单位应当充分了解与研究，掌握其安全技术特性，有针对性地采取有效的安全防护措施，并对作业人员进行教育培训。特种作业人员应接受相应的教育培训，掌握新技术、新工艺、新材料或者新设备的操作技能和事故防范知识。

6. 季节性安全教育

季节性施工主要是指夏季与冬季施工。季节性安全教育是针对气候特点可能给施工安全带来危害而组织的安全教育，例如高温、严寒、台风、雨雪等特殊气候条件下施工时，建筑施工企业应结合实际情况，对作业人员进行有针对性的安全教育。

7. 节假日安全教育

节假日安全教育是针对节假日（如元旦、春节、劳动节、国庆节）期间，职工的思想和工作情绪不稳定，思想不集中，注意力分散的情况，为防止职工纪律松懈、思想麻痹等进行的安全教育。同时，对节日期间施工、消防、生活用电、交通、社会治安等方面应当注意的事项进行告知性教育。

2.1.3　班前活动制度

施工班组在每天上岗前进行的安全活动，称为班前活动。建筑施工企业必须建立班前安全活动制度。施工班组应每天进行班前安全活动，填写班前安全活动记录表。班前安全活动由班组长组织实施。班前安全活动应包括以下主要内容。

（1）前一天安全生产工作小结，包括施工作业中存在的安全问题和应吸取的教训。

（2）当天工作任务及安全生产要求，针对当天的作业内容和环节、危险部位和危险因素、作业环境和气候情况提出安全生产要求。

（3）班前的安全教育，包括项目和班组的安全生产动态、国家和地方的安全生产形势、近期安全生产事件及事故案例教育。

（4）岗前安全隐患检查及整改，具体检查机械、电气设备、防护设施、个人安全防护用品、作业人员的安全状态。

2.1.4　危险性较大的分部分项工程安全专项施工方案编制和审批制度

1. 相关概念

危险性较大的分部分项工程是指房屋建筑和市政基础设施工程在施工过程中，容易导致人员群死群伤或者造成重大经济损失的分部分项工程。

危险性较大的分部分项工程安全专项施工方案（以下简称“专项方案”），是指施工单位在编制施工组织（总）设计的基础上，针对危险性较大的分部分项工程单独编制的安全技术措施文件。

2. 危险性较大的分部分项工程范围

（1）基坑工程。

1）开挖深度超过 3 m（含 3 m）的基坑（槽）的土方开挖、支护、降水工程。

2）开挖深度虽未超过 3 m，但地质条件、周围环境和地下管线复杂，或影响毗邻建、构筑物安全的基坑（槽）的土方开挖、支护、降水工程。

（2）模板工程及支撑体系。

1）各类工具式模板工程：包括滑模、爬模、飞模、隧道模等工程。

2）混凝土模板支撑工程：搭设高度 5 m 及以上，或搭设跨度 10 m 及以上，或施工总荷载（荷载效应基本组合的设计值，以下简称设计值）10 kN/m^2 及以上，或集中线荷载（设计值）15 kN/m 及以上，或高度大于支撑水平投影宽度且相对独立无联系构件的混凝土模板支撑工程。

3）承重支撑体系：用于钢结构安装等满堂支撑体系。

(3)起重吊装及起重机械安装拆卸工程。

1)采用非常规起重设备、方法,且单件起吊重量在 10 kN 及以上的起重吊装工程。

2)采用起重机械进行安装的工程。

3)起重机械安装和拆卸工程。

4)起重机械的基础和附着工程。

(4)脚手架工程。

1)搭设高度 24 m 及以上的落地式钢管脚手架工程(包括采光井、电梯井脚手架)。

2)附着式升降脚手架工程。

3)悬挑式脚手架工程。

4)高处作业吊篮。

5)卸料平台、操作平台工程。

6)异形脚手架工程。

(5)拆除工程。

可能影响行人、交通、电力设施、通信设施或其他建筑物安全的拆除工程。

(6)暗挖工程。

采用矿山法、盾构法、顶管法施工的隧道、洞室工程。

(7)结建式人防工程。

结构工程的模板工程(支撑),孔口防护工程的门框墙制作(门框采用起重机械进行吊装),防护门(防护密闭门、密闭门)吊装。

(8)其他。

1)建筑幕墙安装工程。

2)钢结构、网架和索膜结构安装工程。

3)人工挖孔桩工程。

4)水下作业工程。

5)装配式建筑混凝土预制构件安装工程。

6)采用新技术、新工艺、新材料、新设备可能影响工程施工安全,尚无国家、行业及地方技术标准的分部分项工程。

7)建设、勘察、设计、施工、监理单位三方以上共同认定或建设主管部门及其委托的安全监督机构认定为危险性较大的分部分项工程。

3.超过一定规模的危险性较大的分部分项工程范围

(1)深基坑工程。

开挖深度超过 5 m(含 5 m)的基坑(槽)的土方开挖、支护、降水工程。

(2)模板工程及支撑体系。

1)各类工具式模板工程:包括滑模、爬模、飞模、隧道模等工程。

2)混凝土模板支撑工程:搭设高度 8 m 及以上,或搭设跨度 18 m 及以上,或施工总荷载(设计值)15 kN/m^2 及以上,或集中线荷载(设计值)20 kN/m 及以上。

3)承重支撑体系:用于钢结构安装等满堂支撑体系,承受单点集中荷载 7 kN 及以上。

(3)起重吊装及起重机械安装拆卸工程。

1)采用非常规起重设备、方法,且单件起吊重量在 100 kN 及以上的起重吊装工程。

2)起重量 300 kN 及以上,或搭设总高度 200 m 及以上,或搭设基础标高在 200 m 及以上的起重机械安装和拆卸工程。

3)发生严重变形或事故的起重机械的拆除工程。

4)采用高承台、钢结构平台、利用原有建筑结构的特殊基础工程;附着距离达 1.5 倍制造商的设计最大值、附着杆数量少于制造商的设计数量、附着杆均位于垂直附着面中心线的同一侧的起重机械附着工程,以及附着杆与垂直附着面中心线之间的夹角小于 15°或大于 65°的塔式起重机附着工程。

(4)脚手架工程。

1)搭设高度 50 m 及以上的落地式钢管脚手架工程。

2)提升高度在 150 m 及以上的附着式升降脚手架工程或附着式升降操作平台工程。

3)分段架体搭设高度 20 m 及以上的悬挑式脚手架工程。

4)作业面异形、复杂的或无法按产品说明书要求安装的高处作业吊篮工程。

(5)拆除工程。

1)码头、桥梁、高架、烟囱、水塔或拆除中容易引起有毒有害气(液)体或粉尘扩散、易燃易爆事故发生的特殊建筑物、构筑物的拆除工程。

2)文物保护建筑、优秀历史建筑或历史文化风貌区影响范围内的拆除工程。

(6)暗挖工程。

采用矿山法、盾构法、顶管法施工的隧道、洞室工程。

(7)其他。

1)施工高度 50 m 及以上的建筑幕墙安装工程。

2)跨度 36 m 及以上的钢结构安装工程,或跨度 60 m 及以上的网架和索膜结构安装工程。

3)开挖深度 16 m 及以上的人工挖孔桩工程。

4)水下作业工程。

5)重量 1000 kN 及以上的大型结构整体顶升、平移、转体等施工工艺。

6)采用新技术、新工艺、新材料、新设备可能影响工程施工安全,尚无国家、行业及地方技术标准的分部分项工程。

7)建设、勘察、设计、施工、监理单位三方以上共同认定或建设主管部门及其委托的安全监督机构认定为超过一定规模的危险性较大的分部分项工程。

4. 专项施工方案编制和审批制度

(1)施工单位应当在危大工程施工前组织工程技术人员编制专项施工方案。

实行施工总承包的,专项施工方案应当由施工总承包单位组织编制。危大工程实行分包的,专项施工方案可以由相关专业分包单位组织编制。

(2)专项施工方案应当由施工单位技术负责人审核签字、加盖单位公章,并由总监理工程师审查签字、加盖执业印章后方可实施。

危大工程实行分包并由分包单位编制专项施工方案的,专项施工方案应当由总承包单位技术负责人及分包单位技术负责人共同审核签字并加盖单位公章。

(3)对于超过一定规模的危大工程,施工单位应当组织召开专家论证会对专项施工方案进行论证。实行施工总承包的,由施工总承包单位组织召开专家论证会。专家论证前专项施工方案应当通过施工单位审核和总监理工程师审查。

(4)专家论证会后,应当形成论证报告,对专项施工方案提出通过、修改后通过或者不通过的一致意见。专家对论证报告负责并签字确认。

(5)专项施工方案经论证需修改后通过的，施工单位应当根据论证报告修改完善后，专项施工方案应当由施工单位技术负责人审核签字、加盖单位公章，并由总监理工程师审查签字、加盖执业印章后方可实施。

(6)专项施工方案经论证不通过的，施工单位修改后应当按照本规定的要求重新组织专家论证。

2.1.5 安全技术交底制度

安全技术交底是指将预防和控制安全事故发生及减少其危害的安全技术措施以及工程项目、分部分项工程概况向作业班细作业人员作出的说明。

1. 安全技术交底的程序和要求

施工前，施工单位的技术人员应当将工程项目、分部分项工程概况以及安全技术措施要求向施工作业班组、作业人员进行安全技术交底，使全体作业人员明白工程施工特点及各施工阶段安全施工的要求，掌握各自岗位职责和安全操作方法。安全技术交底应符合下列要求。

(1)施工单位负责项目管理的技术人员向施工班组长、作业人员进行交底。

(2)交底必须具体、明确，针对性强。

(3)各工种的安全技术交底一般与分部分项安全技术交底同步进行，对施工工艺复杂、施工难度较大或作业条件危险的，应当单独进行各工种的安全技术交底。

(4)交底应当采用书面形式，交底双方应当签字确认。

2. 安全技术交底的主要内容

(1)工程项目和分部分项工程的概况。

(2)工程项目和分部分项工程的危险部位。

(3)针对危险部位采取的具体防范措施。

(4)作业中应注意的安全事项。

(5)作业人员应遵守的安全操作规程、工艺要点。

(6)作业人员发现事故隐患后应采取的措施。

(7)发生事故后应采取的避险和急救措施。

2.2 建筑起重机械安全监督管理规定

为了加强建筑起重机械的安全监督管理，防止和减少生产安全事故，保障人民群众生命和财产安全，2008 年 1 月 8 号经建设部第 145 次常务会议讨论通过了《建筑起重机械安全监督管理规定》(建设部令第 166 号)，对出租单位、使用单位、安装单位、施工总承包单位、监理单位、建设单位加强建筑起重机械的安全监督管理作出明确规定。

1. 出租单位出租的和自购单位、使用单位购置、租赁、使用特种设备的规定

(1)出租单位出租的建筑起重机械和使用单位购置、租赁、使用的建筑起重机械应当具有特种设备制造许可证、产品合格证。

(2)出租单位在建筑起重机械首次出租前，自购建筑起重机械的使用单位在建筑起重机械首次安装前，应当持建筑起重机械特种设备制造许可证、产品合格证和制造监督检验证明到本单位工商注册所在地县级以上地方人民政府建设主管部门办理备案。

(3)出租单位应当在签订的建筑起重机械租赁合同中，明确租赁双方的安全责任，并出具建筑起重机械特种设备制造许可证、产品合格证、备案证明和自检合格证明，提交安装使用说明书。

(4)有下列情形之一的建筑起重机械，不得出租、使用：

1)属国家明令淘汰或者禁止使用的；

2)超过安全技术标准或者制造厂家规定的使用年限的；

3)经检验达不到安全技术标准规定的；

4)没有完整安全技术档案的；

5)没有齐全有效的安全保护装置的。

(5)出租单位、自购建筑起重机械的使用单位，应当建立建筑起重机械安全技术档案。建筑起重机械安全技术档案应当包括以下资料：

1)购销合同、制造许可证、产品合格证、制造监督检验证明、安装使用说明书、备案证明等原始资料；

2)定期检验报告、定期自行检查记录、定期维护保养记录、维修和技术改造记录、运行故障和生产安全事故记录、累计运转记录等运行资料；

3)历次安装验收资料。

2. 从事建筑起重机械安装、拆卸活动单位的规定

从事建筑起重机械安装、拆卸活动的单位应当遵守以下规定。

(1)从事建筑起重机械安装、拆卸活动的单位(简称安装单位)应当依法取得建设主管部门颁发的相应资质和建筑施工企业安全生产许可证，并在其资质许可范围内承揽建筑起重机械安装、拆卸工程。

(2)建筑起重机械使用单位和安装单位应当在签订的建筑起重机械安装、拆卸合同中明确双方的安全生产责任。

实行施工总承包的，施工总承包单位应当与安装单位签订建筑起重机械安装、拆卸工程安全协议书。

(3)安装单位应当履行的安全职责：

1)按照安全技术标准及建筑起重机械性能要求，编制建筑起重机械安装、拆卸工程专项施工方案，并由本单位技术负责人签字；

2)按照安全技术标准及安装使用说明书等检查建筑起重机械及现场施工条件；

3)组织安全施工技术交底并签字确认；

4)制定建筑起重机械安装、拆卸工程生产安全事故应急救援预案；

5)将建筑起重机械安装、拆卸工程专项施工方案，安装、拆卸人员名单，安装、拆卸时间等材料报施工总承包单位和监理单位审核后，告知工程所在地县级以上地方人民政府建设主管部门。

(4)安装单位应当按照建筑起重机械安装、拆卸工程专项施工方案及安全操作规程组织安装、拆卸作业。

安装单位的专业技术人员、专职安全生产管理人员应当进行现场监督，技术负责人应当定期巡查。

(5)建筑起重机械安装完毕后，安装单位应当按照安全技术标准及安装使用说明书的有关要求对建筑起重机械进行自检、调试和试运转。自检合格的，应当出具自检合格证明，并向使用单位进行安全使用说明。

(6)安装单位应当建立建筑起重机械安装、拆卸工程档案。建筑起重机械安装、拆卸工程档案应当包括以下资料：

1)安装、拆卸合同及安全协议书；

2)安装、拆卸工程专项施工方案；

3)安全施工技术交底的有关资料；

4)安装工程验收资料；

5)安装、拆卸工程生产安全事故应急救援预案。

3. 建筑起重机械安装完毕后验收要求

建筑起重机械安装完毕后应按以下要求验收。

(1)建筑起重机械安装完毕后，使用单位应当组织出租、安装、监理等有关单位进行验收，或者委托具有相应资质的检验检测机构进行验收。建筑起重机械经验收合格后方可投入使用，未经验收或者验收不合格的不得使用。

实行施工总承包的，由施工总承包单位组织验收。

(2)使用单位应当自建筑起重机械安装验收合格之日起 30 日内，将建筑起重机械安装验收资料、建筑起重机械安全管理制度、特种作业人员名单等，向工程所在地县级以上地方人民政府建设主管部门办理建筑起重机械使用登记。登记标志置于或者附着于该设备的显著位置。

4. 使用单位的安全职责

使用单位应当履行下列安全职责。

(1)根据不同施工阶段、周围环境以及季节、气候的变化，对建筑起重机械采取相应的安全防护措施；

(2)制定建筑起重机械生产安全事故应急救援预案；

(3)在建筑起重机械活动范围内设置明显的安全警示标志，对集中作业区做好安全防护；

(4)设置相应的设备管理机构或者配备专职的设备管理人员；

(5)指定专职设备管理人员、专职安全生产管理人员进行现场监督检查；

(6)建筑起重机械出现故障或者发生异常情况的，立即停止使用，消除故障和事故隐患后，方可重新投入使用；

(7)使用单位应当对在用的建筑起重机械及其安全保护装置、吊具、索具等进行经常性和定期的检查、维护和保养，并做好记录；

(8)使用单位在建筑起重机械租期结束后，应当将定期检查、维护和保养记录移交出租单位；

(9)建筑起重机械在使用过程中需要附着的，使用单位应当委托原安装单位或者具有相应资质的安装单位按照专项施工方案实施，并按照规定组织验收，验收合格后方可投入使用；

(10)建筑起重机械在使用过程中需要顶升的，使用单位委托原安装单位或者具有相应资质的安装单位按照专项施工方案实施后，即可投入使用。

(11)禁止擅自在建筑起重机械上安装非原制造厂制造的标准节和附着装置。

5. 施工总承包单位的安全职责

施工总承包单位应当履行下列安全职责：

(1)向安装单位提供拟安装设备位置的基础施工资料，确保建筑起重机械进场安装、拆卸所需的施工条件；

(2)审核建筑起重机械的特种设备制造许可证、产品合格证、制造监督检验证明、备案证明等文件；

(3)审核安装单位、使用单位的资质证书、安全生产许可证和特种作业人员的特种作业操作资格证书；

(4)审核安装单位制定的建筑起重机械安装、拆卸工程专项施工方案和生产安全事故应急救援预案；

(5)审核使用单位制定的建筑起重机械生产安全事故应急救援预案；

(6)指定专职安全生产管理人员监督检查建筑起重机械安装、拆卸、使用情况；

(7)施工现场有多台塔式起重机作业时，应当组织制定并实施防止塔式起重机相互碰撞的安全措施。

6. 监理单位的安全职责

监理单位应当履行下列安全职责：

(1)审核建筑起重机械特种设备制造许可证、产品合格证、制造监督检验证明、备案证明等文件；

(2)审核建筑起重机械安装单位、使用单位的资质证书、安全生产许可证和特种作业人员的特种作业操作资格证书；

(3)审核建筑起重机械安装、拆卸工程专项施工方案；

(4)监督安装单位执行建筑起重机械安装、拆卸工程专项施工方案情况；

(5)监督检查建筑起重机械的使用情况；

(6)发现存在生产安全事故隐患的，应当要求安装单位、使用单位限期整改，对安装单位、使用单位拒不整改的，及时向建设单位报告。

7. 建设单位的安全职责

建设单位应当履行下列安全职责：

(1)依法发包给两个及两个以上施工单位的工程，不同施工单位在同一施工现场使用多台塔式起重机作业时，建设单位应当协调组织制定防止塔式起重机相互碰撞的安全措施。

(2)安装单位、使用单位拒不整改生产安全事故隐患的，建设单位接到监理单位报告后，应当责令安装单位、使用单位立即停工整改。

2.3 建筑施工特种作业人员管理制度

建筑施工特种作业人员管理制度是指为了加强对特种作业人员的管理，确保特种作业人员本人和他人的安全，保证生产顺利进行而制定的一系列管理制度，包括相关法律、法规、规章和标准中有关特种作业人员的规定，以及建筑施工企业在贯彻执行国家、地方有关规定的基础上，结合企业自身特点所制定的特种作业人员管理制度。

2.3.1 特种作业人员培训制度

《安全生产法》规定:“生产经营单位的特种作业人员必须按照国家有关规定经专门的安全作业培训,取得特种作业操作资格证书,方可上岗操作。”

特种作业人员上岗前必须接受本工种专门的安全操作技能培训,培训内容包括安全技术理论和实际操作。其中,安全技术理论包括安全生产基本知识、专业基础知识和专业技术理论等内容;实际操作技能主要包括安全操作要领,常用工具的使用,主要材料、零配件、隐患的辨识,安全装置调试,故障排除,紧急情况处理等技能。

从事特种作业人员培训的机构,应当按照规定的内容和学时培训,并为培训合格人员出具培训证明。

2.3.2 特种作业人员考核制度

特种作业人员必须经有关业务主管部门对其安全操作技能进行考核。

(1)考核机构。

按照住房和城乡建设部的规定,建筑施工特种作业人员的考核发证工作,由省、自治区、直辖市人民政府建设主管部门或其委托的考核发证机构负责组织实施。

(2)考核条件。

1)申请参加特种作业人员考核的人员应当具备下列基本条件:

2)年满 18 周岁且符合相应特种作业规定的年龄要求;

3)近三个月内经二级乙等以上医院体检合格且无妨碍从事相应特种作业的疾病和生理缺陷;

4)初中及以上学历;

5)经培训机构安全操作技能培训结业考核合格;

6)符合相应特种作业规定的其他条件。

(3)考核内容。

建筑施工特种作业人员考核内容包括安全技术理论和实际操作。

考核内容分掌握、熟悉、了解三类。其中掌握即要求能运用相关特种作业知识解决实际问题;熟悉即要求能较深地理解相关特种作业安全技术知识;了解即要求具有相关特种作业的基本知识。

(4)考核方法。

1)安全技术理论考核,采用闭卷笔试方式。考核时间为 2 小时,实行百分制,60 分为合格。其中,安全生产基本知识占 25%,专业基础知识占 25%,专业技术理论占 50%。

2)安全操作技能考核,采用实际操作(或模拟操作)、口试等方式。考核实行百分制,70 分为合格。

3)安全技术理论考核不合格的,不得参加安全操作技能考核。安全技术理论考试和实际操作技能考核均合格的,为考核合格。

2.3.3 特种作业人员从业管理要求

(1)持有有效特种作业人员操作资格证书的人员,应当在受聘于建筑施工企业或者建筑起重机械出租单位,并与用人单位订立劳动合同后,方可从事相应的特种作业。

(2)首次取得资格证书的特种作业人员，在正式上岗前，应当在参加不少于 3 个月的实习操作合格后，方可独立上岗作业。

1)实习操作期间，用人单位应当指定专人指导和监督作业；

2)指导人员应当从取得相应特种作业资格证书并从事相关工作 3 年以上、无不良记录的熟练工中选择；

3)实习操作期满，经用人单位考核合格，方可独立作业。

(3)特种作业从业人员应严格在其资格证书的操作范围内作业。

(4)特种作业从业人员应当严格遵守国家有关管理规定和本单位的特种作业安全操作规程和有关安全管理制度。

2.3.4　特种作业操作资格证书管理制度

(1)考核申请。

参加建筑施工特种作业考核的人员，应向考核站报名，并提交下列申请材料：

1)《建筑施工特种作业人员考核申请表》；

2)身份证(复印件，1 份)；

3)大一寸正面免冠照片(2 张)；

4)毕业证书(复印件)或学历证明(1 份)；

5)身体健康(有县级以上医疗机构出具的健康证明)，无妨碍从事相应特种作业的疾病和缺陷。

(2)资格证书。

资格证书采用住房和城乡建设部规定的统一样式，实行全省统一编号管理。

(3)有效期。

建筑施工特种作业操作资格证书有效期为两年。

(4)持证。

特种作业人员进行作业时，应当随身携带《建筑施工特种作业操作资格证书》，并自觉接受用人单位、监理单位和建设主管部门的监督检查。任何人都不得非法涂改、扣押、倒卖、出租、出借或者以其他形式转让资格证书。

(5)延期复核。

1)延期复核的申请。

建筑施工特种作业操作资格证书有效期满需要延期的，持证人应当于期满前三个月内向原考核发证机关申请办理延期复核的手续。建筑施工特种作业人员申请延期复核，应当提交下列材料：

①身份证；

②体检合格证明；

③年度安全教育培训证明或者继续教育证明；

④用人单位出具的特种作业人员管理档案记录；

⑤考核发证机关规定提交的其他资料。

2)延期复核结果。

延期复核结果分合格和不合格两种。延期复核合格的，资格证书有效期延期两年。建筑施工特种作业人员在资格证书有效期内，有下列情形之一的，延期复核结果为不合格：

①超过相关工种规定年龄要求的;

②身体健康状况不再适应相应特种作业岗位的;

③对生产安全事故负有责任的;

④两年内违章操作记录达 3 次(含 3 次)以上的;

⑤未按规定参加年度安全教育培训或者继续教育的;

⑥考核发证机关规定的其他情形。

(6)证书的撤销和注销。

1)证书的撤销。

有下列情形之一的,考核发证机关将撤销资格证书:

①持证人弄虚作假骗取资格证书或者办理延期复核手续的;

②考核发证机关工作人员违法核发资格证书的;

③考核发证机关规定应当撤销资格证书的其他情形。

2)证书的注销。

有下列情形之一的,考核发证机关将注销资格证书:

①依法不予延期的;

②持证人逾期未申请办理延期复核手续的;

③持证人死亡或者不具有完全民事行为能力的;

④考核发证机关规定应当注销的其他情形。

第3章　建筑施工安全管理

3.1　安全防护用品使用安全

建筑施工作业环境复杂，露天交叉作业多、手工操作多，正确使用、佩戴个人安全防护用品，是减少和防止事故发生的重要措施。

安全防护用品，也称劳动保护用品，是指在施工作业过程中能够对作业人员的人身起保护作用，使作业人员免遭或减轻各种人身伤害或职业危害的用品。

3.1.1　安全防护用品种类

安全防护用品按照防护部位分为8类。

(1)头部防护类：安全帽、工作帽。

(2)眼、面部防护类：护目镜、防护罩(分防冲击型、防腐蚀型、防辐射型等)。

(3)听觉、耳部防护类：耳塞、耳罩、防噪声帽等。

(4)手部防护类：防腐蚀、防化学药品手套，绝缘手套，搬运手套，防火防烫手套等。

(5)足部防护类：绝缘鞋、保护足趾安全鞋、防滑鞋、防油鞋、防静电鞋等。

(6)呼吸器官防护类：防尘口罩、防毒面具等。

(7)防护服类：防火服、防烫服、防静电服、防酸碱服等，包括防雨、防寒服装，专用标志服装和一般工作服装。

(8)防坠落类：安全带、安全绳和防坠器等。

3.1.2　安全防护用品配置

建筑施工企业必须根据作业人员的施工环境、作业需要，按照规定配发安全防护用品，并监督其正确佩戴使用。

(1)施工现场的作业人员必须戴安全帽、穿工作鞋和工作服；长发者从事机械作业必须戴工作帽。

(2)雨期施工应提供雨衣、雨裤和雨鞋，冬季严寒地区应提供防寒工作服。

(3)处于无可靠安全防护设施的高处作业，必须系安全带。

(4)从事电钻、砂轮等手持电动工具作业，操作人员必须穿绝缘鞋、戴绝缘手套和防护眼镜。

(5)从事蛙式夯实机、振动冲击夯作业，操作人员必须穿具有电绝缘功能的保护足趾安全鞋、戴绝缘手套。

(6)从事可能飞溅渣屑的机械设备作业，操作人员必须戴防护眼镜。

(7)从事脚手架作业，操作人员必须穿灵便、紧口工作服、系带的高腰布面胶底防滑鞋，戴工作手套，高处作业时，必须系安全带。

(8)从事电气作业，操作人员必须穿电绝缘鞋和紧口工作服。

(9)从事焊接作业，操作人员必须穿阻燃防护服、电绝缘鞋、鞋盖，戴绝缘手套和焊接防护面罩、防护眼镜等劳动防护用品，且符合下列要求：

1)在高处作业时，必须戴安全帽与面罩连接式焊接防护面罩，系阻燃安全带；

2)从事清除焊渣作业，应戴防护眼镜；

3)在封闭的室内或容器内从事焊接作业，必须戴焊接专用防尘防毒面罩。

(10)从事塔式起重机及垂直运输机械作业，操作人员必须穿系带的高腰布面胶底防滑鞋，穿紧口工作服，戴手套；信号指挥人员应穿专用标志服装，强光环境条件下作业，应戴有色防护眼镜。

3.1.3 安全防护用品管理制度

施工单位应建立包括购置、验收、登记、发放、保管、使用、更换和报废等内容的安全防护用品管理制度，安全防护用品必须由专人管理，定期进行检查，并按照国家有关规定及时报废、更新。

(1)安全防护用品的购置。

购置安全帽、安全带等安全防护用品，施工单位应当查验其生产许可证和产品合格证。经查验，不符合国家或行业安全技术标准的产品，不得购置。

(2)安全防护用品的发放。

安全防护用品的发放和管理，坚持“谁用工谁负责”的原则。施工作业人员所在施工单位必须按国家规定免费发放安全防护用品，更换已损坏或已到使用期限的安全防护用品，不得收取或变相收取任何费用。安全防护用品必须以实物形式发放，不得以货币或其他物品替代。

(3)安全防护用品的检查。

施工单位对安全防护用品要定期进行检验，发现不合格产品应及时进行更换。

3.1.4 安全帽安全使用

安全帽是指对人头部受坠落物及其他特定因素引起的伤害起防护作用的帽。有帽壳、帽衬、下颚带和附件组成。帽壳使用的材质主要有低压聚乙烯、ABS(工程塑料)、玻璃钢以及竹藤等。

(1)使用范围。

进入建筑施工现场的所有人员都必须佩戴安全帽。

(2)使用前检查。

安全帽在佩戴使用前，应对以下主要项目进行检查，发现不符合要求的，应立即更换：

1)是否有产品合格证；

2)帽壳是否有破损、龟裂、下凹、裂痕和磨损；

3)帽衬的帽箍、吸汗带、缓冲垫和衬带等部件是否齐全有效；

4)下颚带的系带、锁紧卡等部件是否齐全有效：

(3)使用注意事项。

1)使用前应根据自己头型将帽箍调至适当位置，避免过松或过紧；

2)将帽衬衬带位置调节好并系牢，帽衬的顶端与帽壳内顶之间应保持 20～50 mm 的空间；

3)安全帽的下颚带必须扣在颚下,并系牢,松紧要适度,以防帽子滑落、碰掉;

4)帽壳设有通气孔的安全帽,使用时不能为了透气而随便再行开孔;

5)安全帽不得擅自改装;

6)不得在安全帽内再佩戴其他帽子;

7)安全帽不用时,不易长时间地在阳光下曝晒,应放置在干燥通风的地方,远离热源;

8)低压聚乙烯、ABS(工程塑料)安全帽不得用热水浸泡,不得放在暖气片上、火炉上烘烤,以防帽体变形;

9)使用过程中要经常进行外观检查,如果发现帽壳与帽衬有异常损伤或裂痕,或帽衬与帽壳内顶之间的间距达不到标准要求的,不得继续使用。

3.1.5　安全带安全使用

安全带是指高处作业人员预防坠落的防护用品,由带子、绳子和金属配件组成。安全带按作业类别,分为围杆安全带、悬挂安全带和攀登安全带三类。

(1)使用范围。

建筑施工处于高处作业状态,如脚手架、模板支架的搭设,大型设备及施工机械的安装等,且在下列情况下进行作业时,必须系好安全带:

1)高度超过 2 m 的悬空作业;

2)倾斜的屋顶;

3)平屋顶,在离屋顶边缘或屋顶开口 1.2 m 内未设置防护栏杆时;

4)任何悬吊的平台或工作台;

5)任何护栏、铺板不完整的脚手架上;

6)接近屋面或楼面开孔附近的梯子上;

7)在高处外墙安装门、窗,无外脚手架和安全网时;

8)高处作业无可靠防坠落措施时。

(2)使用前的检查。

安全带在使用前,应对以下主要项目进行检查,发现不符合要求的,不得使用,并立即更换:

1)安全带的部件是否完整,有无损伤;

2)金属配件的卡环是否有裂纹,卡簧弹跳性是否良好;

3)绳带有无变质。

(3)使用的注意事项。

1)佩戴安全带时,要束紧腰带,腰扣组件必须系紧系正;

2)悬挂安全带应高挂低用,不得低挂高用;

3)不得将绳打结使用,也不得将钩直接挂在安全绳上使用;

4)安全带要拴挂在牢固的构件或物体上,防止摆动或碰撞;

5)高处作业如无固定拴挂处,应采用适当强度的钢丝绳或安全栏杆等方式设置挂安全带的安全拉绳,禁止将安全带挂在移动、带尖锐棱角或不牢固的物件上;

6)安全带严禁擅自接长使用,如使用 3 m 及以上的长绳时,必须加上缓冲器、自锁器或防坠器等;

7)安全带上的各种部件不得任意拆除,更换新绳时要注意加绳套;

8)安全带绳保护套要保持完好,以防绳被磨损,若发现保护套损坏或脱落,必须加上新套后再使用;

9)要注意维护及保管,不得接触高温、明火、强酸、强碱或尖锐物体,不要存放在潮湿的场所;

10)安全带在使用后,要经常检查安全带缝制和挂钩部分,必须详细检查捻线是否发生裂断和残损等;

11)安全带在使用两年后应抽验一次,频繁使用应经常进行外观检查,发现异常必须立即更换。

3.1.6 安全防护鞋安全使用

安全防护鞋鞋底一般采用聚氨酯材料一次注模成型,具有耐油、耐磨、耐酸碱、绝缘、防水、轻便等优点。安全防护鞋的选用应根据工作环境的危害性质和危害程度进行。安全防护鞋应有产品合格证和产品说明书。使用前应对照使用的条件阅读说明书,使用方法要正确。建筑施工现场上常用的有绝缘鞋(靴)、防刺穿鞋、焊接防护鞋、耐酸碱橡胶靴及皮安全鞋等。安全防护鞋的选择和使用应符合下列要求:

(1)安全防护鞋除了须根据作业条件选择适合的类型外,还要挑选合适的鞋号;

(2)各种不同性能的安全防护鞋,要达到各自防护性能的技术指标,如脚趾不被砸伤,脚底不被刺伤,绝缘导电等要求;

(3)使用安全防护鞋前要认真检查或测试,在电气和酸碱作业中,使用破损和有裂纹的安全防护鞋都是有危险的;

(4)用后应检查并保持清洁,存放于无污染、干燥的地方。

3.1.7 安全网安全使用

在建筑施工现场用来防止人、物坠落或用来避免、减轻坠落及物体打击伤害的网具,统称安全网。安全网主要有平网和立网两种。水平方向安装,用来承接人和物坠落的垂直载荷的,称为安全平网;垂直方向安装,用来阻挡人和物坠落的水平载荷的,称为安全立网。

(1)网的检查内容包括:网内不得存留建筑垃圾,网下不能堆积物品,网身不能出现严重变形和磨损,不得受化学品与酸、碱、烟雾的污染及电焊火花的烧灼等。

(2)支撑架不得出现严重变形和磨损,其连接部位不得有松脱现象。网与网之间及网与支撑之间的连接点也不允许出现松脱。所有绑拉的绳都不能使其受严重的磨损或有变形。

(3)网内的坠落物要经常清理,保持网体洁净,还要避免大量焊接或其他火星落入网内,并避免高温或蒸汽环境。当网体受到化学品污染或网绳嵌入粗砂粒或其他可能引起磨损的异物时,必须进行清洗,洗后使其自然干燥。

(4)安全网在搬运中不可使用铁钩或带尖刺的工具,以防损伤网绳。网体要存放在仓库或专用场所,并将其分类、分批存放在架子上,不允许随意乱堆。对仓库要求具备通风、遮光、隔热、防潮、避免化学物品的侵蚀等条件。在存放过程中,也要求对网体作定期检验,发现问题,立即处理,以确保安全。

3.2 高处作业安全

高处坠落事故是目前建筑施工中发生频率最高的伤亡事故。因此，增强高处作业安全意识，落实临边洞口防护措施，提高施工现场管理水平，是建筑安全生产的重要课题。

3.2.1 高处作业概述

(1)高处作业的定义。

高处作业是指在坠落高度基准面 2 m 及以上有可能坠落的高处进行的作业。

(2)高处作业分级。

坠落高度越高，坠落时的冲击能量越大，造成的伤害越大，危险性也越大。同时，坠落高度越高，坠落半径也越大，坠落时的影响范围也越大，因此对不同高度的高处作业，防护设施的设置、事故处理的分析等均有不同。高处作业的级别如下：

一级高处作业，坠落高度在 2～5 m；

二级高处作业，坠落高度在 5～15 m；

三级高处作业，坠落高度在 15～30 m；

特级高处作业，坠落高度大于 30 m。

(3)坠落半径。

以作业位置为中心，可能坠落范围半径为半径划成的与水平面垂直的柱形空间，称为可能坠落范围。

为确定可能坠落范围而规定的相对于作业位置的一段水平距离称为可能坠落范围半径。其大小取决于作业现场的地形、地势或建筑物分布等有关的基础高度。

在坠落半径内的工棚、设备和人员应当加强防护，防止落物击砸。

(4)高处作业分类。

按高处作业的环境条件如气象、电源、突发情况等，又可将高处作业分为一般高处作业和特殊高处作业。

特殊高处作业是在危险性较大、较复杂的环境下进行的高处作业。特殊高处作业又可分为以下 8 类：

1)强风高处作业，在阵风风力(风速 8.0 m/s)以上的情况下进行的高处作业；

2)异温高处作业，在高温或低温环境下进行的高处作业；

3)雪天高处作业，降雪时进行的高处作业；

4)雨天高处作业，降雨时进行的高处作业；

5)夜间高处作业，室外完全采用人工照明时进行的高处作业；

6)带电高处作业，在接近或接触带电体条件下进行的高处作业；

7)悬空高处作业，在无立足点或无可靠立足点条件下进行的高处作业；

8)抢救高处作业，对突发的各种灾害事故进行抢救的高处作业。

除了以上情况属于特殊高处作业，其他正常作业环境下的各项高处作业都属于一般高处作业。

(5)引起高处坠落的因素。

在高处作业，许多因素容易引起坠落。直接引起坠落的客观危险因素大致有：

1)阵风,风力五级(风速 8.0 m/s)以上;

2)高温条件下的作业;

3)平均气温等于或低于 5℃的作业环境;

4)接触冷水温度等于或低于 12℃的作业;

5)作业场地存在冰、雪、霜、水、油等易滑物;

6)作业场所光线不足,能见度差;

7)接近或接触危险电压带电体;

8)摆动,立足处不是平面或只有很小的平面,致使作业者无法维持正常姿势;

9)存在有毒气体或空气含氧量较低的环境作业;

10)处抢救突发事件状态;

11)超强度体力劳动。

3.2.2 高处作业的安全规定

建筑施工的高处作业主要包括临边及洞口作业、攀登及悬空作业和操作平台及交叉作业等。

(1)建筑施工中凡涉及临边与洞口作业、攀登与悬空作业、操作平台、交叉作业及安全网搭设的,应在施工组织设计或施工方案中制定高处作业安全技术措施。

(2)高处作业施工前,应按类别对安全防护设施进行检查、验收,验收合格后方可进行作业,并应做验收记录。验收可分层或分阶段进行。

(3)高处作业施工前,应对作业人员进行安全技术交底,并应记录;应对初次作业人员进行培训。

(4)应根据要求将各类安全警示标志悬挂于施工现场各相应部位,夜间应设红灯警示。高处作业施工前,应检查高处作业的安全标志、工具、仪表、电气设施和设备,确认其完好后,方可进行施工。

(5)高处作业人员应根据作业的实际情况配备相应的高处作业安全防护用品,并应按规定正确佩戴和使用相应的安全防护用品、用具。

(6)对施工作业现场可能坠落的物料,应及时拆除或采取固定措施。高处作业所用的物料应堆放平稳,不得妨碍通行和装卸。工具应随手放入工具袋;作业中的走道、通道板和登高用具,应随时清理干净;拆卸下的物料及余料和废料应及时清理运走,不得随意放置或向下丢弃。传递物料时不得抛掷。

(7)高处作业应按现行国家标准《建设工程施工现场消防安全技术规范》(GB 50720)的规定,采取防火措施。

(8)在雨、霜、雾、雪等天气进行高处作业时,应采取防滑、防冻和防雷措施,并应及时清除作业面上的水、冰、雪、霜。

当遇有 6 级及以上强风、浓雾、沙尘暴等恶劣气候,不得进行露天攀登与悬空高处作业。雨雪天气后,应对高处作业安全设施进行检查,当发现有松动、变形、损坏或脱落等现象时,应立即修理完善,维修合格后方可使用。

(9)对需临时拆除或变动的安全防护设施,应采取可靠措施,作业后应立即恢复。

(10)安全防护设施验收应包括下列主要内容:

1)防护栏杆的设置与搭设;

2)攀登与悬空作业的用具与设施搭设；

3)操作平台及平台防护设施的搭设；

4)防护棚的搭设；

5)安全网的设置；

6)安全防护设施、设备的性能与质量、所用的材料、配件的规格；

7)设施的节点构造,材料配件的规格、材质及其与建筑物的固定、连接状况。

(11)安全防护设施验收资料应包括下列主要内容：

1)施工组织设计中的安全技术措施或施工方案；

2)安全防护用品用具、材料和设备产品合格证明；

3)安全防护设施验收记录；

4)预埋件隐蔽验收记录；

5)安全防护设施变更记录。

(12)应有专人对各类安全防护设施进行检查和维修保养,发现隐患应及时采取整改措施。

(13)安全防护设施宜采用定型化、工具化设施,防护栏应为黑黄或红白相间的条纹标示,盖件应为黄或红色标示。

3.2.3 临边作业安全措施

(1)临边作业的定义。

在工作面边沿无围护或围护设施高度低于800 mm的高处作业,包括楼板边、楼梯段边、屋面边、阳台边、各类坑、沟、槽等边沿的高处作业。

(2)常见的临边部位。

建筑施工现场临边作业,一般在以下四种常见的部位：

1)在建工程的楼层、屋面、楼梯口、阳台、雨篷、挑檐等边缘；

2)土方开挖形成的基坑(槽、沟)、深基础等周边；

3)辅助设施,如水箱、水塔、池槽等周边；

4)设备安装处,如电梯井道,垃圾井道,施工升降机和物料提升机等垂直运输设备与各层面接口的通道边缘、接料平台等。

(3)临边作业时,应在临空一侧设置防护栏杆,并应采用密目式安全立网或工具式栏板封闭。

(4)施工的楼梯口、楼梯平台和梯段边,应安装防护栏杆;外设楼梯口、楼梯平台和梯段边还应采用密目式安全立网封闭。

(5)建筑物外围边沿处,对没有设置外脚手架的工程,应设置防护栏杆;对有外脚手架的工程,应采用密目式安全立网全封闭。密目式安全立网应设置在脚手架外侧立杆上,并应与脚手杆紧密连接。

(6)施工升降机、龙门架和井架物料提升机等在建筑物间设置的停层平台两侧边,应设置防护栏杆、挡脚板,并应采用密目式安全立网或工具式栏板封闭。

(7)停层平台口应设置高度不低于1.80 m的楼层防护门,并应设置防外开装置。井架物料提升机通道中间,应分别设置隔离设施。

3.2.4 洞口作业安全措施

(1)洞口作业的定义。

在地面、楼面、屋面和墙面等有可能使人和物料坠落,其坠落高度大于或等于 2 m 的洞口处的高处作业。

(2)常见的洞口形式。

1)水平面上的洞口,主要有各类地面、楼面、屋面、顶盖上的洞口,如楼面各种预留洞口、预制楼板拼缝、沟槽、化粪池、钢管桩及灌注桩口等。

2)垂直面上的洞口,主要有各类墙面上的洞口,如门洞、窗洞、墙板预留洞口等。

3)设备安装预留洞口,既有水平面上的洞口,如大型化工设备、锅炉等穿楼板预留洞口;也有垂直面上的洞口,如电梯预留门洞、物料提升机和施工升降机的上料口等。

(3)洞口作业时,应采取防坠落措施,并应符合下列规定。

1)当竖向洞口短边边长小于 500 mm 时,应采取封堵措施;当垂直洞口短边边长大于或等于 500 mm 时.应在临空一侧设置高度不小于 1.2 m 的防护栏杆,并应采用密目式安全立网或工具式栏板封闭,设置挡脚板。

2)当非竖向洞口短边边长为 25～500 mm 时,应采用承载力满足使用要求的盖板覆盖,盖板四周搁置应均衡,且应防止盖板移位。

3)当非竖向洞口短边边长为 500～1500 mm 时,应采用盖板覆盖或防护栏杆等措施,并应固定牢固。

4)当非竖向洞口短边边长大于或等于 1500 mm 时,应在洞口作业侧设置高度不小于 1.2 m 的防护栏杆,洞口应采用安全平网封闭。

(4)电梯井口应设置防护门,其高度不应小于 1.5 m,防护门底端距地面高度不应大于 50 mm,并应设置挡脚板。

(5)在电梯施工前,电梯井道内应每隔 2 层且不大于 10 m 加设一道安全平网。电梯井内的施工层上部,应设置隔离防护设施。

(6)洞口盖板应能承受不小于 1 kN 的集中荷载和不小于 2 kN/m^2 的均布荷载,有特殊要求的盖板应另行设计。

(7)墙面等处落地的竖向洞口、窗台高度低于 800 mm 的竖向洞口及框架结构在浇筑完混凝土未砌筑墙体时的洞口,应按临边防护要求设置防护栏杆。

3.2.5 临边防护栏杆

(1)临边作业的防护栏杆应由横杆、立杆及挡脚板组成。

1)防护栏杆应为两道横杆,上杆距地面高度应为 1.2 m,下杆应在上杆和挡脚板中间设置。

2)当防护栏杆高度大于 1.2 m 时,应增设横杆,横杆间距不应大于 600 mm。

3)防护栏杆立杆间距不应大于 2 m。

4)挡脚板高度不应小于 180 mm。

(2)防护栏杆立杆底端应固定牢固,并应符合下列规定。

1)当在土体上固定时,应采用预埋或打入方式固定。

2)当在混凝土楼面、地面、屋面或墙面固定时,应将预埋件与立杆连接牢固。

3)当在砌体上固定时,应预先砌入相应规格含有预埋件的混凝土块,预埋件应与立杆连接牢固。

(3)防护栏杆杆件的规格及连接,应符合下列规定。

1)当采用钢管作为防护栏杆杆件时,横杆及栏杆立杆应采用脚手钢管,并应采用扣件、焊接、定型套管等方式进行连接固定。

2)当采用其他材料作防护栏杆杆件时,应选用与钢管材质强度相当的材料,并应采用螺栓、销轴或焊接等方式进行连接固定。

(4)防护栏杆的立杆和横杆的设置、固定及连接,应确保防护栏杆在上下横杆和立杆任何部位处,均能承受任何方向 1 kN 的外力作用。当栏杆所处位置有发生人群拥挤、物件碰撞等可能时,应加大横杆截面或加密立杆间距。

(5)防护栏杆应张挂密目式安全立网或其他材料封闭。

3.2.6　攀登作业安全措施

(1)攀登作业定义。

借助登高用具或登高设施进行的高处作业。

(2)登高作业应借助施工通道、梯子及其他攀登设施和用具。

(3)攀登作业设施和用具应牢固可靠;当采用梯子攀爬作用对,踏面荷载不应大于 1.1 kN;当梯面上有特殊作业时,应按实际情况进行专项设计。

(4)同一梯子上不得两人同时作业。在通道处使用梯子作业时,应有专人监护或设置围栏。脚手架操作层上严禁架设梯子作业。

(5)便携式梯子宜采用金属材料或木材制作,并应符合现行国家标准《便携式金属梯安全要求》(GB 12142)和《便携式木梯安全要求》(GB 7059)的规定。

(6)使用单梯时梯面应与水平面成 75°夹角,踏步不得缺失,梯格间距宜为 300 mm,不得垫高使用。

(7)折梯张开到工作位置的倾角应符合现行国家标准《便携式金属梯安全要求》(GB 12142)和《便携式木梯安全要求》(GB 7059)的规定,并应有整体的金属撑杆或可靠的锁定装置。

(8)固定式直梯应采用金属材料制成,并应符合现行国家标准《固定式钢梯及平台安全要求　第 1 部分:钢直梯》(GB 4053.1)的规定;梯子净宽应为 400～600 mm,固定直梯的支撑应采用不小于 L70×6 的角钢,埋设与焊接应牢固。直梯顶端的踏步应与攀登顶面齐平,并应加设 1.1～1.5 m 高的扶手。

(9)使用固定式直梯攀登作业时,当攀登高度超过 3 m 时,宜加设护笼;当攀登高度超过 8 m 时,应设置梯间平台。

(10)钢结构安装时,应使用梯子或其他登高设施攀登作业。坠落高度超过 2 m 时,应设置操作平台。

(11)当安装屋架时,应在屋脊处设置扶梯(减少安装屋架时的悬空作业)。扶梯踏步间距不应大于 400 mm。屋架杆件安装时搭设的操作平台,应设置防护栏杆或使用作业人员拴挂安全带的安全绳。

(12)深基坑施工应设置扶梯、人坑踏步及专用载人设备或斜道等设施。采用斜道时,应加设间距不大于 400 mm 的防滑条等防滑措施。作业人员严禁沿坑壁、支撑或乘运土工具上下。

3.2.7 悬空作业安全措施

(1)悬空作业的定义。

在周边无任何防护设施或防护设施不能满足防护要求的临空状态下进行的高处作业。

(2)悬空作业的立足处的设置应牢固,并应配置登高和防坠落装置和设施。

(3)构件吊装和管道安装时的悬空作业时:

1)钢结构吊装,构件宜在地面组装,安全设施应一并设置;

2)吊装钢筋混凝土屋架、梁、柱等大型构件前,应在构件上预先设置登高通道、操作立足点等安全设施;

3)在高空安装大模板、吊装第一块预制构件或单独的大中型预制构件时,应站在作业平台上操作;

4)钢结构安装施工宜在施工层搭设水平通道,水平通道两侧应设置防护栏杆;当利用钢梁作为水平通道时,应在钢梁一侧设置连续的安全绳,安全绳宜采用钢丝绳;

5)钢结构、管道等安装施工的安全防护宜采用工具化、定型化设施。

(4)严禁在未固定、无防护设施的构件及管道上进行作业或通行。

(5)当利用吊车梁等构件作为水平通道时,临空面的一侧应设置连续的栏杆等防护措施。当安全绳为钢索时,钢索的一端应采用花篮螺栓收紧;当安全绳为钢丝绳时,钢丝绳的自然下垂度不应大于绳长的1/20,并不应大于100 mm。

(6)模板支撑体系搭设和拆卸的悬空作业时:

1)模板支撑的搭设和拆卸应按规定程序进行,不得在上下同一垂直面上同时装拆模板;

2)在坠落基准面2 m及以上高处搭设与拆除柱模板及悬挑结构的模板时,应设置操作平台;

3)在进行高处拆模作业时应配置登高用具或搭设支架。

(7)绑扎钢筋和预应力张拉的悬空作业时:

1)绑扎立柱和墙体钢筋,不得沿钢筋骨架攀登或站在骨架上作业;

2)在坠落基准面2 m及以上高处绑扎柱钢筋和进行预应力张拉时,应搭设操作平台。

(8)混凝土浇筑与结构施工的悬空作业时:

1)浇筑高度2 m及以上的混凝土结构构件时,应设置脚手架或操作平台;

2)悬挑的混凝土梁和檐、外墙和边柱等结构施工时,应搭设脚手架或操作平台。

(9)屋面作业时应符合下列规定:

1)在坡度大于25°的屋面上作业,当无外脚手架时,应在屋檐边设置不低于1.5 m高的防护栏杆,并应采用密目式安全立网全封闭;

2)在轻质型材等屋面下作业,应搭设临时走道板,不得在轻质型材上行走;安装轻质型材板前,应采取在梁下支设安全平网或搭设脚手架等安全防护措施。

(10)外墙作业时:

1)门窗作业时,应有防坠落措施,操作人员在无安全防护措施时,不得站立在樘子、阳台栏板上作业;

2)高处作业不得使用座板式单人吊具,不得使用自制吊篮。

3.2.8 操作平台安全措施

操作平台是由钢管、型钢及其他等效性能材料等组装搭设制作的供施工现场高处作业和载物的平台，包括移动式、落地式、悬挑式等平台。

1. 操作平台的使用要求

(1)操作平台应通过设计计算，并应编制专项方案，架体构造与材质应满足国家现行相关标准的规定。

(2)操作平台的架体结构应采用钢管、型钢及其他等效性能材料组装，并应符合现行国家标准《钢结构设计规范》(GB50017)及国家现行有关脚手架标准的规定。平台面铺设的钢、木或竹胶合板等材质的脚手板，应符合材质和承载力要求，并应平整满铺及可靠固定。

(3)操作平台的临边应设置防护栏杆，单独设置的操作平台应设置供人上下、踏步间距不大于400 mm的扶梯。

(4)应在操作平台明显位置设置标明允许负载值的限载牌及限定允许的作业人数，物料应及时转运，不得超重、超高堆放。

(5)操作平台使用中应每月不少于1次定期检查，应由专人进行日常维护工作，及时消除安全隐患。

2. 移动式操作平台

(1)移动式操作平台面积不宜大于10 m^2，高度不宜大于5 m，高宽比不应大于2∶1(整体稳定性)，施工荷载不应大于1.5 kN/m^2。

(2)移动式操作平台的轮子与平台架体连接应牢固，立柱底端离地面不得大于80 mm，行走轮和导向轮应配有制动器或刹车闸等制动措施。

(3)移动式行走轮承载力不应小于5 kN，制动力矩不应小于2.5 N·m。移动式操作平台架体应保持垂直，不得弯曲变形，制动器除在移动情况外，均应保持制动状态。

(4)移动式操作平台移动时，操作平台上不得站人。

(5)移动式升降工作平台应符合现行国家标准《移动式升降工作平台设计计算、安全要求和测试方法》(GB 25849)和《移动式升降工作平台安全规则、检查、维护和操作》(GB/T 27548)的要求。

(6)移动式操作平台的结构设计计算应符合《建筑施工高处作业安全技术规范》(JGJ80)附录B的规定。

3. 落地式操作平台

(1)落地式操作平台架体构造：

1)操作平台高度不应大于15 m，高宽比不应大于3∶1；

2)施工平台的施工荷载不应大于2.0 kN/m^2；当接料平台的施工荷载大于2.0 kN/m^2时，应进行专项设计；

3)操作平台应与建筑物进行刚性连接或加设防倾措施，不得与脚手架连接；

4)用脚手架搭设操作平台时，其立杆间距和步距等结构要求应符合国家现行相关脚手架规范的规定；应在立杆下部设置底座或垫板、纵向与横向扫地杆，并应在外立面设置剪刀撑或斜撑；

5)操作平台应从底层第一步水平杆起逐层设置连墙件，且连墙件间隔不应大于4 m，并应设置水平剪刀撑。连墙件应为可承受拉力和压力的构件，并应与建筑结构可靠连接。

(2)落地式操作平台搭设材料及搭设技术要求、允许偏差应符合国家现行相关脚手架标准的规定。

(3)落地式操作平台应按国家现行相关脚手架标准的规定计算受弯构件强度、连接扣件抗滑承载力、立杆稳定性、连墙插件强度与稳定性及连接强度、立杆地基承载力等。

(4)落地式操作平台一次搭设高度不应超过相邻连墙件以上两步。

(5)落地式操作平台拆除应由上而下逐层进行,严禁上下同时作业,连墙件应随施工进度逐层拆除。

(6)落地式操作平台检查验收要求:

1)操作平台的钢管和扣件应有产品合格证;

2)搭设前应对基础进行检查验收,搭设中应随施工进度按结构层对操作平台进行检查验收;

3)遇 6 级以上大风、雷雨、大雪等恶劣天气及停用超过 1 个月,恢复使用前,应进行检查。

4. 悬挑式操作平台

(1)悬挑式操作平台设置要求:

1)操作平台的搁置点、拉结点、支撑点应设置在稳定的主体结构上,且应可靠连接;

2)严禁将操作平台设置在临时设施上;

3)操作平台的结构应稳定可靠,承载力应符合设计要求。

(2)悬挑式操作平台的悬挑长度不宜大于 5 m,均布荷载不应大于 5.5 kN/m^2,集中荷载不应大于 15 kN,悬挑梁应锚固固定。

(3)采用斜拉方式的悬挑式操作平台,平台两侧的连接吊环应与前后两道斜拉钢丝绳连接,每一道钢丝绳应能承载该侧所有荷载。

(4)采用支承方式的悬挑式操作平台,应在钢平台下方设置不少于两道斜撑,斜撑的一端应支承在钢平台主结构钢梁下,另一端应支承在建筑物主体结构。

(5)采用悬臂梁式的操作平台,应采用型钢制作悬挑梁或悬挑桁架,不得使用钢管,其节点应采用螺栓或焊接的刚性节点。当平台板上的主梁采用与主体结构预埋件焊接时,预埋件、焊缝均应经设计计算,建筑主体结构应同时满足强度要求。

(6)悬挑式操作平台应设置 4 个吊环,吊运时应使用卡环,不得使吊钩直接钩挂吊环。吊环应按通用吊环或起重吊环设计,并应满足强度要求。

(7)悬挑式操作平台安装时,钢丝绳应采用专用的钢丝绳夹连接,钢丝绳夹数量应与钢丝绳直径相匹配,且不得少于 4 个。建筑物锐角、利口周围系钢丝绳处应加衬软垫物。

(8)悬挑式操作平台的外侧应略高于内侧;外侧应安装防护栏杆并应设置防护挡板全封闭。

(9)人员不得在悬挑式操作平台吊运、安装时上下。

(10)悬挑式操作平台的结构设计计算应符合《建筑施工高处作业安全技术规范》(JGJ80)附录 C 的规定。

3.2.9 交叉作业安全措施

施工现场上下不同层次,在空间贯通状态下同时进行的高处作业,称为交叉作业。

在建筑施工现场,往往上层结构还未完工,下层就开始砌筑填充墙、进行设备安装、装饰装修、物料运送等作业,人员频繁走动,极易造成坠物伤人事故。

1. 交叉作业的安全要求

(1)交叉作业时，下层作业位置应处于上层作业的坠落半径之外，高空作业坠落半径应按表3-1确定。安全防护棚和警戒隔离区范围的设置应视上层作业高度确定，并应大于坠落半径。

表3-1 坠落半径

序号	上层作业高度(h_b)	坠落半径(m)
1	$2 \leqslant h_b \leqslant 5$	3
2	$5 < h_b \leqslant 15$	4
3	$15 < h_b \leqslant 30$	5
4	$h_b > 30$	6

(2)交叉作业时，坠落半径内应设置安全防护棚或安全防护网等安全隔离措施。当尚未设置安全隔离措施时，应设置警戒隔离区，人员严禁进入隔离区。

(3)处于起重机臂架回转范围内的通道，应搭设安全防护棚。

(4)施工现场人员进出的通道口，应搭设安全防护棚。

(5)不得在安全防护棚棚顶堆放物料。

(6)当采用脚手架搭设安全防护棚架构时，应符合国家现行相关脚手架标准的规定。

(7)对不搭设脚手架和设置安全防护棚时的交叉作业，应设置安全防护网，当在多层、高层建筑外立面施工时，应在二层及每隔四层设一道固定的安全防护网，同时设一道随施工高度提升的安全防护网。

2. 交叉作业的安全措施

(1)安全防护棚搭设要求。

1)当安全防护棚为非机动车辆通行时，棚底至地面高度不应小于3 m；当安全防护棚为机动车辆通行时，棚底至地面高度不应小于4 m。

2)当建筑物高度大于24 m并采用木质板搭设时，应搭设双层安全防护棚。两层防护的间距不应小于700 mm，安全防护棚的高度不应小于4 m。

3)当安全防护棚的顶棚采用竹笆或木质板搭设时，应采用双层搭设，间距不应小于700 mm；当采用木质板或与其等强度的其他材料搭设时，可采用单层搭设，木板厚度不应小于50 mm。防护棚的长度应根据建筑物高度与可能坠落半径确定。

(2)安全防护网搭设要求。

1)安全防护网搭设时，应每隔3 m设一根支撑杆，支撑杆水平夹角不宜小于45°。

2)当在楼层设支撑杆时，应预埋钢筋环或在结构内外侧各设一道横杆。

3)安全防护网应外高里低，网与网之间应拼接严密。

3.3 建筑起重机械安全

3.3.1 塔式起重机的安全

1. 基本规定

(1)塔式起重机安装、拆卸单位必须具有从事起重设备安装工程专业承包企业资质。

(2)塔式起重机安装、拆卸单位应具备安全管理保证体系,有健全的安全管理制度(含转场保养、安装拆卸前维修、保修制度,员工的培训制度,周期检查制度,安装、拆卸中的检验监督制度等)。

(3)塔式起重机安装、拆卸作业应配备下列人员:

1)持有安全生产考核合格证书的项目负责人和安全负责人、机械管理人员;

2)具有建筑施工特种作业操作资格证书的建筑起重机械安装拆卸工、起重司机、起重信号工、司索工等特种作业操作人员。

(4)塔式起重机应具有特种设备制造许可证、产品合格证,并已在县级以上地方建设主管部门备案登记。

(5)塔式起重机应符合现行国家标准《塔式起重机安全规程》(GB5144)及《塔式起重机》(GB/T50311)的相关规定。

(6)塔机启用前应检查塔式起重机的备案登记证明等文件、建筑施工特种作业人员的操作资格证书、专项施工方案、辅助起重机械的合格证及操作人员资格证书是否齐全。

(7)施工单位应对塔式起重机建立技术档案,其技术档案应包括下列内容:

1)设备的设计文件、产品质量合格证明、安装及使用维护保养说明、监督检验证明等相关技术资料和文件;

2)设备的定期检验和定期自行检查记录;

3)设备的日常使用状况记录;

4)设备及其附属仪器仪表的维护保养记录;

5)设备的运行故障和事故记录。

(8)塔式起重机的选型和布置应满足工程施工要求,便于安装和拆卸,并不得损害周边其他建筑物或构筑物。

(9)塔式起重机安装、拆卸前,应编制专项施工方案,指导作业人员实施安装、拆卸作业。专项施工方案应根据塔式起重机使用说明书和作业场地的实际情况编制,并应符合国家现行相关标准的规定。专项施工方案应让由本单位技术、安全、设备等部门审核、技术负责人审批后,经监理单位批准实施。

(10)塔式起重机与架空输电线的安全距离应符合现行国家标准《塔式起重机安全规程》(GB5144)的规定。

(11)当多台塔式起重机在同一施工现场交叉作业时,应编制专项方案,并应采取防碰撞的安全措施。任意两台塔式起重机之间的最小架设距离应符合下列规定:

1)低位塔式起重机的起重臂端部与另一台塔式起重机的塔身之间的距离不得小于 2 m;

2)高位塔式起重机的最低位置的部件(或吊钩升至最高点或平衡重的最低部位)与低位塔式起重机中处于最高位置部件之间的垂直距离不得小于 2 m。

(12)在塔式起重机的安装、使用及拆卸阶段,进入现场的作业人员必须佩戴安全帽、防滑鞋、安全带等防护用品,无关人员严禁进入作业区域内。在安装、拆卸作业期间应设警戒区。

(13)塔式起重机在安装前和使用过程中,发现有下列情况之一的,不得安装和使用:

1)结构件上有可见裂纹和严重锈蚀的;

2)主要受力构件存在塑性变形的;

3)连接件存在严重磨损和塑性变形的;

4)钢丝绳达到报废标准的；

5)安全装置不齐全或失效的。

(14)塔式起重机使用时，起重臂和吊物下方严禁有人员停留；物件吊运时，严禁从人员上方通过。并严禁用塔式起重机载运人员。

2. 塔式起重机吊具、索具的使用要求

(1)塔式起重机安装、使用、拆卸时，起重吊具、索具应符合下列要求：

1)吊具与索具产品应符合现行行业标准《起重机械吊具与索具安全规程》(LD48)的规定；

2)吊具与索具应与吊重种类，吊运具体要求以及环境条件相适应；

3)作业前应对吊具与索具进行检查，当确认完好时方可投入使用；

4)吊具承载时不得超过额定起重量，吊索(含各分肢)不得超过安全工作载荷；

5)塔式起重机吊钩的吊点，应与吊重重心在同一条铅垂线上，使吊重处于稳定平衡状态。

(2)新购置或修复的吊具、索具，应进行检查，确认合格后，方可使用。

(3)吊具、索具在每次使用前应进行检查，经检查确认符合要求后，方可继续使用。当发现有缺陷时，应停止使用。

(4)吊具与索具每6个月应进行一次检查，并应作好记录。检验记录应作为继续使用、维修或报废的依据。

(5)钢丝绳作吊索时。其安全系数不得小于6倍。钢丝绳的报废应符合现行国家标准《起重机 钢丝绳 保养、维护、检验和报废》(GB/T5972)的规定。

(6)当钢丝绳的端部采用编结固接时，编结部分的长度不得小于钢丝绳直径的20倍，并不应小于300 mm，插接绳股应拉紧，凸出部分应光滑平整，且应在插接末尾留出适当长度，用金属丝扎牢，钢丝绳插接方法宜符合现行行业标准《起重机械吊具与索具安全规程》(LD48)的要求。用其他方法插接的应保证其插接连接强度不小于该绳最小破断拉力的75%。当采用绳夹固接时，钢丝绳索绳夹最少数量应满足表3-2的要求。

表3-2 钢丝绳索绳夹最少数量

绳夹规格(钢丝绳公称直径)d_t(mm)	钢丝绳夹的最少数量(组)
≤18	3
18～26	4
26～36	5
36～44	6
44～60	7

(7)钢丝绳夹板应在钢丝绳受力绳一边，绳夹间距A(图3-1)不应小于钢丝绳直径的6倍。

(8)吊索必须由整根钢丝绳制成，中间不得有接头。环形吊索应只允许有一处接头，且钢丝绳严禁采用打结方式系结吊物。

(9)当吊索弯折曲率半径小于钢丝绳公称直径的2倍时，应采用卸扣将吊索与吊点拴接，且卸扣应无明显变形、可见裂纹和弧焊痕迹。销轴螺纹应无损伤现象。

(10)当采用两点或多点起吊时，吊索数宜与吊点数相符，且各根吊索的材质、结构尺寸、索眼端部固定连接、端部配件等性能应相同。

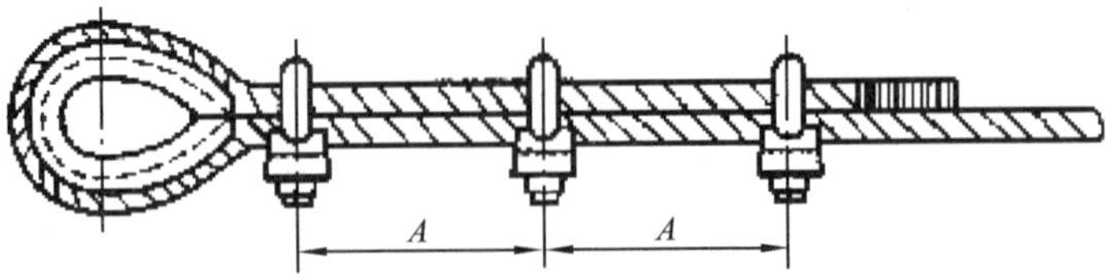

图 3-1 钢丝绳夹板布置图

(11)起重机的吊钩应符合现行行业标准《起重机械吊具与索具安全规程》(LD48)中的相关规定。且严禁补焊，当出现下列情况之一时应予以报废：

1)表面有裂纹；

2)挂绳处断面磨损超过原高度的10%；

3)钩尾和螺纹部分等危险截面及钩筋有永久性变形；

4)开口度比原尺寸增加15%；

5)钩身的扭转角超过10°。

(12)滑轮的最小绕卷直径应符合现行国家标准《塔式起重机设计规范》(GB/T13752)的相关规定。滑轮有下列情况之一的应予以报废：

1)裂纹或轮缘破损；

2)轮槽不均匀磨损达3 mm；

3)滑轮绳槽壁厚磨损量达原壁厚的20%；

4)铸造滑轮槽底磨损达钢丝绳原直径的30%；焊接滑轮槽底磨损达钢丝绳原直径的15%。

(13)滑轮、卷筒均应设有钢丝绳防脱装置；吊钩应设有钢丝绳防脱钩装置。

3. 塔式起重机安装安全措施

(1)塔式起重机安装方案审批完成，塔式起重机基础验收合格后才能进行塔式起重机的安装作业。

(2)塔式起重机的安装人员应经培训并持证上岗，由专业技术人员指导进行。

(3)塔式起重机安装由专人负责人统一指挥，操作人员不得自行违规操作。

(4)操作人员不得酒后进行安装操作。

(5)塔式起重机的安装必须严格按照产品使用说明书所规定的步骤进行。

(6)进行塔式起重机安装前，应进行班前安全教育，并检查作业人员的安全装备是否齐全及佩戴正确。

(7)安装时塔式起重机最大高度处的风速应符合使用说明书的要求，且风速不得超过12 m/s。雨雪、浓雾天气严禁进行安装作业。

(8)塔式起重机不宜在夜间进行安装作业；当在夜间进行塔式起重机安装和拆卸作业时，应保证提供足够的照明。

(9)当遇特殊情况安装作业不能连续进行时，必须将已安装的部位固定牢靠并达到安全状态，经检查确认无隐患后，方可停止作业。

(10)安装单位应按《建筑施工塔式起重机安装、使用、拆卸安全技术规程》(JGJ196)规程要求对安装质量进行自检，自检合格后，委托有相应资质的检验检测机构进行检测，经自检、检测合格后，再由总承包单位组织出租、安装、使用、监理等单位进行验收，验收合格后方可使用，并做好自检报告书和检测报告书及验收表存档工作。

(11)塔式起重机停用6个月以上的,在复工前,应按《建筑施工塔式起重机安装、使用、拆卸安全技术规程》(JGJ196)规程附录B重新进行验收,合格后方可使用。

4. 塔式起重机操作安全措施

(1)塔式起重机起重司机、起重信号工、司索工等操作人员应取得特种作业人员资格证书,严禁无证上岗。塔式起重机的操作人员必须经过培训,了解机械的构造和使用,熟知安全操作规程和按时保养,非安装、维修人员未经许可不得攀登塔机。

(2)塔式起重机使用前,应对起重司机、起重信号工、司索工等作业人员进行安全技术交底。

(3)塔式起重机回转、变幅、行走、起吊动作前应示意警示。起吊前,当吊物与地面或其他物件之间存在吸附力或摩擦力而未采取处理措施时,不得起吊;并应按《建筑施工塔式起重机安装、使用、拆卸安全技术规程》(JGJ196)规程的要求对吊具与索具进行检查,确认合格后方可起吊;当吊具索具不符合相关规定的,不得用于起吊作业。起吊时应统一指挥明确指挥信号;当指挥信号不清楚时,不得起吊。

(4)遇有风速在12 m/s及以上的大风或大雨、大雪、大雾等恶劣天气时,应停止作业。雨雪过后,应先经过试吊,确认制动器灵敏可靠后方可进行作业。夜间施工应有足够照明,照明的安装应符合现行行业标准《施下现场临时用电安全技术规范》(JGJ46)的要求。

(5)塔式起重机不得起吊重量超过额定载荷的吊物,且不得起吊重量不明的吊物。作业中遇突发故障,应采取措施将吊物降落到安全地点,严禁吊物长时间悬挂在空中。

(6)在吊物载荷达到额定载荷的90%时,应先将吊物吊离地面200～500 mm后,检查机械状况、制动性能、物件绑扎情况等,确认无误后方可起吊。对有晃动的物件,必须拴拉溜绳使之稳固。

(7)物件起吊时应绑扎牢固,不得在吊物上堆放悬挂其他物件;零星材料起吊时,必须用吊笼或钢丝绳绑扎牢固。当吊物上站人时不得起吊。

(8)标有绑扎位置或记号的物件,应按标明位置绑扎。钢丝绳与物件的夹角宜为45°～60°,且不得小于30°。吊索与吊物棱角之间应有防护措施;未采取防护措施的,不得起吊。

(9)每班作业应作好例行保养,并应做好记录。记录的主要内容包括结构件外观、安全装置、传动机构、连接件、制动器、索具、夹具、吊钩、滑轮、钢丝绳、液位、油位、油压、电源、电压等。作业完毕后,应松开回转制动器,各部件应置于非工作状态,控制开关应置于零位,并应切断总电源。而行走式塔式起重机停止作业时,应锁紧夹轨器。

(10)当塔式起重机使用高度超过30 m时,应配备障碍灯,起重臂根部铰点高度超过50 m时应配备风速仪。

5. 塔式起重机顶升和下降安全措施

在进行塔机顶升作业过程中,必须有专人指挥,专人照管电源,专人操作液压系统和专人紧固螺栓,专人负责人员就位情况,非操作人员不得登上爬升套架的操作平台,更不得启动泵阀开关或其他电气设备。

(1)塔机的顶升和下降必须严格按照产品使用说明书所规定的步骤进行。

(2)塔机的顶升和下降作业前,应仔细检查液压系统的工作压力是否正常,同时应让液压系统和液压油缸空载运行十分钟以上,如有故障,应立即排除,否则,不得进行作业。

(3)作业时必须指定专人监管电源,指定专职司机操作塔机,并应统一指挥,分工明确。

(4)塔机顶升后必须对塔身的垂直度进行测量。

(5)自升式塔式起重机的顶升加节应符合下列规定:

1)顶升系统必须完好;

2)结构件必须完好;

3)顶升前,塔式起重机下支座与顶升套架应可靠连接;

4)顶升前,应确保顶升横梁搁置正确;

5)顶升前,应将塔式起重机配平;顶升过程中,应确保塔式起重机的平衡;

6)顶升加节的顺序,应符合使用说明书的规定;

7)顶升过程中,不应进行起升,回转、变幅等操作;

8)顶升结束后,应将标准节与回转下支座可靠连接;

9)塔式起重机加节后需进行附着的,应按照先装附着装置、后顶升加节的顺序进行,附着装置的位置和支撑点的强度应符合要求。

(6)顶升作业应在白天进行,若遇特殊情况,需在夜间作业,必须具备充分的照明设备。

(7)在作业过程中,突然遇到风力加大,必须立即停止作业,并紧固连接螺栓,使上下塔身连成一体。

(8)顶升前必须预先放松电缆,使电缆放松长度略大于爬升高度,并做好电缆卷筒的紧固工作。

(9)在顶升过程中,把回转部分紧紧刹住,严禁旋转大臂及其他作业。

(10)在顶升过程中,如发生故障,必须立即停车检查,非经查明真相或故障排除,不得继续进行爬升动作。

(11)每次顶升前后,必须认真做好准备工作和收尾检查工作,特别是在顶升以后,必须检查连接螺栓是否按规定的预紧力矩紧固,是否松动,爬升套架滚轮与塔身标准节间的间隙是否调整好,操作杆是否已回到中间位置,液压系统的电源是否切断等工作。

(12)塔式起重机的独立高度、悬臂高度应符合使用说明书的要求。

6. 塔式起重机的附着安全措施

(1)塔式起重机的附着应符合产品使用说明书的要求。

(2)塔式起重机起重机的附着高度及自由端高度必须保证在产品说明书所规定的范围内。

(3)塔式起重机的附着作业时,不允许塔机作其他操作。

(4)塔式起重机附着时,应同时对塔身的垂直度进行调整。附着后,最高锚固点以下垂直度允许偏差为 $2H/1000$。

(5)应符合说明书要求,且风力超过四级时,不得逆行顶升作业,风力超过六级时塔式起重机必须停止顶升作业。

7. 塔式起重机操作注意事项

(1)司机必须在得到指挥信号后,方可进行操作,操作前必须鸣笛,操作时要精神集中。

(2)司机必须按起重性能表中规定进行工作,不允许超载使用。

(3)塔式起重机不得斜拉或斜吊物品,并禁止用于拔桩及类似作业。

(4)工作中塔式起重机上严禁有人,并不得在工作台中调整或维修机械等作业。

(5)工作时严禁闲人走近臂架活动范围以内。

(6)液压系统安全阀数值,电气系统保护装置的调整数值及其他机构、结构部件的调整值均不允许随意更动。

(7)塔式起重机在工作时，避免两台塔机的臂架、平衡臂相互碰撞以及与建筑物碰撞。

(8)塔式起重机吊重作业时，严禁负载变挡。

(9)塔式起重机作业完毕，吊钩升起，小车停在距塔身中心 5 m 处。

(10)操作前必须对所使用的钢丝绳、卡环、吊钩、板钩等各种吊具进行检查，凡不合格者不得使用。

(11)起吊同一个重物时，不得将钢丝绳和链条等混合同时用于捆扎或吊重物。

(12)防止高空坠物打击的防护措施：

1)规范塔式起重机司机的操作行为，并设专人指挥起吊工作；每次塔吊工作之前均对钢丝绳及吊钩进行检查，并对绑扎牢固与否进行检查。

2)建筑物外架张挂密目安全网进行全封闭防护。

3)在各种材料加工场搭设防护棚，高压线位置设置专用的防护棚。

4)在塔吊覆盖范围内的临建，均用钢管搭设防砸棚，其上覆盖双层木模板。

5)规定塔吊作业时间，严禁在工人收工、上工时间段吊运材料。

6)建筑物出入口处搭设长 3～6 m，宽于出入通道两侧各 1 m 的防护棚，棚顶应满铺不小于 5 cm 厚的脚手板，非出入口和通道两侧必须封闭严密。

7)吊装机械在台风来前停止作业，塔吊要收起吊钩，高空作业人员应及时撤到安全地带。

(13)实行多班作业的设备，应执行交接班制度，认真填写交接班记录，接班司机经检查确认无误后，方可开机作业。

(14)塔式起重机的主要部件和安全装置等应进行经常性检查，每月不得少于一次，并应有记录；当发现有安全隐患时，应及时进行整改。当塔式起重机使用周期超过一年时，应按《建筑施工塔式起重机安装、拆卸安全技术规程》(JGJ196)的附录 C 进行一次全面检查，合格后方可继续使用。

(15)塔式起重机应实施保养。转场时，应作转场保养，并应有记录。当使用过程中塔式起重机发生故障时，应及时维修，维修期间应停止作业。

8. 塔式起重机拆卸安全措施

(1)塔式起重机拆卸前，负责拆卸的单位应联同使用单位先作现场勘察，制定拆卸方案，办理报批手续。

(2)在塔式起重机拆卸方案审批完成并做好相关准备工作后才能进行塔式起重机的拆卸作业。对附着式塔式起重机应明确附着装置的拆卸顺序和方法。

(3)拆卸前应检查主要结构件、连接件、电气系统、起升机构、回转机构、变幅机构、顶升机构等项目。发现故障隐患应采取措施，解决后方可进行拆卸作业。

(4)塔式起重机拆卸时，应严格按产品说明书所规定的步骤进行，严禁违章作业。

(5)塔式起重机拆卸人员必须熟知被拆塔吊的结构、性能和工艺规定。必须懂得起重知识，对所拆部件应选择合适的吊点和吊挂部位，严禁由于吊挂不当造成零部件损坏或造成钢丝绳的断裂。

(6)当用于拆卸作业的辅助起重设备设置在建筑物上时，应明确设置位置、锚固方法，并应对辅助起重设备的安全性及建筑物的承载能力等进行验算。

(7)塔式起重机拆卸作业宜连续进行；当遇特殊情况拆卸作业不能继续时，应采取保证塔式起重机处于安全状态。

(8)自升式塔式起重机每次降节前，应检查顶升系统和附着装置的连接等，确认完好后方可进行作业。拆卸时应先降节、后拆除附着装置。

(9)拆卸完毕后,为塔式起重机拆卸作业而设置的所有设施应拆除,清理场地上作业时所用的吊索具、工具等各种零配件和杂物。

(10)拆卸过程中的任何一部分发生故障应及时报告,必须由专业人员进行检修,严禁自行动手修理。

(11)拆卸高处作业时必须穿防滑鞋、系好安全带。

9. 群塔运行管理措施

在实际工程施工中,为满足现场垂直及水平运输需要,项目工程需要设置两台或以上的塔式起重机,为确保塔式起重机运行安全、合理使用、提高效率、发挥最大效能,满足生产进度的要求,必须制订相应的管理措施,以强化塔机作业的指挥、管理和协调。

10. 塔式起重机的常见紧急情况应急处理

(1)制动器突然失灵应采取的紧急处理措施。

当吊重物处于空中时,如果制动器失灵,如图 3-2 所示,操作司机必须冷静,切不可惊慌失措,首先发出报警信号,然后根据现场施工人员的分布位置和所吊重物的重量与体积,采取果断的处理措施。通常是采取继续起升,将重物转到空旷的地方,用电动机控制使重物下降到无人的空旷处。

图 3-2　起升机构制动器失灵

(2)起升钢丝绳意外卡住应采取的紧急处理措施。

钢丝绳卡阻如图 3-3 所示。

图 3-3　钢丝绳卡阻

1)立即停止作业,不能硬拉;

2)查明原因,检查钢丝绳能否复位,若较困难,通知专业人员解决;

3)检查钢丝绳、滑轮等有无损伤,达到报废标准则要更换后方可使用。

(3)吊装过程遇到障碍物时采取的紧急措施。

吊装过程中遇到障碍物如图 3-4 所示。

图 3-4 吊装过程中遇见障碍物

1)将起吊重物升起,重物高出其所跨越障碍物的高度不得小于 1 m;

2)调整小车变幅或起升吊钩,避开障碍物。

3)停止向障碍物方向的回转动作,采取反向回转措施避开障碍物。

(4)吊重物处在空中,突然停电时应采取的紧急处理措施。

吊重物处在空中突然停电如图 3-5 所示。这时应首先查明停电的原因,如果停电时间较长,则应采取措施使重物下降到地面。通常可以用扳手逐渐松开制动瓦,使重物慢慢下降。

图 3-5 吊重物处在空中突然停电

3.3.2 施工升降机的安全

1.基本规定

(1)施工升降机安装单位应具备建设行政主管部门颁发的起重设备安装工程专业承包资质和建筑施工企业安全生产许可证。

(2)施工升降机安装、拆卸项目应配备与承担项目相适应的专业安装作业人员以及专业安装技术人员。施工升降机的安装拆卸工、电工、司机等应具有建筑施工特种作业操作资格证书。

(3)施工升降机使用单位应与安装单位签订施工升降机安装、拆卸合同,明确双方的安全生产责任。实行施工总承包的,施工总承包单位应与安装单位签订施工升降机安装、拆卸工程安全协议书。

(4)施工升降机应具有特种设备制造许可证、产品合格证、使用说明书,并已在产权单位工商注册所在地县级以上建设行政主管部门备案登记。

(5)施工升降机安装作业前,安装单位应编制施工升降机安装、拆卸工程专项施工方案,由安装单位技术负责人批准后,报送施工总承包单位或使用单位、监理单位审核,并告知工程所在地县级以上建设行政主管部门。

(6)施工升降机的类型、型号和数量应能满足施工现场货物尺寸、运载重量、运载频率和使用高度等方面的要求。

(7)当利用辅助起重设备安装、拆卸施工升降机时,应对辅助设备设置位置、锚固方法和基础承载能力等进行设计和验算。

(8)施工升降机安装、拆卸工程专项施工方案应根据使用说明书的要求、作业场地及周边环境的实际情况、施工升降机使用要求等编制。当安装、拆卸过程中专项施工方案发生变更时,应按程序重新对方案进行审批,未经审批不得继续进行安装、拆卸作业。

(9)施工总承包单位进行的工作应包括下列内容:

1)向安装单位提供拟安装设备位置的基础施工资料,确保施工升降机进场安装所需的施工条件;

2)审核施工升降机的特种设备制造许可证、产品合格证、备案证明等文件;

3)审核施工升降机安装单位、使用单位的资质证书、安全生产许可证和特种作业人员的特种作业操作资格证书;

4)审核安装单位制定的施工升降机安装、拆卸工程专项施工方案;

5)审核使用单位制定的施工升降机使用安全应急预案;

6)指定专职安全生产管理人员监督检查施工升降机安装、使用、拆卸情况。

(10)监理单位进行的工作应包括下列内容:

1)审核施工升降机特种设备制造许可证、产品合格证、备案证明等文件;

2)审核施工升降机安装单位、使用单位的资质证书、安全生产许可证和特种作业人员的特种作业操作资格证书;

3)审核施工升降机安装、拆卸工程专项施工方案;

4)监督安装单位对施工升降机安装、拆卸工程专项施工方案的执行情况;

5)监督检查施工升降机的使用情况;

6)发现存在生产安全事故隐患的,应要求安装单位、使用单位限期整改;对安装单位、使用单位拒不整改的，应及时向建设单位报告。

2. 安全管理控制要点

(1)施工升降机地基、基础应满足使用说明书的要求。对基础设置在地下室顶板、楼面或其他下部悬空结构上的施工升降机，应对基础支撑结构进行承载力验算。

(2)安装单位应在安装作业前根据施工升降机基础验收表、隐蔽工程验收单和混凝土强度报告等相关资料，确认所安装的施工升降机和辅助起重设备的基础、地基承载力、预埋件、基础排水措施等符合施工升降机安装、拆卸工程专项施工方案的要求。

(3)施工升降机安装前应对各部件进行检查。对辅助起重设备和其他安装辅助用具的机械性能和安全性能进行检查，合格后方能投入作业。并对安装作业人员进行安全技术交底。

(4)施工升降机必须安装防坠安全器。防坠安全器五年报废，但应在一年有效标定期内使用。

(5)施工升降机应安装超载保护装置。超载保护装置在载荷达到额定载重量的110%前应能中止吊笼启动，在齿轮齿条式载人施工升降机载荷达到额定载重量的90%时应能给出报警信号。

(6)施工升降机的附墙架。

1)当施工升降机导轨架不断加高，导轨架必须间隔一定距离安装一道附墙架。

2)附墙架形式、附着高度、垂直间距、附着点水平距离、附墙架与水平面之间的夹角、导轨架自由端高度和导轨架与主体结构间水平距离等均应符合使用说明书的要求。

3)当附墙架不能满足施工现场要求时，应对附墙架另行设计。附墙架附着点处的建筑结构承载力应满足施工升降机使用说明书的要求。

4)附墙架与导轨架之间必须按照规定使用指定级别的螺栓连接，或者使用相应规格的管卡进行有效锁紧连接。严禁使用铁线捆绑或编织带捆绑。

5)附墙架与建筑物之间的连接也必须按规定使用螺栓紧固或者与钢结构焊接，如采用焊接方式，则必须经过相关工程师进行验算，出具计算书，保证焊接后结构承载力不小于所需要的设计目标，焊后还要进行焊缝检测及进行防锈着漆处理。

6)附墙架的最大水平倾角不应大于±8°，除非该产品另有说明。安装后，要确保吊笼及对重等运动部件不得与附墙架相干涉、相碰。

7)附墙架的间距必须控制在规定范围内。

8)附墙架安装后应仔细检查螺栓是否已正确安装完毕。

9)在任何时间段内，都不允许出现导轨架加高了，而相应的附墙架却没有安装或虚装的现象。

(7)施工升降机的制动器、限位器、门连锁装置，上下限位装置、断绳保护装置、缓冲装置及防止梯笼出轨装置等安全装置必须齐全、灵敏、可靠。

(8)施工升降机底笼周围2.5 m范围内必须设置牢固的安全防护栏杆，进出口处的上部应根据电梯高度搭设足够尺寸和强度的防护棚。

(9)施工升降机层门的安装。

1)施工升降机与各层站过桥和运输通道，除应在两侧设置安全防护栏杆、挡脚板并用安全立网封闭外，进出口处尚应设置常闭型防护门。

2)应根据厂家的安装说明安装层门。

3)安装层门时应注意门的开启方向,层门不应朝升降通道打开,否则吊笼可能会与门发生碰撞。

4)如层站设有侧面防护装置,则侧面防护装置与吊笼之间或层门之间任何开口的间距应不大于150 mm。

5)正常工作时:

①吊笼底板离预定层站的垂直距离在±0.15 m以内时才能打开该层门,否则无法打开任何层门;

②只有在所有层门都在关闭位置时才能启动或保持吊笼运行,但采用再平层措施时除外。

(10)施工升降机司机必须要身体健康,持证上岗。

(11)严禁使用未经验收或验收不合格的施工升降机。

(12)施工升降机的使用,应遵照有关安全技术标准、规范、规程和使用说明书中的有关规定进行。

1)施工升降机每班首次运行时,施工升降机司机应分别作空载试运行,检查电动机的制动效果,确认正常后,方可投入使用。

2)施工升降机在每班首次载重运行时,必须从最低层上升,严禁自上而下运行。

3)施工升降机梯笼乘人、载物时,应使载荷均匀分布,防止偏重,严禁超载使用。

4)施工升降机运行至最上层和最下层时,严禁以行程限位开关自动停车来代替正常操纵按钮的使用。

5)多层施工、交叉作业使用电梯时,要明确联络信号。

6)施工升降机在大雨、大雾和六级以上大风天气时,应停止使用,并将梯笼降到底层,切断电源。暴风雨过后,应对电梯各有关安全装置进行一次安全检查。

7)施工升降机工作时,严禁任何人进入围栏内,严禁攀登电梯井架。

8)在施工升降机未切断总电源开关前,司机不能离开操作岗位,作业结束后,应将梯笼降到底层,各控制开关回复到零位,切断电源,锁好闸箱和梯门。

3. 施工升降机安装安全措施

(1)施工升降机的安装必须严格按照产品使用说明书所规定的步骤进行。

(2)施工升降机的安装位置要视现场条件及设备情况而定,要尽量远离架空线路并保持在规定的安全距离以外。

(3)安装作业人员应按施工安全技术交底内容进行作业,安装作业时应佩戴安全防护用品、系安全带、穿防滑鞋,且作业人员严禁酒后作业。专职安全生产管理人员应做好现场监督工作。

(4)施工升降机的安装作业范围应设置警戒线及明显的警示标志。非作业人员不得进入警戒范围。任何人不得在悬吊物下方行走或停留。

(5)当遇大雨、大雪、大雾或风速大于13 m/s等恶劣天气时,应停止施工升降机的安装作业。

(6)导轨架安装时,应对施工升降机导轨架的垂直度进行测量校准。施工升降机导轨架安装垂直度偏差应符合使用说明书和表3-3的规定。

表 3-3　安装垂直度偏差

导轨架架设高度 h(m)	$h \leqslant 70$	$70 < h \leqslant 100$	$100 < h \leqslant 150$	$150 < h \leqslant 200$	$h > 200$
垂直度偏差(mm)	不大于(1/1000)h	≤70	≤90	≤110	≤130
	对钢丝绳式施工升降机，垂直度偏差不大于(1.5/1000)h				

(7)施工升降机最外侧边缘与外面架空输电线路的边线之间，应保持安全操作距离。最小安全操作距离应符合表 3-4 的规定。

表 3-4　最小安全操作距离

外电线电路电压(kV)	<1	1～10	35～110	220	330～500
最小安全操作距离(m)	4	6	8	10	15

(8)当遇意外情况不能继续安装作业时，应使已安装的部件达到稳定状态并固定牢靠，经确认合格后方能停止作业。作业人员下班离岗时，应采取必要的防护措施，并应设置明显的警示标志。

(9)当采用钢丝绳式施工升降机，其安装还应符合下列规定：

1)卷扬机应安装在平整、坚实的地点，且应符合使用说明书的要求；

2)卷扬机、曳引机应按使用说明书的要求固定牢靠；

3)应按规定配备防坠安全装置；

4)卷扬机卷筒、滑轮、曳引轮等应有防脱绳装置；

5)每天使用前应检查卷扬机制动器，动作应正常；

6)卷扬机卷筒与导向滑轮中心线应垂直对正，钢丝绳出绳偏角大于 2°时应设置排绳器；

7)卷扬机的传动部位应安装牢固的防护罩；卷扬机卷筒旋转方向应与操纵开关上指示方向一致。卷扬机钢丝绳在地面上运行区域内应有相应的安全保护措施。

(10)施工升降机安装完毕且经调试后，安装单位对安装质量进行自检，自检合格后，应经有相应资质的检验检测机构监督检验，检验合格后，使用单位应组织租赁单位、安装单位和监理单位等进行验收。安装单位并应向使用单位进行安全使用说明。

(11)安装作业时必须将按钮盒或操作盒移至吊笼顶部操作。当导轨架或附墙架上有人员作业时，严禁开动施工升降机，并应确保施工升降机运行通道内无障碍物。

(12)使用单位应自施工升降机安装验收合格之日起 30 日内，将施工升降机安装验收资料、施工升降机安全管理制度、特种作业人员名单等，向工程所在地县级以上建设行政主管部门办理使用登记备案。严禁使用未经验收或验收不合格的施工升降机。

4. 施工升降机使用安全措施

(1)使用单位应对施工升降机司机进行书面安全技术交底。施工升降机司机必须持有建筑施工特种作业操作资格证书，应遵守安全操作规程和安全管理制度，严禁酒后作业。对实行多班作业的施工升降机，应执行交接班制度，接班司机应进行班前检查，确认无误后，方能开机作业。

(2)施工升降机严禁使用超过有效标定期的防坠安全器。

(3)施工升降机额定载重量、额定乘员数标牌应置于吊笼醒目位置。严禁在超过额定载重量或额定乘员数的情况下使用施工升降机。且梯笼乘人、载物时必须使荷载均匀分布。

(4)当电源电压值与施工升降机额定电压值的偏差超过±5%,或供电总功率小于施工升降机的规定值时,及当遇大雨、大雪、大雾、施工升降机顶部风速大于 20 m/s 或导轨架、电缆表面结有冰层时,均不得使用施工升降机。

(5)在施工升降机基础周边水平距离 5 m 以内,不得开挖井沟,不得堆放易燃易爆物品及其他杂物。且注意施工升降机运行通道内不得有障碍物,不得利用施工升降机的导轨架、横竖支撑、层站等牵拉或悬挂脚手架、施工管道、绳缆标语、旗帜等。

(6)施工升降机安装在建筑物内部井道中时,应在运行通道四周搭设封闭屏障。对于安装在阴暗处或夜班作业的施工升降机,应在全行程装设明亮的楼层编号标志灯。夜间施工时作业区应有足够的照明,照明应满足现行行业标准《施工现场临时用电安全技术规范》(JGJ46)的要求。

(7)施工升降机每天第一次使用前,司机应将吊笼升离地面 1～2 m,停车试验制动器的可靠性。然后继续上行楼层平台,检查安全防护门、上限位、前、后门限位,确认正常方可投入运行。

(8)施工升降机运行至最上层和最下层时应操纵按钮,严禁以行程限位开关自动碰撞的方法停机。

(9)双笼施工升降机当一只梯笼在进行笼外保养或检修时,另一只梯笼不得运行。

(10)施工升降机运行中,司机不准做有妨碍施工升降机运行的动作,不得离开操作岗位。当有特殊情况离开时,应将施工升降机停到最底层,关闭电源开关锁好吊笼门。

(11)施工升降机使用期间,每 3 个月应进行不少于一次的额定载重量坠落试验。坠落试验的方法、时间间隔及评定标准应符合使用说明书和现行国家标准《吊笼有垂直导向的人货两用施工升降机》(GB26557)的有关要求。

(12)施工升降机停止运行后应遵守以下规定:

1)施工升降机未切断总电源开关前,司机不得离开操作岗位;

2)作业后,将梯笼降到底层,各控制开关扳至零位,切断电源,锁好闸箱和梯门;

3)班后按规定进行清扫、保养,并做好当班记录。

4)凡遇有恶劣天气、灯光不明、信号不明、机械故障等条件下应停止运行。

(13)当采用钢丝绳式施工升降机时,其使用还应符合下列规定:

1)钢丝绳应符合现行国家标准《起重机 钢丝绳 保养、维护、检验和报废》(GB/T5972)的规定;

2)施工升降机吊笼运行时钢丝绳不得与遮掩物或其他物件发生碰触或摩擦;

3)当吊笼位于地面时,最后缠绕在卷扬机卷筒上的钢丝绳不应少于 3 圈,且卷扬机卷筒上钢丝绳应无乱绳现象;

4)卷扬机工作时,卷扬机上部不得放置任何物件;

5)不得在卷扬机、曳引机运转时进行清理或加油。

5.施工升降机拆卸安全措施

(1)架体拆卸前,必须查看施工现场环境,包括架空线路、外脚手架、地面的设施等各类障碍物,地锚、缆风绳、连墙杆以及被拆架体各节点、附件、电气装置情况,凡能提前拆除的尽量拆除掉。

(2)制定拆卸方案,确定指挥人员,工作开始前应划定危险作业区域。

(3)施工升降机的拆卸必须严格按照产品使用说明书所规定的步骤进行。

(4)夜间不得进行施工升降机的拆卸作业。

(5)拆卸附墙架时施工升降机导轨架的自由端高度应始终满足使用说明书的要求，并应确保与基础相连的导轨架在最后一个附墙架拆卸后，仍能保持各方向的稳定性。

(6)分节拆卸架体工作应注意两点：一是被拆卸构件，不能乱扔，防止伤人，二是拆卸后架体的稳定性不被破坏，如附墙杆被拆前，应加设临时支撑防止变形，拆卸各标准节时，应防止失稳。

(7)整体拆卸前，应对架体进行加固(方法同整体安装)，将吊钩挂在吊点拉紧索具，使索具及吊钩钢丝绳成垂直位置(防止起吊时架体位移)，再将底盘连接螺栓松开，最后将缆风绳与地锚连接处松开，拆掉附墙杆件，慢慢放倒架体。

(8)吊笼未拆除之前，非拆卸作业人员不得在地面防护围栏内、施工升降机运行通道内、导轨架内以及附墙架上等区域活动。

(9)施工升降机拆卸应连续作业。当拆卸作业不能连续完成时，应根据拆卸状态采取相应的安全措施。

6. 施工升降机常见故障和排除方法

施工升降机在使用过程中发生故障的原因有很多，主要是因为工作环境恶劣，维护保养不及时，操作人员违章作业，零部件的自然磨损等多方面原因。施工升降机发生异常时，操作人员应立即停止作业，及时向有关人员报告，以便及时消除隐患，恢复正常工作。

施工升降机常见的故障一般分为电气故障和机械故障两种。

(1)施工升降机常见电气故障和排除方法。

施工升降机常见电气故障和排除方法见表3-5。

表3-5　施工升降机常见电气故障和排除方法

序号	故障现象	常见故障原因	故障排除方法
1	总电源开关跳闸	电路短路或相线对地短接	找出电路短路或接地的位置，修复或更换
2	按启动按钮后吊笼不运行	联锁电路开路	关闭门或释放紧急按钮 检查联锁电路
3	电机启动困难，并有异常响声	电机制动器未打开或无直流电压(整流元件损坏)	恢复制动器功能(调整工作间隙)或恢复直流电压(更换整流元件)
		严重超载	减少吊笼载荷
		供电电压远低于380 V	待供电电压恢复380 V再启动
4	吊笼运行时上、下限位失灵	上、下限位开关损坏	更换上、下限位开关
		上、下限位开关碰铁移位	调整限位开关碰铁位置
5	电机通电不稳定	线路接触不良或端子接线有松动	恢复线路接触良好，紧固接线端子
		接触器粘连或复位受阻	修复或更换接触器

续表

序号	故障现象	常见故障原因	故障排除方法
6	吊笼运行时有自停现象	门电气联锁开关接触不良或损坏	修复或更换门电气联锁开关
		控制装置(按钮、手柄)接触不良或损坏	修复或更换控制装置(按钮、手柄)
7	接触器易烧坏	供电电压电压降过大,启动电流过大	缩短供电电源与施工升降机的距离 加大供电电缆的截面
8	电机容易过热	制动器不同步	调整或更换制动器
		长时间超载运行	减少载荷
		启、制动过于频繁	适当调整运行频次
		供电电压过低	调整供电电压

(2)施工升降机常见机械故障和排除方法。

施工升降机常见机械故障和排除方法见表 3-6。

表 3-6 施工升降机常见机械故障和排除方法

序号	故障现象	常见故障原因	故障排除方法
1	吊笼运行时忽然自行停住	超载	减少吊笼载荷
		门有开关动作	门关好
		突然断电	及时送电
2	吊笼运行时震动过大	滚轮螺栓松动	紧固滚轮螺栓
		齿轮齿条的啮合间隙过大	调整齿轮齿条的啮合间隙
		导轮与齿条背的间隙过大	调整导轮与齿条背的间隙
		齿轮、齿条啮合缺少润滑油	添加润滑油
3	吊笼启动或停止时有跳动	电机制动力矩过大	调整电机制动力矩
		电机与减速箱之间联轴器内橡胶块损坏	更换电机与减速箱之间联轴器内橡胶块
		制动器间隙调整不当或动作时间调整不当	调整制动器间隙
4	吊笼运行时电机跳动	电机的固定装置松动	紧固电机的固定装置
		电机的橡胶垫损坏或掉落	更换电机的橡胶垫
		减速箱与传动大板的连接螺栓松动	紧固减速机与传动大板的连接螺栓
5	吊笼运行时有跳动	标准节立管对接阶差大	调小立管对接阶差
		标准节齿条螺栓松动,齿条对接阶差大	紧固齿条螺栓,调小齿条对接阶差
		小齿轮严重磨损	更换全部小齿轮

续表

序号	故障现象	常见故障原因	故障排除方法
6	吊笼运行时有摆动	滚轮螺栓松动	紧固滚轮螺栓
		支撑板螺栓松动	紧固支撑板螺栓
7	制动器噪音大	制动器止退轴承损坏	更换制动器止退轴承
		制动器转动盘摆动	调整或更换转动盘
8	吊笼启、制动时振动过大	电机制动力矩过大	调整电机制动力矩，适当放松电机尾部调节套
		齿轮齿条间隙、滚轮与立管间隙不正确	调整齿轮齿条间隙、滚轮与立管间隙
9	吊笼制动时下滑距离过长	电机制动力矩太小	调整电机制动力矩，适当拧紧电机尾端调节套
		制动块（制动盘）严重磨损	更换制动块（制动盘）
10	减速机有异常的不稳定的运转噪声	油已污染	更换润滑油
		油量不足	添加润滑油
11	减速机有异常的稳定的运转噪音	轴承损坏	更换轴承
		传动零件损坏	更换传动零件
12	减速机输出轴不转，但电机转动	减速机轴键联接被破坏	更换轴或键
13	制动块磨损过快	制动器止推轴承内润滑不良，不能同步工作	润滑或更换轴承
14	减速机蜗轮磨损过快	润滑油型号不正确或未按时换油	更换润滑油
		蜗轮、蜗杆中心距安装不当	按要求调整蜗轮、蜗杆中心距

（3）应急处理。

由于工地情况复杂，作为露天使用的施工升降机更容易受到周围突发因素、渐发因素的影响，所以司机在操作吊笼上下行驶的时候，要时刻保持清醒与警惕，平时吊笼的启动、停止都不要急忙慌张，要养成一套按程序操作的习惯。而当发生紧急情况时，一定要保持冷静并且作出相应的反应。

1）吊笼运行时，工地突然断电。

在运行过程中如果发生工地断电或其他意外导致吊笼停止在空中，大多数情况下将上不着天，下不着地——吊笼不处于任何一个层门处，此时司机可以根据情况决定是否采取手工下降。首先关闭电源开关，防止忽然来电。使用笼内小梯打开天窗上至笼顶处，将电机尾部的手动释放手柄缓缓拉出，先拉一个电机，如不能下滑，则拉两个电机，吊笼将下降。注意：不要贪图省力，而使用垫块等物卡住手柄的回程。每下降10～20 m后松手停止下降，待电机刹车片降温后（至少1 min以上），再继续重复下降过程。当到达最近一个层门站时，必须先疏散所有人员或卸去运载物件，然后再重复下降，直至地面。

司机进行手动下降时，一定要认真仔细，若需要探头越过围栏观察下面情况的话，必须先停止下滑。全过程中还要注意下滑速度不要太快，因为超过额定速度的话，吊笼里面的限速安全器会发生动作。

2)吊笼在高处停止时自行下滑。

高空处的吊笼在上了若干人员、装载了一些物料后忽然它自己向下滑行,这种情况也可能发生在上行后停止在某层时,司机必须意识到下滑速度会越来越快,将演变成坠落。此时应保持冷静,迅速按下急停按钮。如果吊笼没有停止住仍旧向下滑行,则立即将急停按钮复位,把操作手柄转至"下行",也就是开动吊笼向下"正常运行",电动机如能工作,则直开至地面。如果电机没有无反应,则人工已无法进行干预了,此时,限速安全器将会在下坠速度超过规定速度后立即动作,制动住吊笼。

造成吊笼自行下滑的原因是电动机的制动力矩太小,或者制动块、制动盘已经磨损过度,或制动盘面被油污染,以及超载。

虽然在下滑时,即使司机不采取任何措施,安全器也会制停吊笼,但从下滑开始至安全器动作仍有一小段时间,应争取在安全器动作之前尝试上述步骤以控制吊笼。而且安全器发生动作的话,会对吊笼笼体、背轮和导轨架产生一定冲击,有可能会发生其他意外。因此司机在下滑发生时应冷静操作。

3)发现对重出轨。

在安装有对重的吊笼上,司机在运行中发现对重脱出其运行的对重轨道时,应停止住吊笼,并通知另一吊笼也暂停工作(同样,如果发现是另一吊笼的对重出轨,自己也应暂停工作)。小心向上升起吊笼,在最近的停层站将人员疏散,继续向上升起吊笼,将配重逐渐放回至地面,然后由地面维修人员进行复位处理。

4)吊笼发生火灾。

当吊笼在运行中突然遇到电气设备或货物发生燃烧,司机应立即停止施工升降机的运行,及时切断电源,并用随机备用的灭火器来灭火。然后及时报告有关部门负责人,抢救伤员并疏散所有人员。

使用灭火器时要注意,在电源没有切断之前,应用干粉、二氧化碳灭火器来灭火。待电源切断后,方可用酸碱、泡沫灭火器来灭火。

3.3.3 物料提升机的安全

1.基本规定

(1)物料提升机在下列条件下应能正常作业:

1)环境温度为-20℃~+40℃;

2)导轨架顶部风速不大于20 m/s;

3)电源电压值与额定电压值偏差为±5%,供电总功率不小于产品使用说明书的规定值。

(2)用于物料提升机的材料、钢丝绳及配套零部件产品应有出厂合格证。起重量限制器、防坠安全器应经检验合格。

(3)传动系统应设常闭式制动器,其额定制动力矩不应低于作业时额定力矩的1.5倍。不得采用带式制动器。

(4)具有自升(降)功能的物料提升机应安装自升平台,并应符合下列规定:

1)兼做天梁的自升平台在物料提升机正常工作状态时,应与导轨架刚性连接;

2)自升平台的导向滚轮应有足够的刚度,并应有防止脱轨的防护装置;

3)自升平台的传动系统应具有自锁功能,并应有刚性的停靠装置;

4)平台四周应设置防护栏杆,上栏杆高度宜为1.0～1.2 m,下栏杆高度宜为0.5～0.6 m,在栏杆任一点作用1 kN的水平力时,不应产生永久变形;挡脚板高度不应小于180 mm,且宜采用厚度不小于1.5 mm的冷轧钢板;

5)自升平台应安装渐进式防坠安全器。

(5)当物料提升机采用对重时,对重应设置滑动导靴或滚轮导向装置,并应设有防脱轨保护装置。对重应标明质量并涂成警告色。吊笼不应作对重使用。

(6)在各停层平台处,应设置显示楼层的标志。

(7)物料提升机的制造商应具有特种设备制造许可资格。

(8)制造商应在说明书中对物料提升机附墙架间距、自由端高度及缆风绳的设置作出明确规定。

(9)物料提升机安装高度不宜超过30 m。当安装高度超过30 m时,物料提升机除应具有起重量限制、防坠保护、停层及限位功能外,尚应符合下列规定:

1)吊笼应有自动停层功能,停层后吊笼底板与停层平台的垂直高度偏差不应超过30mm;

2)防坠安全器应为渐进式;

3)应具有自升降安拆功能;

4)应具有语音及影像信号。

(10)物料提升机的标志应齐全,其附属设备、备件及专用工具、技术文件均应与制造商的装箱单相符。

(11)物料提升机应设置标牌,且应标明产品名称和型号、主要性能参数、出厂编号、制造商名称和产品制造日期。

2.物料提升机的技术标准

(1)结构设计要求。

1)主柱换算长细比不应大于120,单肢长细比不应大于构件两方向长细比的较大值的0.7倍。

2)一般受压杆件的长细比不应大于150。

3)受拉杆件的长细比不宜大于200。

4)受弯构件中主梁的挠度不应大于$L/700$,其他受弯构件不应大于$L/400$(L为受弯构件计算长度)。

5)采用螺栓连接的构件,不得采用M12以下、强度等级低于8.8级的螺栓,每一杆件的节点以及接头的一边,螺栓数不得少于2个。

6)井架式提升机的架体,在与各楼层通道相接的开口处,应采取加强措施。

7)提升机体顶部的自由高度不宜大于6 m(有制造商说明书的按制造商说明书规定的自由高度设置)。

8)提升机的天梁应使用型钢,宜选用两根槽钢,其截面高度应经计算确定。

9)提升机架体的各杆件应选用型钢。杆件连接板的厚度不得小于6 mm。吊笼的结构架除按设计制作外,其底板材料可采用50 mm厚木板,当使用钢板时,应有防滑措施,厚度不小于1.5 mm。吊笼内净高度不应小于2 m,吊笼门及两侧立面应全高度封闭并设置不小于180 mm的底部挡脚板。吊笼门及两侧立面宜采用网板结构,吊笼门开启高度不应低于

1.8 m。吊笼顶部宜采用厚度不小于 1.5 mm 的冷轧钢板,并应设置钢骨架。

10)吊笼的导靴应采用滚轮导靴。

(2)提升机构。

1)提升机宜选用曳引机或双卷筒的卷扬机但不得选用摩擦式卷扬机。

2)卷筒两端的凸缘至最外层钢丝绳的距离,不应小于钢丝绳直径的 2 倍。卷筒边缘必须设置防止钢丝绳脱出的防护装置。

3)卷筒与钢丝绳直径的比值应不小于 30。

4)滑轮组的滑轮直径与钢丝绳直径比值:低架提升机不应小于 25;高架提升机不应小于 30。

5)滑轮应选用滚动轴承支承。滑轮组与架体应采用刚性连接,严禁采用钢丝绳、铅丝等柔性连接和使用开口拉板式滑轮。

6)提升钢丝绳不得接长使用。端头与卷筒应用压紧装置卡牢,在卷筒上应能按顺序整齐排列。当吊笼处于工作最低位置时,卷筒上的钢丝绳应不少于 3 圈。

7)钢丝绳端部的固定当采用绳卡时,绳卡应与绳径匹配,其数量不得少于 3 个,间距不小于钢丝绳直径的 6 倍。绳卡滑鞍放在受力绳的一侧,不得正反交错设置绳卡。

(3)安全防护装置要求。

1)安全停层装置。吊笼运行到位时,安全停层装置将吊笼定位。该装置应能可靠地承担吊笼自重、额定荷载及运料人员和装卸物料时的工作荷载。

2)防坠安全器。当吊笼提升钢丝绳断绳时,防坠安全器应制停带有额定起重量的吊笼,且不应造成结构损坏。

3)进料口门。进料口门的开启高度不应小于 1.8 m,强度为任意 500 mm^2 的面积上作用 300 N 的力,在边框任意一点作用 1 kN 的力时,不应产生永久变形;进料口门应装有电气安全开关,吊笼应在进料口门关闭后才能启动。

4)平台门。平台门应采用工具式、定型化,强度应符合第 3)点规定;平台门高度不宜小于 1.8 m,宽度与吊笼门宽度差不应大于 200 mm,并应安装在台口外边缘处,与台口外边缘的水平距离不应大于 200 mm;平台门下边缘以上 180 mm 内应采用厚度不小于 1.5 mm 钢板封闭,与台口上表面的垂直距离不宜大于 20 mm;平台门应向停层平台内侧开启,并应处于常闭状态。

5)进料口防护棚。防护棚应设在提升机架体地面进料口上方。棚底至地面不应小于 3 m,当物料提升机高度大于 24 m 并采用木质板搭设时,应搭设双层安全防护棚,两层防护间距不应小于 700 mm;防护棚的长度应根据物料提升机的长度与坠物可能坠落半径来确定。

6)上限位开关。该装置应安装在吊笼允许提升的最高工作位置。吊笼的越程(指从吊笼的最高位置与天梁最低处的距离)应不小于 3 m。当吊笼上升达到限定高度时,触发限位开关,吊笼被制停。

7)紧急断电开关应为非自动复位型。紧急断电开关应设在便于司机操作的位置,在紧急情况下,应能及时切断提升机的总控制电源。

8)信号装置。该装置是由司机控制的一种音响装置,其音量应能使各楼层使用提升机装卸物料人员清晰听到。

9)下极限限位器。该限位器安装位置,应满足在吊笼碰到缓冲器之前限位器能够动作,当吊笼下降达到最低限定位置时,限位器自动切断电源,使吊笼停止下降。

10)缓冲器。在架体的底坑里应设置缓冲器,当吊笼以额定荷载和规定的速度作用到缓冲器上时,应能承受相应的冲击力。缓冲器的形式,可采用弹簧或弹性实体。

11)超载限制器。当荷载达到额定荷载的90%时,应能发出报警信号。荷载超过额定荷载时,切断起升电源。

12)通讯装置。当司机不能清楚地看到操作者和信号指挥人员时,必须加装通讯装置。通讯装置必须是一个闭路的双向电气通讯系统,司机应能听到每一站的联系,并能向每一站讲话。

(4)电气。

1)提升机的总电源应设短路保护及漏电保护装置;电动机的主回路上,应同时装设短路、失压、过电流保护装置。

2)电气设备的绝缘电阻值必须大于0.5 MΩ;电气线路的绝缘电阻值不应小于1 MΩ。

3)当提升机高度超出相邻建筑物的避雷装置的保护范围时,应做好架体的防雷接地装置,确保其接地电阻不应大于4 Ω。

4)携带式控制装置应密封、绝缘,控制回路电压不应大于36 V,其引线长度不得超过5 m。

5)工作照明的开关应与主电源开关相互独立。当提升机主电源被切断时,工作照明不应断电。各自的开关应有明显标志。

6)禁止使用倒顺开关作为卷扬机的控制开关。

(5)基础、附墙架、缆风绳及地锚。

1)物料提升机的基础应进行设计,基础应能可靠地承受作用在其上的全部荷载。基础的埋深与做法,应符合设计和提升机出厂使用规定。

2)低架提升机的基础,当无设计要求时,应符合下列要求:

①土层压实后的承载力,应不小于80 kPa。

②浇注C20混凝土,厚度300 mm。

③基础表面应平整,水平度偏差不大于10 mm。

3)基础应有排水措施。距基础边缘5 m范围内,开挖沟槽或有较大振动的施工时,必须有保证架体稳定的措施。

4)提升机附墙架宜采用制造商提供的标准附墙架,当标准附墙架结构尺寸不能满足要求时,可经设计计算采用非标附墙架,应符合下列规定。

①附墙架的材质应与导轨架相一致。

②附墙架与导轨架及建筑结构采用刚性连接,不得与脚手架连接。

③附墙架间距、自由端高度不应大于使用说明书的规定值。

5)当提升机受到条件限制无法设置附墙架时,应采用缆风绳稳固架体。高架提升机在任何情况下均不得采用缆风绳。

6)提升机的缆风绳应经计算确定(缆风绳的安全系数取3.5)。缆风绳应选用圆股钢丝绳,直径不得小于9.3 mm。提升机高度在20 m以下(含20 m)时,缆风绳不少于1组(4～8根);提升机高度为21～30 m时,不少于2组。

7)缆风绳应在架体四角有横向缀件的同一水平面上对称设置,使其在结构上引起的水平分力处于平衡状态。缆风绳与架体的连接处应采取措施,防止架体钢材对缆风绳的剪切破坏。对连接处的架体焊缝及附件必须进行设计计算。

8)龙门架的缆风绳应设在顶部。若中间设置临时缆风绳时,应在此位置将架体两立柱做横向连接,不得分别牵拉立柱的单肢。

9)缆风绳与地面的夹角不应大于 60°,其下端应与地锚连接,不得拴在树木、电杆或堆放构件等物体上。

10)缆风绳与地锚之间,应采用与钢丝绳拉力相适应的花篮螺栓拉紧。缆风绳调节时应对角进行,不得在相邻两角同时拉紧。

11)当缆风绳需改变位置时,必须先作好预定位置的地锚,并加临时缆风绳确保提升机架体的稳定,方可移动原缆风绳的位置;待与地锚拴牢后,再拆除临时缆风绳。

12)在安装、拆除以及使用提升机的过程中设置的临时缆风绳,其材料也必须使用钢丝绳,严禁使用铅丝、钢筋、麻绳等代替。

13)缆风绳的地锚,根据土质情况及受力大小设置,应经计算确定。

14)缆风绳的地锚,一般宜采用水平式地锚。当土质坚实,地锚受力小于 15 kN 时,也可选用桩式地锚。

15)当地锚无设计规定时,其规格和形式可按上述缆风绳的安装实行。

16)地锚的位置应满足对缆风绳的设置要求。

3. 物料提升机安装、拆卸安全措施

(1)物料提升机在安装与拆卸作业前,必须针对其类型特点,说明书的技术要求,结合施工现场的实际情况编制专项安装、拆卸方案,且应经安装、拆卸单位技术负责人审批后才能实施。

(2)施工现场划定安全警戒区域并设监护人员,排除作业障碍。安装合格后方准使用。

(3)物料提升机的安装、拆卸必须严格按照产品使用说明书所规定的步骤进行。

(4)物料提升机的架体制作必须严格按照《龙门架及井架物料提升机安全技术规范》(JGJ88)的要求。

(5)物料提升机的吊篮安全停靠装置、断绳保护装置、超高限位装置、过路保护装置、拖地保护装置、信号联络装置、警报装置、进料门及高架提升机的超载限制器.下极限限位器、缓冲器及可视(信号)等安全装置必须齐全、灵敏、可靠。

(6)物料提升机安装前应确认其结构、零部件和安全装置经出厂检验并符合要求;物料提升机基础已验收并符合要求;辅助安装起重设备及工具经检验检测并符合要求,并对安装人员进行安全技术交底后才能进行安装。

(7)物料提升机任意部位与建筑物或其他施工设备间的安全距离大于 0.6 m;与外电线路的安全距离应符合现行行业标准《施工现场临时用电安全技术规范》(JGJ46)的规定。

(8)卷扬机(曳引机)的安装,应符合下列规定:

1)卷扬机安装位置宜远离危险作业区,且视线良好;操作棚应符合《龙门架及井架物料提升机安全技术规范》(JGJ88)规范第 6.2.4 条的规定;

2)卷扬机卷筒的轴线应与导轨架底部导向轮的中线垂直,垂直度偏差不宜大于 2°,其垂直距离不宜小于 20 倍卷筒宽度;当不能满足条件时,应设排绳器;

3)卷扬机(曳引机)宜采用地脚螺栓与基础固定牢固;当采用地锚固定时,卷扬机前端应设置固定挡。

(9)导轨架的安装程序应按专项方案要求执行。紧固件的紧固力矩应符合使用说明书要求。安装精度应符合下列规定。

1)导轨架的轴心线对水平基准面的垂直度偏差不应大于导轨架高度的 0.15%。

2)标准节安装时导轨结合面对接应平直。错位形成的阶差应符合下列规定:

①吊笼导轨不应大于1.5 mm；

②对重导轨、防坠器导轨不应大于0.5 mm。

3)标准节截面内，两对角线长度偏差不应大于最大边长的0.3%。

(10)钢丝绳宜设防护槽，槽内应设滚动托架，且应采用钢板网将槽口封盖。钢丝绳不得拖地或浸泡在水中。

(11)物料提升机安装完毕后，应由总包负责人组织安装单位、使用单位、租赁单位和监理单位等对物料提升机安装质量进行验收，并按《龙门架及井架物料提升机安全技术规范》(JGJ88)规范要求填写验收记录。当验收合格后，应在导轨架明显处悬挂验收合格标志牌。

(12)物料提升机的架体外侧应沿全高用安全立网进行防护。在建工程各层与提升机连接处应搭设卸料通道，通道两侧应按临边防护规定设置安全防护栏杆及挡脚板。

(13)物料提升机地面进料口应设置防护围栏和搭设防护棚。防护围栏高度大于1.8 m；进料口门开启高度大于1.8 m，须设有电气安全开关，并应保证吊笼在进料口门关闭后才能启动。

(14)物料提升机停层平台应能承受3 kN/m^{2}的荷载，停层平台及平台门的设置应满足《龙门架及井架物料提升机安全技术规范》(JGJ88)规范的规定。

(15)各层通道口处都应设置常闭型的防护门，防护门应设有机电连锁装置。

(16)卷扬机棚应有足够的操作空间和具有防雨功能，顶部强度应满足《龙门架及井架物料提升机安全技术规范》(JGJ88)规范的规定。

(17)物料提升机的卷扬机操作工必须持证上岗。

(18)物料提升机的使用，应遵照有关安全技术标准、规范、规程和使用说明书的有关规定进行。

1)每班开机前，操作人员应对卷扬机、钢丝绳、地锚、缆风绳进行检验，并进行空车运行，合格后方可使用。

2)物料提升机主要是运送物料的，在安全装置可靠的情况下，装卸料人员才能进入到吊篮、吊笼内工作，在任何情况下都不准许人员乘吊篮、吊笼上下。

3)禁止人员攀登架体和从架体下穿越。

4)物料提升机严禁超载运行。

5)架体及轨道发生变形时，必须及时校正。

6)保养设备必须停机后进行，禁止在设备运行中进行擦洗、注油等工作。

7)需重新在卷筒上缠钢丝绳时，必须要两人操作，一人开机一人扶绳，相互配合。

8)卷扬机操作工在操作中要注意传动机构的磨损情况，发现磨绳、滑轮磨偏等问题时，要及时向有关人员报告。

9)卷扬机操作工离岗时，应降下吊篮，并切断电源。

(19)安装作业必须要有专人指挥，指挥人员必须与施工人员配合密切，信号必须统一、清晰，需要时配备对讲机。

(20)架体在大风雨后必须检查，如遇下沉、变形应立即进行维修并停止使用。

(21)整机安装调试完成，经第三方检测合格后，由总包单位技术负责人组织监理单位、设备单位、安装单位、使用单位等单位相关人员对整机进行验收，验收合格后，由使用单位向建设主管部门申请使用登记牌，取得使用登记牌后方可使用。

(22)物料提升机拆卸作业前，应对物料提升机的导轨架、附墙架等部位进行检查。确认无误后方能进行拆卸作业。拆卸作业时应先挂吊具、后拆卸附墙架或缆风绳及地脚螺栓。在拆卸作业中，不得抛掷构件。注意拆卸作业宜在白天进行，夜间作业应有良好的照明。

(23)导轨架的斜杆和腹杆不得随便拆卸。如因施工需要在各楼层的出入口同时拆卸时，必须在相应的地方装上拉杆或支撑，以保持导轨架的稳定。

4.安装、拆卸工安全操作规程

(1)安装拆卸人员，必须熟悉物料提升机的性能和结构情况，并经专业技术培训，取得主管部门颁发的证书后，方可独立指挥操作。

(2)安装拆卸工必须年满18周岁，身体健康，视力，听力正常，无不宜高空作业疾病和生理缺陷，并经专业技术培训，取得主管部门颁发证书，方能参加安装作业。

(3)所有操作人员必须佩戴安全帽和安全带。

(4)安装拆卸操作人员在作业时，必须精神集中，精心操作，严禁酒后作业。

(5)安装拆卸人员必须服从现场指挥员的指挥，指挥员，操作人员和司索工都要遵守“十不吊”制度。

(6)物料提升机安装时，要严格按照产品使用说明书所规定的程序进行。

(7)物料提升机安装时，各连接部必须保证螺栓拧紧，各种安全装置要装齐，装好。

(8)物料提升机在达到20 m以下高度时，应至少设一组缆风绳，21～30 m时，不少于2组缆风绳。

(9)物料提升机安装应有专人上下指挥、运送钢件应用滑轮，吊物下面不得站人，安装架身应上下呼应，统一指挥(在井架上安装要佩安全带)，脚下铺专用架板(架板最好选用无节把的杉木板，厚度≥5 cm)，操作宽度单侧不小于50 cm。

(10)物料提升机安装完毕，要对架体垂直度进行检查，使其符合《龙门架与井架物料提升机安全技术规范》(JGJ88)要求。

(11)物料提升机安装完工后，应按要求严格验收。

(12)遇四级及以上大风，雨天、雷电、浓雾及夜间禁止施工作业。

5.物料提升机的现场突发事件应急处理

(1)物料提升机司机在开机过程突然断电的应急处理。

首先将全部操作启动开关置于停止位置，然后进行下列检查：

1)检查总电源是否有电或重复启动一次空气开关、漏电开关；

2)检查过流继电器等电气开关是否跳开；

3)检查各行程开关(包括安全门)是否动作未复位；

4)检查其他电路故障；

5)当查到有电源存在却还是不能启动时，请通知专业人员排查处理。

(2)物料提升机司机在开机过程发现制动器失灵应急处理。

启动吊笼后发现制动器失灵，吊笼下滑，可用点动上升按钮控制下滑速度，多次重复以上操作慢慢将吊笼降回地面，停止作业，避免事故发生。然后在架体前面悬挂“正在维修，禁止使用”警示牌，立即通知维修人员进行检修排除故障。维修人员应检查：

1)制动器的制动片间隙是否过大，如过大应调整制动片间隙；

2)制动片(块)有油污污染或严重磨损，清洗油污或更换制动片(块)；

3)制动弹簧或螺栓松弛或失效：调整或更换制动弹簧或螺栓；

4)电磁(液压)制动器行程过小或失效，调整或更换电磁(液压)制动器。

(3)物料提升机司机在开机过程发现钢丝绳意外卡住应急处理。

发现钢丝绳意外卡住，首先立即停机，关闭电源；检查吊笼被卡住的楼层位置，进行下列操作：

1)悬挂“正在维修，禁止使用”警示牌，在架体周围安全范围内进行警戒线围蔽，并有专人看守，直到专业人员维修好试运行后，方可解除警戒线；

2)将钢管、木枋或型钢可靠固定在物料提升机吊笼底部最近的位置进行拦住，以防止钢丝绳松脱造成吊笼坠落。同时通知维修人员进行处理，并有专人指挥和监管；

3)检查钢丝绳被卡住的部位(一般发生在卷筒、曳引轮、滑轮等钢丝绳转向部分)；

4)将钢丝绳从被卡处移出；

5)检查钢丝绳的损伤情况、卷筒支座、曳引轮、滑轮等是否拉伤以及滑轮组的安装位置是否正确；

6)更换受损的零配件；

7)将吊笼提升约10 cm左右，拆除固定在架体上的钢管、木枋或型钢，检查无误后才能投入正常使用。

(4)物料提升机司机在开机过程发现吊笼冲顶应急处理。

1)发现吊笼冲顶，司机要迅速按下红色的紧急停止开关，切断电源，锁好操作室，向设备管理员或工地维修人员告之事故的经过，供设备管理员或工地维修人员维修时参考。

2)悬挂“正在维修，禁止使用”警示牌，在架体周围安全范围内进行警戒线围蔽，并有专人看守，直到专业人员维修好试运行后，方可解除警戒。

3)组织相关人员对机械各部件进行仔细检查，如有部位开裂、脱焊和变形应当采取加固(特别是架体部分)，检查钢丝绳是否脱槽。

4)以上检查完好，操作人员可以采用手动释放制动器的方法缓慢降下吊笼到地面(注：不同的制动装置采用不同的方法)。

5)如果手动不能放下吊笼，检查电控箱控制回路是否有电，在有电情况下可开动主机降下吊笼到地面，无电可将上限位开关和极限开关的控制回路连接，恢复控制箱的供电，开启主机缓慢降下吊笼到地面，这项工作需要专业维修人员进行操作。

6)吊笼放下后，检查架体杆件(有变形的需要及时修复或更换)，架体及各部件修复后，安装好各种限位开关，方可投入使用。

(5)防坠安全器动作时应急处理。

当防坠安全器动作时应采取相应的处理措施。

1)切断电源，在吊笼的最近位置用木枋或型钢在离吊笼底部最近的横梁架体上将吊笼作临时支承，维修人员对吊笼进行检查，如果能将吊笼点动放下，将临时支承吊笼的木枋或型钢撤掉后，点动降至地面位置，在架体前面悬挂“正在维修，禁止使用”警示牌，再进行详细检查。

2)检查防坠安全器的动作开关，机械结构是否动作灵敏，对动作不灵敏的部位进行修复，修理后的防坠器必须进行坠落试验合格后才能重新投入使用。

(6)上、下限位开关失灵时应急处理。

如果在检查过程或开机过程中发现失灵，应立即做好如下操作：

1)立即按下急停开关，停止一切作业，并迅速通知专业维修人员前来维修处理；

2)在架体前面悬挂“正在维修，禁止使用”警示牌，在架体周围安全范围内进行警戒，并

有专人看守,直到专业人员维修好试运行后,方可解除警戒线;

3)司机在正常操作过程中,应高度集中精力,不能使用限位开关作为吊笼停止开关。

(7)可视(信号)装置发生故障时的应急处理。

1)司机在开机过程中,如遇到视频信号或音响信号出现故障时,应立即停止操作,关闭电源,迅速通知专业维修人员进行检修。

2)如果是吊笼在楼层上或运行中遇到视频不清或损坏时,应立即停止操作,按下紧急停止按钮,走出操作室查看吊笼所停的具体位置。

3)立即通知楼层上的使用人员,关闭好楼层防护门,在有专人指挥下,用点动将吊笼慢慢放至地面,在架体前面悬挂"正在维修,禁止使用"警示牌,再进行修理视频、音频信号。

4)检修完好后,多次试运行正常后方可投入使用。

3.3.4 高处作业吊篮的安全

高处作业吊篮是悬挑机构架设于建筑物或构筑物身上,利用机构驱动悬吊平台,通过钢丝绳沿建筑物或构筑物立面上下运行的施工设施,也是为操作人员设置的作业平台。

(1)吊篮安装作业应编制专项施工方案,专项施工方案应按规定进行审核、审批。

(2)吊篮支架支撑处的结构承载力应经过验算,悬挂吊篮的支架支撑点处结构的承载力,应大于所选择吊篮各工况的荷载最大值。

(3)安全装置的安全控制要点。

安全装置包括防坠安全锁、安全绳、上限位装置。

1)吊篮应安装防坠安全锁、并应灵敏有效,防坠距离小于 100 mm。

2)安全锁扣的配件应完整、齐全,规格和标识应清晰可辨。

3)防坠安全锁不应超过标定期限(有效标定周期为 1 年)。

4)吊篮应设置为作业人员挂设安全带专用的安全绳和安全锁扣,安全绳不得有松散、断股、打结现象,与建筑物固定位置应牢靠,不得与吊篮上任何部位连接。

5)吊篮应安装上限位装置,并应保证限位装置灵敏可靠,以防止吊篮在上升过程出现冒顶现象。

(4)悬挂机构的安全控制要点。

1)悬挂机构前支架不得支撑在建筑物女儿墙上及建筑物外挑檐边缘等非承重结构上。

2)悬挂机构前梁外伸长度应符合产品说明书规定。

3)前支架应与支撑面垂直,且脚轮不应受力(悬挂机构上的脚轮是方便吊篮作平行位移而设置的,其本身承载能力有限,如吊篮荷载传递到脚轮就会产生集中荷载,易对建筑物产生局部破坏)。

4)上支架应固定在前支架调节杆与悬挑梁连接的节点处。

5)严禁使用破损的配重块或其他替代物。

6)配重块应固定可靠,重量应符合设计规定。

(5)钢丝绳的安全控制要点。

1)钢丝绳不应有断丝、松股、硬弯、锈蚀及有油污附着物。

2)安全钢丝绳应单独设置,型号规格应与工作钢丝绳一致。

3)吊篮运行时安全钢丝绳应张紧悬垂。

4)吊篮内施焊前,应采用石棉布将电焊火花迸溅范围进行遮挡,防止烧毁钢丝绳,同时防止发生触电事故。

(6)高处作业吊篮施工安全措施。

1)安装作业。

①吊篮平台组装长度应符合产品说明书和规范要求。

②吊篮的构配件应为同一厂家的产品。

2)升降作业。

①必须有经过培训合格的人员进行吊篮升降的操作。

②吊篮内的作业人员不应超过 2 人。

③吊篮内作业人员应将安全带用安全锁扣正确挂置在独立设置的专用安全绳上。

④作业人员应从地面进出吊篮。

⑤架体升降时,非操作人员不得在吊篮内停留。

⑥当两个吊篮连在一起同时升降时,必须装设有效和灵敏的同步装置。

3)交底与验收。

①吊篮安装完毕,使用前应按《建筑施工工具式脚手架安全技术规范》(JGJ202)规范要求,经施工、安装、监理等单位进行验收,并应经空载运行试验合格,未经验收或验收不合格的吊篮不得使用;

②班前班后应按规定对吊篮进行检查。

③吊篮安装、使用前对作业人员进行安全技术交底,并应留有文字记录。

4)安全防护。

①吊篮平台工作面护栏高度不低于 800 mm,其余部位不低于 1100 mm,护栏能承受 1 kN 的集中载荷,并应设置 180 mm 高的挡脚板。

②上下立体交叉作业时应设置顶部防护板,防止高处坠物对吊篮内作业人员的伤害。

5)吊篮使用安全要求。

①吊篮作业时应采取防止摆动的措施。

②吊篮与作业面距离应在控制小于 400 mm 的范围内。

③吊篮的施工荷载应符合设计要求。

④吊篮的施工荷载应均匀分布,禁止吊篮作为垂直运输设备,防止吊篮翻转或坠落事故。

3.3.5　门式起重机的安全

门式起重机又称龙门吊,它是一种桥架通过两侧支腿支承在地面轨道或基础上的桥架型起重机。门式起重机广泛应用于各行业中,例如在铁路货场装卸火车、汽车,在船厂吊装轮船部件总成,在水电站大坝起吊闸门,在港口码头装卸集装箱,在工厂内部起吊和搬运笨重的成件物品,在电力场设备的地面组合、设备的制作加工配合、水泥框架的预制、物件的吊运,在建筑施工现场进行施工作业等。

1. 基本规定

(1)专项施工方案的编制。

门式起重机安装、拆卸前应根据自身特点,结合现场作业条件编制科学、详细、可行的施工方案,其内容应包括:编制依据、人员配备、进度计划、起重机械及索具配备、轨道基础、安装步骤、安全防护措施、应急救援预案等。施工方案须经有关部门审批后方可严格执行实施。

(2)安装架设场地的选择。

1)场地的大小,必须考虑到组装部件的长度,如主梁组装及布置安装用的起重设备。

2)道路适于运输车辆和自行式起重设备方便地开进开出。

3)门式起重机基础位置的确定必须充分考虑现场空间的允许位置,以不影响现场作业为主。

(3)安装辅机的选用与注意事项。

为了选择性能合乎需要的辅助安装起重机,首先要精读门式起重机使用说明书以熟悉安装过程,其次是了解部件尺寸、质量、重心位置及安装高度,然后根据了解到的情况确定安装辅机的性能参数。

选择辅助安装用起重机的首要原则是:参数适合需要,即起重量、起升高度和工作幅度诸项主参数都必须满足安装门式起重机时的使用要求。其次是要考虑辅助安装起重机是否易于进入施工现场,操作方便与否以及费用是否经济等。

目前,门式起重机的主要辅助安装用起重机主要为流动式起重机,由于流动起重机作业环境随时变化,作业范围大,转移速度快,起重机的结构复杂,金属结构安全系数控制严格,操纵难度大等,因此,危险因素也较多。下面介绍几种主要的危险因素及其防止措施。

1)起重机倾覆。

流动式起重机的倾覆(倾翻)事故,是起重机事故中较多的一类。一旦发生,经济损失严重,危害大。主要注意事项有:

①作业场地地面必须坚实平整,不得下陷,整机保持水平。

②起重机作业时,风速不得大于13.8 m/s(相当于6级风)。臂长大于50 m起重机作业时,风速不得大于9.8 m/s(相当于5级风)。

2)起吊重物作业时应注意的事项。

①严格按起重机的额定起重量表和起升高度曲线作业。起吊物品不能超过规定的工作幅度和相应的额定起重量,严禁超载作业。

②不允许用起重机吊拔起重量和拉力不清的埋置物体。

③斜拉和斜吊都容易造成起重机倾翻。

④不要随便增加平衡重或减少变幅钢丝绳。

⑤避免上车突然启动或制动,起吊起重量大、尺寸大、起升高度大时更应注意。

3)起重机在作业时,必须严格控制工作幅度,应注意下述情况。

①起重的起重臂较长时,应严格控制工作半径,一般工作角度在30°~80°之间。

②起升重物时,变幅钢丝绳变形伸长,工作半径也跟着增加,特别是起重臂较长时,幅度变化就更大。作业时应充分考虑这一变化。

③起重臂由水平位置变幅起升时或向水平位置倾倒时要缓慢进行,此时变幅钢丝绳受到很大的拉力。

4)起重机作业前要检查力矩限制器、水平仪等安全装置。

5)吊重作业进行中不要扳动操纵手柄,以防倾覆。如需调整支腿,应将重物落地。

6)起重机作业环境的危险因素。

①工作场地昏暗,无法看清场地、被吊物情况和指挥信号。此时不应作业。

②起重机不允许在暗沟、地下管道和防空洞等上面作业。

③起重机作业时,臂架、吊具、辅具、钢丝绳及重物等与输电线最小距离,不得小于安全

距离。

④起重机作业区附近不应有人做其他工作。有人走近时，利用警音或喇叭警告。

⑤起重机作业场所的建筑物、障碍物，是否符合起重机的行走、回转、转盘、变幅等的安全距离，应测量后再安排作业程序。

7)按电气接地要求设接地装置，导线连接可靠，并应测试接地电阻不大于4 Ω(重复接地电阻不大于10 Ω)。起重机与大地的接地采用接地滑线(或接地线芯)，或采取其他可靠的接地方式。起重机上所有电控设备的金属外壳，必须有效接地，电压为3 kV及以上的电机和变压器外壳，应设专门的接地线，其截面与容量有关，但应不小于6 mm^2。允许利用门式起重机运行轨道作为接地线。

2.门式起重机安装、拆卸的安全

门式起重机安装、架设和转移较频繁，危险性也较大，拆装的过程中发生的人身伤亡事故比例较高，必须予以高度重视。安装架设时应遵守以下安全规程。

(1)安装架设的一般安全要求。

1)安装架设前，要充分掌握该门式起重机的性能和特点，透彻理解使用说明书中规定的安装架设顺序和方法，并严格遵守。安装架设人员要具有规定的资格。

2)安装架设时要注意风速变化，风速必须符合设计规定，一般不应超过13.8 m/s。

3)起重设备和吊装索具要严格检查后才能使用。

4)各零部件间连接正确、可靠。其中包括高强螺栓预紧力大小、销轴配合间隙、开口销的固定、钢丝绳末端的紧固等。

5)安装架设时，要注意观察、监视，统一指挥，联络可靠。

6)必须严格按照设计规定安装零部件，不得将它们随意取消、代换和增添，任何修改都应经专职技术人员同意方可执行。

7)钢丝绳的穿绕必须按设计要求，除两端固定外，不能与不转动的部件接触、相碰。要遵守钢丝绳使用和安装要求，不能产生硬弯、笼形畸变、松股、断丝、露芯等现象。特别对多层股不旋转的钢丝绳，要由包装滚筒直接绕进工作卷筒；如需要切断，在未切断前一定要用多道钢丝扎紧切口两端，防止松散。

8)门式起重机使用说明书中，对使用的起重设备的能力、吊装各部件的重量、重心位置、外形尺寸、吊点高度都有说明，要认真遵守。吊装前，在仔细检查起重设备、吊装索具后，还应进行试吊，确认安全可靠，方可正式吊装。

9)安装架设后，必须严格检验。

(2)门式起重机安装安全技术要求。

1)门式起重机主梁、端梁、平衡梁(支腿)、小车架不应有裂纹和明显变形；腐蚀超过原厚度的10%应予报废。

2)刚性支腿与主梁在跨度方向的垂直度应为$h_1 \leqslant H_1/2000$(h_1表示下沉深度；H_1表示起升高度)。

3)通用门式起重机跨度极限偏差应为：

①当$S \leqslant 26$ m时，$\Delta s = \pm 8$ mm，相对差不应大于8 mm；

②当$S > 26$ m时，$\Delta s = \pm 10$ mm，相对差不应大于10 mm。

4)行走机构应符合下列规定。

①在轨道接头未焊为一体的情况下，应满足以下要求：

a. 接头处的高低差不应大于 1 mm;

b. 接头处的头部间隙不应大于 2 mm;

c. 接头处的侧向错位不应大于 1 mm;

d. 对正轨箱形梁及半偏轨箱形梁,轨道接缝应放在筋板上,允许误差不应大于 15 mm;

e. 两端最短一段轨道长度应放在不小于 1.5 m 处加挡铁;

f. 轨道纵向坡度不应超过 0.5%;

g. 固定轨道的螺栓和压板不应缺少,垫片不应窜动,压板应固定牢固;

h. 轨道不应有裂纹或严重磨损等影响安全运行的缺陷;

i. 当大车运行出现啃轨或大车轨距:$S\leqslant 10$ m 时,$\Delta s=\pm 3$ mm;$S>10$ m 时,$\Delta s=\pm[3+0.25(S-10)]$ mm,且最大不应超过±15 mm。

②大车运行出现啃轨时,跨度极限偏差应符合下列要求。

采用可分离式端梁并镗孔直接装车轮结构的跨度极限偏差应为:

a. $S\leqslant 10$ m 时,$\Delta s=\pm 2$ mm;

b. $S>10$ m 时,$\Delta s=\pm[2+0.1(S-10)]$ mm。

5)传动系统的驱动轮应同向同步转动。

6)制动及安全装置应符合下列规定:

①运行终点应设置四套终点止挡架和灵敏、有效的行程限位装置;

②各限位器应齐全、灵敏、有效;

③导绳器移动应灵活,自动限位应灵敏可靠;

④外露传动部分防护罩(盖)应完好齐全;应装有防雨罩;

⑤进入起重机的门和司机室到桥架上的门,应设有电器连锁保护装置,当任何一个门打开时,起重机所有机构均应停止工作;

⑥大车轨道铺设在工作面或地面时,起重机应设置扫轨板;扫轨板距轨面不应大于 10 mm;

⑦应设置非自动复位型的紧急断电开关,并保证司机操作方便;

⑧在主梁一侧落钩的单主梁起重机应设置防倾翻安全钩;小车正常运行时,应保证安全钩与主梁的间隙适宜,运行不应有卡阻。

7)电气系统应符合下列规定。

①供电电源总开关应设在靠近起重机地面易操作的地方,并加锁。

②电气设备及电器元件应齐全、完好,绝缘性能应良好,应固定牢固;动作应灵敏、有效,符合说明书的要求;额定电压不大于 500 V 时,电气线路对地的绝缘电阻,一般环境下不应低于 0.8 MΩ;潮湿环境下不应低于 0.14 MΩ。

③总电源回路至少应设置一级短路保护,应由自动断路器或熔断器来实现;自动断路器每相均应有瞬时动作的过流脱扣器,其整定值应随自动开关的类型来定;熔断器熔体的额定电流应按起重机尖峰电流的 1/1.6~1/2 选取。

④总电源应设置非自动复位型失压保护装置。

⑤每个机构应单独设置过流保护装置:

a. 交流绕线式异步电机应采用电流继电器;在两相中设置的过电流继电器的整定值不应大于电机额定电流的 2.5 倍,在第三相中的总过电流继电器的整定值不应大于电机额定电流的 2.25 倍加上其余各机构电机额定电流之和;

b. 鼠笼型交流电机应采用热继电器或带热脱扣器的自动断路器作过载保护，其整定值不应大于电机额定电流的1.1倍。

⑥主起升机构应设有超速保护装置；

⑦大、小车的馈电装置应符合说明书要求。

(3)门式起重机安装拆卸操作规程。

门式起重机的安装和拆卸属特种作业，受国家有关法规约束。因此，在安装和拆卸作业时，必须严格遵守操作规程。

1)安装前准备。

①安装前，安装单位应会同使用单位先作现场勘察，并根据厂家提供的产品说明书，制订安装及现场布置方案。

②安装方案和布置方案，应经有关监管单位审核，待其批准后方可执行。

③轨道基础，应由使用单位根据说明书的要求自行施工。基础经验收合格后才能进行安装。

④检查吊具与吊索，确保其安全可靠。

⑤应清点门式起重机的零部件是否齐全，检查各零部件是否完好；存放时应安置平稳，并用枕木对称放平垫实；如露天放置时，要有遮盖。

⑥安装前应检查各部件的锈蚀情况，必要时重新喷涂防锈漆，对锈蚀严重的部件严禁再次使用。

⑦检查各连接部分的牢固性，滑轮、卷筒、车轮等运转是否灵活等事项。

2)安装。

①安装操作人员必须熟悉该门式起重机的性能和结构情况，并经专业技术培训，取得主管部门颁发的证书后，方可独立指挥操作。

②安装操作人员必须年满18周岁，身体健康，视力，听力正常，无不宜高空作业疾病和生理缺陷，并经专业技术培训，取得主管部门颁发证书，方能参加安装作业。

③所有操作人员必须佩戴安全帽、安全带、穿工作鞋等安全防护用品。

④安装操作人员在作业时，必须精神集中，精心操作，严禁酒后作业。

⑤安装操作人员必须服从现场指挥员的指挥，指挥员、操作人员和司索工都要遵守“十不吊”制度。

⑥安装时，要严格按照产品使用说明书所规定的程序进行。

⑦安装时，各联接部位必须保证螺栓拧紧，销轴到位，防脱销装置装齐装好。

⑧拼装完毕后，应先调试好门式起重机各部位的安全装置及制动装置，方可进行下一步的工作。

⑨安装完工后，应按要求严格验收。

3)拆卸。

①拆卸前，负责拆卸的单位应联同使用单位先作现场勘察，制订拆卸方案，办理报批手续。

②拆卸前应检查各部分机构是否正常可靠，如有故障，应先排除，方可进行拆卸作业。

③拆卸时，应严格按产品说明书所规定的步骤进行，严禁违章作业。

④拆卸人员，必须熟悉该门式起重机的性能和结构情况，并经专业技术培训，取得主管部门颁发的证书后，方可独立指挥操作。

⑤拆卸人员,必须年满18周岁,身体健康,视力,听力正常,无不宜高空作业疾病和生理缺陷,并经专业技术培训,取得主管部门颁发证书,方能参加安装作业。

⑥所有操作人员必须佩戴安全帽、安全带、穿工作鞋等安全防护用品。

⑦操作人员在作业时,必须精神集中,精心操作,严禁酒后作业。

⑧操作人员必须服从现场指挥员的指挥,指挥员、操作人员和司索工都要遵守“十不吊”制度。

⑨拆卸时,要严格按照产品使用说明书所规定的程序进行。

⑩拆卸完毕,应将所有零部件整理,分箱放置,并做好相应的数量标识,方便下次安装时使用。

3. 门式起重机安全操作

(1)门式起重机路基和轨道的铺设应符合出厂规定,轨道接地电阻不应大于4 Ω。

(2)使用电缆的门式起重机,应设有电缆卷筒,配电箱应设置在轨道中部。

(3)用滑线供电的起重机,应在滑线的两端标有鲜明的颜色,滑线应设置防护装置,防止人员及吊具钢丝绳与滑线意外接触。

(4)轨道应平直,鱼尾板连接螺栓应无松动,轨道和起重机运行范围内应无障碍物。门式起重机应松开夹轨器。

(5)门式起重机作业前的重点检查项目应符合下列要求:

1)机械结构外观正常,各连接件无松动;

2)钢丝绳外表情况良好,绳卡牢固;

3)各安全限位装置齐全完好。

(6)操作室内应垫木板或绝缘板,接通电源后应采用试电笔测试金属结构部分,确认无漏电方可上机;上、下操纵室应使用专用扶梯。

(7)作业前,应进行空载运转,在确认各机构运转正常,制动可靠,各限位开关灵敏有效后,方可作业。

(8)开动前,应先发出音响信号示意,重物提升和下降操作应平稳匀速,在提升大件时不得用快速,并应拴拉绳防止摆动。

(9)吊运易燃、易爆、有害等危险品时,应经安全主管部门批准,并应有相应的安全措施。

(10)重物的吊运路线严禁从人上方通过,亦不得从设备上面通过,空车行走时,吊钩应离地面2 m以上。

(11)吊起重物后应慢速行驶,行驶中不得突然变速或倒退。两台起重机同时作业时,应保持5 m距离。严禁用一台起重机顶推另一台起重机。

(12)起重机行走时,两侧驱动轮应同步,发现偏移应停止作业,调整好后方可继续使用。

(13)操作人员由操纵室进入桥架或进行保养检修时,应有自动断电联锁装置或事先切断电源。

(14)露天作业的门式起重机,当遇风速大于10.8 m/s大风时,应停止作业,并锁紧夹轨器。

(15)主梁挠度超过规定值时,必须修复后方可使用。

(16)作业后,门式起重机应停放在停机线上,用夹轨器锁紧,吊钩提升到上部位置。吊钩上不得悬挂重物。

(17)作业后,应将控制器拨到零位,切断电源,关闭并锁好操纵室门窗。

(18)悬挂电缆电气控制开关绝缘应良好,应滑动自如,人的站立位置后方应有 2 m 空地,并应正确操作按钮。

(19)在起吊中,由于故障造成重物失控下滑时,必须采取紧急措施,向无人处下放重物。

(20)在起吊中不得急速升降。

(21)作业完毕后,应停放在指定位置,吊钩升起,并切断电源,锁好开关箱。

(22)鸣铃起车。起车要平稳,逐挡加速。起升机构每挡之间的转换时间为 1~2 s;运行机构每挡之间的转换时间为 3 s 以上;大起重量的门式起重机各挡的转换时间还应长些。

(23)每班第一次起吊货物时,应首先将货物吊离地面 0.5 m,然后放下,在下放货物的过程中试验制动器是否可靠,然后再进行正常作业。试吊金属溶液或其他危险品时,试吊高度不得超过 0.1 m,而且要求每吊必试。

(24)一般情况下司机只能同时使用两个控制器,并不得脱手开车。

(25)门式起重机正常运行时,禁止使用紧急开关、限位开关。不准松脱制动器抱闸而靠打反车停车,只有在紧急情况时才允许打反车。但打反车不能过猛,否则过电流继电器动作会造成总电源掉电,结果不但不能及时停车,还会造成更大的危害。

(26)一般作业应尽可能地不开"点"车,点车过多,会使电气元件过热,并使机械零部件发生损坏,司机容易疲劳,发生错误操作。

(27)操作各控制器不得猛拉猛进,除易造成电气和机械性损坏外,还会加大电流冲击,造成过电流动作而掉电失控。但控制回零时应迅速准确。

(28)起吊物件时,禁止突然起吊。当起升钢丝绳接近绷直时,要一边调整大小车的位置,一边拉紧钢丝绳。放下物件时,也要注意逐渐落地,以防损伤物件及引起门式起重机的振动。

(29)禁止在吊运的物件上站人。

(30)作业中应按下列规定发出信号:起升、落下物件时,开动大小车时,门式起重机接近跨内另一门式起重机时,吊运物件接近地面人员时,都要鸣铃。门式起重机吊物从视线不清处通过时,在吊运通道上有人停留时,要连续鸣铃发出信号。

(31)门式起重机未停稳时,严禁上下车,上下门式起重机应经过专用平台,严禁翻越围栏或跨越门式起重机。

(32)有主、副钩的门式起重机,禁止同时开动。

(33)磁盘吊工作区严禁有人进入,更不准磁盘吊物从人或设备上方通过。

(34)露天作业的起重设备如遇大风、大雨、大雪、大雾等恶劣气候,应停止工作,并将其固定,以防"溜道"等事故发生。

(35)在起吊物件时,首先应将吊钩基本对准吊物中心或重心,然后一边升、降吊钩,一边启动大车或小车,逐渐找正才能起吊,否则过早起吊或绷紧,会造成吊物或"横担"晃动,使钢丝绳跳槽,甚至发生事故。

(36)在吊运作业中,如遇突发危险情况,不应惊慌失措,除鸣号或长铃告急外,应准确判明险情原因,正确操作各种控制器,遇危险即扳动紧急开关并不可靠,一旦扳动紧急开关,全机断电,有些本来通过操作可以排除的事故就不可避免了。

(37)作业中设备发生故障时,应及时将被吊物放回地面,如遇升降机构故障,应及时报告有关人员,将吊物移动安全地点,划出安全线方可进行排故。

(38)在多人共同捆绑吊运一个物件时,容易发生有人捆绑完毕而未顾及别人就发出起吊信号的情况,因此司机有责任制止而不起吊。

(39)司机落钩时,吊钩或吊具应与人或设备保持适当的距离。在指挥人员注意到吊钩或吊具并发出下落信号时,才能将吊钩或吊具落到指定高度。

(40)禁止吊物在空中长时间停留。起重机吊物时,司机不准随意离开工作岗位。

(41)在电压显著降低和电力输送中断的情况下,必须切断主开关,将所有控制器手柄扳回零位,停止工作。

(42)严禁利用吊钩或吊钩上的物件运送或起升人员。

(43)工作中只听专职人员指挥。

(44)指挥人员未发出信号时,司机无权动车。

(45)操作中司机应在每次启动前对被吊物件周围环境进行观察,直至认为不会发生事故才可根据指挥人员信号起吊。

(46)门式起重机司机必须遵守"十不吊":

1)起重臂和吊起的重物下面有人停留或行走,不准吊。

2)起重指挥应由技术培训合格的专职人员担任,无指挥或信号不清,不准吊。

3)钢筋、型钢、管材等细长和多根物件必须捆扎牢靠,多点起吊。单头"千斤"或捆扎不牢靠,不准吊。

4)多孔板、积灰斗、手推翻斗车不用四点吊或大模板外挂板不用卸甲,不准吊。预制钢筋混凝土楼板不准双拼吊。

5)吊砌块必须使用安全可靠的砌块夹具,吊砖必须使用砖笼,并堆放整齐。木砖、预埋件等零星物件要用盛器堆放稳妥,叠放不齐,不准吊。

6)楼板、大梁等吊物上站人,不准吊。

7)埋入地面的板桩、井点管等以及粘连、附着的物件,不准吊。

8)多机作业,应保证所吊重物距离不小于 3 m,在同一轨道上多机作业,无安全措施,不准吊。

9)六级以上强风区,不准吊。

10)斜拉重物或超过机械允许荷载,不准吊。

4. 门式起重机常见故障及排除方法

(1)机械故障及排除方法。

机械故障及排除方法见表 3-7。

表 3-7　机械故障及排除方法

零部件名称	故　　障	原因及后果	排除方法
锻制吊钩	尾部螺纹及退刀机槽、吊钩表面有疲劳裂纹	超期使用;超载;材质缺陷	发现裂纹及时更换
	钩口危险断面磨损超断面高度 10%	可能导致吊钩折断	磨损未超标时降低负荷使用,超标则报废、更新
	钩口部位和弯曲部位发生永久变形	长期过载,疲劳所致	更新
叠片式吊钩	吊钩变形;钩片上有裂纹	长期过载使用,超期、超载使用	停用更新;更换钩片

续表

零部件名称	故　　障	原因及后果	排除方法
钢丝绳	断股、断丝、打结或磨损	断绳	按标准更新
滑轮	滑轮槽磨损不均	材质不均,安装不符合要求,绳、轮接触不均匀	重新安装或修补
	滑轮转不动	轴和轴套没有润滑油	拆开清洗润滑部分,保证需要的润滑油
卷筒	卷筒柱体上有裂纹	卷筒损坏	停止使用或修补
	卷筒绳槽磨损和跳槽	卷筒损坏	调整钢丝绳偏斜角
齿轮	齿轮轮齿损坏	使用时间过长或超载	更换新齿轮
	轮辐和轮壳有裂纹	齿轮损坏	对起升机构应更换新齿轮,运行机构可修补使用
	键槽损坏	影响机构工作	更换或配键
减速器	外壳特别是安装轴承的地方发热	轴承发生故障,轴径卡住。齿轮迅速磨损	更换油,检查啮合和轴承情况
	减速机在架上振动	联轴器轴径损坏	拧紧螺栓,在架上安装挡铁
	周期性的颤震声响	周节误差过大或齿侧间隙超过标准可能引起机构震动甚至打断齿	检修重新安装
	蜗轮减速器有敲击声	蜗杆轴向游隙过大或蜗轮齿磨损严重	更新
	剧烈的金属摩擦声;引起减速器壳体振动的叮当声	传动齿轮间的侧隙过小;轮对中心不正;齿顶上具有尖薄的边缘;轮齿工作面磨损后不平坦(小沟和凸痕)	修整,重新安装或更新
减速器	齿轮啮合时不均匀,但连续的敲击声,减速器箱体各处都能听到,感觉到减速器机壳振动	齿侧面有缺陷(层状组织)	更新
	减速器发热	润滑油过多	圆柱齿轮及伞齿轮减速器内油温＜60 ℃;蜗轮减速器内油温＜75 ℃(周围温度为 25 ℃);油面应保持在油针两刻度之间
	润滑油沿部分面流出	密封损坏,减速器壳体变形,螺钉松动	检修,涂密封胶

续表

零部件名称	故　障	原因及后果	排除方法
轴	裂纹	轴损坏	更新换件
	轴弯	轴颈损坏	超过每米 0.5 mm,应校直
齿轮联轴器	齿剧烈磨损	工作时发生冲击,进一步使齿崩裂	更换
	半联轴器不能摆动	齿锈蚀,影响机构工作	除锈润滑
	联轴器体上有裂纹	联轴器损坏	更换
	键槽松脱	影响机构工作	更换或配键
车轮	行走不稳或发生歪斜	车轮不均匀磨损,使主动车轮的直径相差较大,甚至变成椭圆	更换或重新车制
	车轮轮缘磨损或崩裂	有出轨危险	立即停止使用,更换新轮
滚动轴承	轴承发生高热	缺乏或具有过多的润滑油或轴承中有污垢	检查润滑油量,使其达到标准油面,或清洗轴承污垢
	在工作中发出响声	装配不良使轴承卡住,轴承磨损或损坏	检查轴承装配或更换新轴承
制动器	对起升机构来说,刹不住重物;对运行机构来说,大车或小车在断电后滑行距离很大	杠杆系统中的活动关节被卡阻	消除卡阻现象
		润滑油流在制动轮上	清洗油渍,并干燥处理
		制动瓦衬磨损	调换衬料
		制动瓦与制动轮的间隙调整不适	调整间隙
		电磁铁冲程调整不当,或长冲程电磁铁有杂物	调整电磁铁冲程;清理长冲程电磁铁的工作环境
		液压推杆制动器叶轮旋转不灵活	检修推动机构和电器部分

续表

零部件名称	故　障	原因及后果	排除方法
制动器	不能打开	制动瓦衬胶粘在有污垢的制动轮上，活动关节卡住，弹簧张力过大	用煤油清洗制动轮和制动瓦衬，消除卡住现象，调整弹簧压力
		电磁铁线圈被烧毁	更换线圈
		由于制动瓦衬过度磨损而使电磁铁的行程不够	调整电磁铁行程
		液压推杆制动器的液压油使用不当，叶轮卡住	按不同湿度更换液压油。检修推动机构和电器部分
		电压低于额定电压的 85%，电磁铁吸力不足	用万用表测量电磁铁的电压
	制动瓦衬发出焦味，制动瓦衬迅速磨损	瓦和轮接触不均匀或间隙太小，制动轮磨损过热	正确调整间隙
	制动器容易脱离	调整螺母未拧紧或背帽没有拧好	调整制动器，拧紧螺母
		螺帽的螺纹发生损坏	更换有缺陷的螺母
小车运行机构	打滑	轨道上有油	去掉油污
		轮压不均	调整轮压
		电动机功率偏大，启动过猛	选择合适的电动机，改善电动机的启动方法
	小车“三条腿”	车轮直径偏差过大	按图纸要求进行加工
		安装不合理	调整安装
		小车架变形	火焰矫正
大车运行机构	啃轨	车轮直径不同，车轮偏差过大	统一主动轮直径
		传动系统偏差过大	使电动机、制动器合理匹配，检修传动系统
		金属结构变形	矫正
		轨道偏差或有油污	检修轨道，去掉油污

(2)电器故障及排除方法。

电器故障及排除方法见表 3-8。

表 3-8 电器故障及排除方法

部件名称	故障情况	发生的原因	排除方法
电动机	整个电动机均匀发热 定子铁芯局部发热	由于作业繁重超过了额定值而过载	减少起重机的作业频度或更换新电动机
		在低电压下作业铁芯的矽钢片间发生局部短路	停止作业或降低负荷;消除毛刺或其他引起短路的原因,然后涂绝缘漆
	转子温度升高,定子有大电流冲击,电动机在额定负荷时,达不到全速	绕组端头、中性点或绕组接头接触不良	检查所有焊接处,消除外部缺陷
		绕组与滑环接触不良	检修绕组与滑环的连接处
		电刷器械中接触不良	检查并调整电刷器械
		转子电路中接触不良	检查连接导线、接触器、控制器触头以及调整电阻
电动机	电动机在带上负荷后,速度变慢	端头连接处发生短路	检查并消除端头连接处的短路现象
		转子绕组有两处接地	用兆欧表检查每项线圈的绝缘电阻,并修理损伤部分
	电动机在作业中振动	电动机轴与减速器轴同心度偏差过大	找正,重新装配
		轴承磨损	更换新轴承
		转子变形	检修转子
	电动机、转子与定子摩擦	轴承磨损、轴承端盖不正、转子铁芯变形	检修轴承、轴承端盖和铁芯
	电动机在作业中有噪声	定子相位错移	检修接线系统
		定子铁芯未压紧	检查定子,重压及重叠定子铁芯
		滚动轴承磨损	更换新轴承
		槽楔子膨胀	锯去胀出的楔子,缩小的应更换
	当控制器合上后,电动机仅能单向转动	控制器反向触头接触不良	检修触头
		反向接触器线圈被烧坏	检修反向接触器
		有断线	检查线路
		终端限位开关发生故障	检查限位开关
	电动机电刷冒火花或滑环被烧焦	电刷磨损	磨合电刷
		电刷在刷握中太紧或压力不足或有污垢	调整电刷压力并清洗
	电动机不能发出额定功率,旋转缓慢	制动器未能完全松开,或线路中的电压下降	检查并调整制动机构,或找出电压减低的原因

续表

部件名称	故障情况	发生的原因	排除方法
控制器	控制器在作业中产生卡住现象	触头吸合，不能分开	修理触头
		定位机构发生故障	检修并修理固定销
	触头烧灼严重	触头接触不良	调整触头压力与位置
		控制器过慢	改变作业频度或更换控制器
交流接触器和继电器	起重机运行中经常掉闸	触头压力不够、烧坏或有污垢	检修触头并清洗
		超负荷	降低负荷使用
		滑线接触不良或轨道不平	检修滑线和轨道的平直度
	主接触器合不上闸	闸刀开关、紧急开关、舱口开关等未合上	检修并合上开关
		有的控制器手柄未放在零位	所有控制器手柄都扳回零位
		控制电路的熔断器烧坏	检修熔断器
	线圈发烫	线圈过载	减小可动触头弹簧压力
		磁导体的可动部分与静止部分接触不上	消除引起磁导体可动部分动作不正常的原因（弯曲、卡住、有污垢）
	动作迟缓	磁导体可动部分离开静止部分过远	缩短两部分的距离
		器械底板的上部较下部凸出	垂直装置器械
	断电时，动铁芯掉不下来	剩磁或释放时反作用力不够	增加释放时的反作用力，消除剩磁
	产生较大的响声	线圈过载	减少可动触头弹簧压力
		磁导体表面脏污	清除脏物
		磁导体的弯曲	调整磁导体位置
		磁导体的自动调整系统卡住	清除卡塞和附加的摩擦力
	触头过热或烧焦	可动触头对静触头压力太小，使之接触不良	调整弹簧压力
		触头脏污	清除脏污或更换触头滑块

续表

部件名称	故障情况	发生的原因	排除方法
热继电器	热继电器动作不正常，不稳定。具体表现为动作太快或太慢或拒动，或时快时慢	热继电器(或热元件)选择不当，与被保护电器(电动机等)配合不好	按规定重新选配
		零部件松动或磨损	固定或修配好零、部件，必要时还进行调整试验或更换
		双金属片生锈或弯折或变形	擦除锈迹或拆下整形，热处理(约 240 ℃)去除内应力，调整试验后用或更换双金属片
	热继电器主电路不通	发热元件烧断或折断	更换相同的发热元件或热继电器
		外接导线螺丝松，接触不良	拧紧接线螺钉，使之接触良好
	热继电器控制电路不通	常闭触头动作断开后未复位	按复位按钮使之恢复原始接通状态
		常闭触头接触不良，或烧损不能接触	修复或更换触头
交流制动电磁铁	线圈产生高热	电磁铁电磁牵引力过载	调整弹簧压力和重锤的位置
		电磁铁可动部分与静止部分在吸合时有间隙	调整制动器的机械部分，清除间隙
	产生较大的声响	电磁铁过载	调整弹簧压力，变更重锤的位置
		磁导体的工作表面脏污	清除磁导体表面的脏污
		磁导体弯曲	消除磁导体的弯曲变形
	电磁铁活动部分与静止部分分离不开	电磁铁有剩磁	消除剩磁

续表

部件名称	故障情况	发生的原因	排除方法
液压电磁铁	通电后推杆不动作	推杆卡住	排除卡住的原因
		电压降低(低于额定电压的 85%)	提高电压
		ZL2 硅整流装置的延时继电器延时过短	调整延时继电器的延时时间,通常为 0.5 s 左右
		整流装置损坏	修复或更换新的整流装置
		时间继电器常开触头不动作	检修触头
		无油或严重漏油	补充油液或更换油缸和密封圈,并清除杂质
	行程小	油量不足	补充油液
		活塞与轴承间有气体	将推杆压至最低位置,旋下放气螺塞,排除气体
	电磁铁工作后,行程逐渐减小	油缸漏油	更换油缸
		齿形阀片及动铁芯阀片密封不严	清除阀片上可能存在的机械杂质
		密封圈严重损坏	更换密封圈
	启动时间过长	电压过低	升高电压
		运动部分卡住	排除卡住现象
		制动器的制动力矩过大	调整制动力矩使其不大于额定值
	制动时间过长	时间继电器触头打不开	检修触头
		运动部分卡住	排除卡塞
		油路堵塞	排除油路堵塞
		机械部分故障	消除机械故障

(3)控制线路故障及排除方法。

控制线路故障及排除方法见表 3-9。

表 3-9　控制线路故障及排除方法

部件名称	故障情况	发生的原因	排除的方法
控制电器	合上保护盘上的开关时，控制电路的熔断器烧毁	控制电路有一相接地	消除接地现象
	当控制器转动后，过电流继电器动作	过电流继电器的整定值不符合要求	调整继电器的整定电流为电动机额定电流的225%～250%
		机械部分某一环节卡住	检修机械部分
	主接触器合上后，引入线的熔断器烧毁	该相接地	消除接地现象
	终点开关动作而对应的电动机不断电	终点开关电路中发生短路现象	检查引至终点开关的导线
		接控制器的导线错乱	检查接线
	电源切断后，接触器不掉闸	接触器触头焊住	排除接触器触头焊住现象
	发电机不激磁	激磁电路断线	用兆欧表检查激磁电路
		发电机转向相反	互换驱动电动机定子的两相

3.4 施工现场消防安全

3.4.1 禁火区域划分及审批规定

施工现场的动火作业，必须执行审批制度。

1. 凡属下列情况之一的属一级动火

(1)禁火区域内；

(2)油罐、油箱、油槽车和储存过可燃气体、易燃液体的容器以及连接在一起的辅助设备；

(3)各种受压设备；

(4)危险性较大的登高焊接切割作业；

(5)比较密封的室内、容器内、地下室等场所；

(6)现场堆有大量可燃和易燃物质的场所。

一级动火作业由所在单位行政负责人填写动火申请表，编制安全技术措施方案，报相关保卫部门及消防部门审查批准后，方可动火。

古建筑和重要文物单位等场所动火作业，按一级动火手续上报审批。

2. 凡属下列情况之一的为二级动火

(1)在具有一定危险因素的非禁火区域进行临时焊接切割等用火作业；

(2)小型油箱等容器；

(3)登高焊接切割等用火作业；

(4)二级动火作业由所在施工现场的负责人填写动火申请表，编制安全技术措施方案，报本单位主管部门审查批准后，方可动火。

3. 在非固定的、无明显危险因素的场所进行用火作业，均属三级动火作业

三级动火作业由所在班组填写动火申请表，经施工现场负责人及主管人员审查批准后，方可动火。

3.4.2　施工现场防火管理一般规定

1. 一般规定

(1)施工现场的消防安全管理由施工单位负责。

实行施工总承包的，由总承包单位负责。分包单位应向总承包单位负责，并应服从总承包单位的管理，同时应承担国家法律、法规规定的消防责任和义务。

(2)监理单位应对施工现场的消防安全管理实施监理。

(3)施工单位应根据建设项目规模、现场消防安全管理的重点，在施工现场建立消防安全管理组织机构及义务消防组织，并应确定消防安全负责人和消防安全管理人，同时应落实相关人员的消防安全管理责任。

(4)施工单位应针对施工现场可能导致火灾发生的施工作业及其他活动，制定消防安全管理制度。消防安全管理制度应包括下列主要内容：

1)消防安全教育与培训制度；

2)可燃及易燃易爆危险品管理制度；

3)用火、用电、用气管理制度；

4)消防安全检查制度；

5)应急预案演练制度。

(5)施工单位应编制施工现场防火技术方案，并应根据现场情况变化及时修改、完善。防火技术方案应包括下列主要内容：

1)施工现场重大火灾危险源辨识；

2)施工现场防火技术措施；

3)临时消防设施、临时疏散设施配备；

4)临时消防设施和消防警示标识布置图。

(6)施工单位应编制施工现场灭火及应急疏散预案。灭火及应急疏散预案应包括下列主要内容：

1)应急灭火处置机构及各级人员应急处置职责；

2)报警、接警处置的程序和通讯联络的方式；

3)扑救初起火灾的程序和措施；

4)应急疏散及救援的程序和措施。

(7)施工人员进场前，施工现场的消防安全管理人员应向施工人员进行消防安全教育和培训。防火安全教育和培训应包括下列内容：

1)施工现场消防安全管理制度、防火技术方案、灭火及应急疏散预案的主要内容；

2)施工现场临时消防设施的性能及使用、维护方法；

3)扑灭初起火灾及自救逃生的知识和技能；

4)报火警、接警的程序和方法。

(8)施工作业前,施工现场的施工管理人员应向作业人员进行消防安全技术交底。消防安全技术交底应包括下列主要内容：

1)施工过程中可能发生火灾的部位或环节；

2)施工过程应采取的防火措施及应配备的临时消防设施；

3)初起火灾的扑救方法及注意事项；

4)逃生方法及路线。

(9)施工过程中,施工现场的消防安全负责人应定期组织消防安全管理人员对施工现场的消防安全进行检查。消防安全检查应包括下列主要内容：

1)可燃物及易燃易爆危险品的管理是否落实；

2)动火作业的防火措施是否落实；

3)用火、用电、用气是否存在违章操作,电、气焊及保温防水施工是否执行操作规程；

4)临时消防设施是否完好有效；

5)临时消防车道及临时疏散设施是否畅通。

(10)施工单位应依据灭火及应急疏散预案,定期开展灭火及应急疏散的演练。

(11)施工单位应做好并保存施工现场消防安全管理的相关文件和记录,建立现场消防安全管理档案。

2. 可燃物及易燃易爆危险品管理

(1)用于在建工程的保温、防水、装饰及防腐等材料的燃烧性能等级,应符合设计要求。

(2)可燃材料及易燃易爆危险品应按计划限量进场。进场后,可燃材料宜存放于库房内,如露天存放时,应分类成垛堆放,垛高不应超过 2 m,单垛体积不应超过 50 m^3,垛与垛之间的最小间距不应小于 2 m,且采用不燃或难燃材料覆盖;易燃易爆危险品应分类专库储存,库房内通风良好,并设置严禁明火标志。

(3)室内使用油漆及其有机溶剂、乙二胺、冷底子油等易挥发产生易燃气体的物资作业时,应保持良好通风,作业场所严禁明火,并应避免产生静电。

(4)施工产生的可燃、易燃建筑垃圾或余料,应及时清理。

3. 用火、用电、用气的管理

(1)施工现场用火应符合下列规定。

1)动火作业应办理动火许可证;动火许可证的签发人收到动火申请后,应前往现场查验并确认动火作业的防火措施落实后,方可签发动火许可证。

2)动火操作人员应具有相应资格。

3)焊接、切割、烘烤或加热等动火作业前,应对作业现场的可燃物进行清理;作业现场及其附近无法移走的可燃物应采用不燃材料对其覆盖或隔离。

4)施工作业安排时,宜将动火作业安排在使用可燃建筑材料的施工作业前进行。确需在使用可燃建筑材料的施工作业之后进行动火作业,应采取可靠的防火措施。

5)裸露的可燃材料上严禁直接进行动火作业。

6)焊接、切割、烘烤或加热等动火作业应配备灭火器材，并设置动火监护人进行现场监护，每个动火作业点均应设置1个监护人。

7)遇五级(含五级)以上大风时，应停止焊接、切割等室外动火作业；确需动火作业时，应采取可靠的挡风措施。

8)动火作业后，应对现场进行检查，并应确认无火灾危险后，动火操作人员再离开。

9)具有火灾、爆炸危险的场所严禁明火。

10)施工现场不应采用明火取暖。

11)厨房操作间炉灶使用完毕后，应将炉火熄灭，排油烟机及油烟管道应定期清理油垢。

(2)施工现场用电，应符合下列要求。

1)施工现场供用电设施的设计、施工、维护应符合现行国家标准《施工现场临时用电安全技术规范》(JGJ 46-2005)的要求。

2)电气线路应具有相应的绝缘强度和机械强度，严禁使用绝缘老化或失去绝缘性能的电气线路，严禁在电气线路上悬挂物品。破损、烧焦的插座、插头应及时更换。

3)电气设备与可燃、易燃易爆和腐蚀性物品应保持一定的安全距离。

4)有爆炸和火灾危险的场所，按危险场所等级选用相应的电气设备。

5)配电屏上每个电气回路应设置漏电保护器、过载保护器，距配电屏2 m范围内不应堆放可燃物，5 m范围内不应设置可能产生较多易燃、易爆气体、粉尘的作业区。

6)可燃材料库房不应使用高热灯具，易燃易爆危险品库房内应使用防爆灯具。

7)普通灯具与易燃物距离不宜小于300 mm；聚光灯、碘钨灯等高热灯具与易燃物的距离不宜小于500 mm。

8)电气设备不应超负荷运行或带故障使用。

9)禁止私自改装现场供用电设施。

10)应定期对电气设备和线路的运行及维护情况进行检查。

(3)施工现场用气应符合下列要求。

1)储装气体的罐瓶及其附件应合格、完好和有效；严禁使用减压器及其他附件缺损的氧气瓶，严禁使用乙炔专用减压器、回火防止器及其他附件缺损的乙炔瓶。

2)气瓶运输、存放、使用时，应符合下列规定。

①气瓶应保持直立状态，并采取防倾倒措施，乙炔瓶严禁横躺卧放。

②严禁碰撞、敲打、抛掷、滚动气瓶。

③气瓶应远离火源，距火源距离不应小于10 m，并应采取避免高温和防止暴晒的措施。

④燃气储装瓶罐应设置防静电装置。

3)气瓶应分类储存，库房内通风良好；空瓶和实瓶同库存放时，应分开放置，空瓶和实瓶的间距不应小于1.5 m。

4)气瓶使用时，应符合下列规定。

①使用前，应检查气瓶及气瓶附件的完好性，检查连接气路的气密性，并采取避免气体泄漏的措施，严禁使用已老化的橡皮气管。

②氧气瓶与乙炔瓶的工作间距不应小于5 m，气瓶与明火作业点的距离不应小于10 m。

③冬季使用气瓶，如气瓶的瓶阀、减压器等发生冻结，严禁用火烘烤或用铁器敲击瓶阀，禁止猛拧减压器的调节螺丝。

④氧气瓶内剩余气体的压力不应小于0.1 MPa。

⑤气瓶用后,应及时归库。

4. 其他施工管理

(1)施工现场的重点防火部位或区域应设置防火警示标识。

(2)施工单位应做好施工现场临时消防设施的日常维护工作,对已失效、损坏或丢失的消防设施,应及时更换、修复或补充。

(3)临时消防车道、临时疏散通道、安全出口应保持畅通,不得遮挡、挪动疏散指示标识,不得挪用消防设施。

(4)施工期间,不应拆除临时消防设施及临时疏散设施。

(5)施工现场严禁吸烟。

3.4.3 特殊工种防火要求

1. 焊工的防火安全要求

电气焊是利用电能或化学能转变为热能从而对金属进行加热的熔接方法。焊接或切割的基本特点是高温、高压、易燃、易爆。

(1)电焊工。

1)电焊工在作业前,应严格检查所使用的工具、设备,使用工具、设备均应符合标准,保持完好状态,禁止使用保险装置失灵或线路有缺陷的工具、设备。

2)在密闭的金属容器内施焊时,容器必须可靠接地,通风良好,并应有专人监护,严禁向容器内输入氧气。

3)焊接预热工件时,应采用石棉布或挡板等隔热措施。焊把线、地线禁止与钢丝绳接触,所有地线接头必须连接牢固。

4)施焊场地周围应清除易燃易爆物品,或对其进行覆盖或隔离。

5)必须在易燃易爆气体或液体扩散区内施焊时,应经有关部门检验许可后,方可施焊。

6)施工现场不准随便乱放焊钳,不准随地乱扔焊条头。

7)电焊完毕及时切断电源,并对其进行彻底检查。

(2)气焊工。

1)气焊工必须遵守安全使用危险品的有关规定。

2)氧气瓶、乙炔气瓶安装减压器前,应清除瓶口污物,防止污物进入减压器内。

3)瓶阀开启要缓慢平稳,以防气体损坏减压器。

4)点火前,检查焊、割炬的气密性;点火时,应先开乙炔阀门,点燃后立即开氧气阀门;停用时,应先关乙炔气阀门,后关氧气阀门。

5)发生回火时,要立即关闭氧气阀门,最后关闭乙炔气阀门。

6)应及时清除或覆盖、隔离施焊场地周围的易燃易爆物品。

7)氧气瓶及配件、焊割工具严禁沾染油脂。

8)点火时,焊枪口不准对人,正在燃烧的焊枪不得放在地面或工件上。带有乙炔气和氧气的焊枪不准放在金属容器内,以防气体逸出,发生燃烧事故。

9)不得手持连接胶管的焊枪爬梯或登高。

10)工作完毕,应将氧气阀、乙炔气阀关好,拧上安全罩,检查工作场地,确认无着火危险方可离开。

(3)电、气焊作业过程中的防火要求。

1)电、气焊作业前,应进行消防安全技术交底,明确作业任务、了解作业环境,确定动火危险区域,设置明显标志;危险区内的一切易燃、易爆物品必须移走,对不能移走的可燃物,要采取可靠有效的防护措施。刮风时,要注意风力大小和风向变化,防止风力把火星吹到附近的易燃物上,必要时派专人监护。任何人不能以任何借口指挥、纵容气焊工冒险作业。在没有可靠防火安全措施时,气焊工有权拒绝作业。

2)在可燃保温材料处必须进行焊接切割作业时,应在工艺安排和施工方法上采取严格的防火措施,焊割作业不得与油漆、喷漆、脱漆、木工等易燃操作同时间、同部位上下交叉作业。

3)禁止使用不合格的焊接切割工具和设备。电焊的导线不能与装有气体的气瓶接触,也不能与气焊的软管或气体的导管放在一起。焊把线和气焊的软管不得从生产、使用、储存易燃易爆物品的场所或部位穿过。

4)焊接切割现场必须配备灭火器材,危险性较大的应有专人现场监护。

5)遇有五级以上大风时,禁止在高空和露天作业。

(4)"十不烧"规定。

施工现场的焊接切割作业,必须符合防火要求,严格执行"十不烧"规定。

1)焊工必须持证上岗,无证者不准进行焊接切割作业。

2)未经办理动火审批手续,不准进行一、二、三级动火范围的焊接切割作业。

3)不了解焊接切割现场周围情况,不准进行焊接切割作业。

4)不了解焊件内部是否有易燃、易爆物品,不准进行焊接切割作业。

5)装过可燃气体、易燃液体和有毒物质的容器,若未经彻底清洗或未排除危险之前,不准进行焊接切割作业。

6)采用可燃材料作为保温层、冷却层和隔声、隔热设备的部位,或火星能飞溅到的地方,在未采取切实可靠的安全措施之前,不准进行焊接切割作业。

7)有压力或密闭的管道、容器,不准进行焊接切割作业。

8)附近有易燃、易爆物品,在未做清理或未采取有效的安全防护措施前,不准进行焊接切割作业。

9)附近有与明火作业相抵触的工种在作业时,不准进行焊接切割作业。

10)与外单位相连的部位,在没有弄清有无险情或明知存在危险而未采取有效措施之前,不准进行焊接切割作业。

2.建筑电工的防火安全要求

(1)预防电线短路造成火灾的措施。

施工现场架设或使用的临时用电线路,当发生故障或过载时,容易造成电气失火。由于短路时电流突然增大从而导致发热量很大,不仅能使绝缘材料燃烧,而且能使金属熔化,产生火花引起邻近的易燃、可燃物质燃烧而造成火灾。

建筑工地形成电气短路的主要原因是,没有按具体环境选用导线、导线受损、线芯裸露维修不及时、导线受潮绝缘被击穿、接错线等。

预防电气短路的措施是:按照有关规范安装检修电气线路和电气设备;建筑工地临时线路必须使用护套线,导线绝缘强度必须符合电路电压要求;导线与导线、导线与墙壁和顶棚之间应符合规定的间距或加套管保护;严禁使用铜丝、铁丝代替熔丝,按容量正确使用熔丝,线路上应安装合适的漏电断路器。

(2)预防过负荷造成火灾的措施。

配合技术人员正确计算配电线路负荷，根据负荷合理选用导线截面。不得擅自增加用电设备，不得随便乱装、乱用。定期检查线路负荷的增减情况，并按实际情况去掉过多的电气设备或另增线路，或者根据生产程序和需要，采取先控制后使用的方法把用电时间错开。

(3)预防产生电火花和电弧的措施。

产生电火花和电弧的原因主要是发生电气短路、开关通断、保险丝熔断、带电维修等。

预防措施是：裸导线间或导体与接地体间应保持足够的距离，保持导线支持物良好完整，防止布线过松(导线连接要牢固)；经常检查导线的绝缘电阻，保持绝缘良好；保险器或开关应装在不燃基座上，并用不燃箱盒保护；不应带电安装和修理电气设备。

(4)三相五线制的电源中，三相电路必须平衡，各个回路容量应相等，否则存在火灾隐患。在电源回路安装完毕后，根据施工规程的要求，必须对各回路的负荷电流进行测试和调整，使三相线路保持平衡。

3. 架子工的防火安全要求

(1)在电、气焊及其他用火作业场所支搭架子不准使用可燃材料，必须用铁丝绑扎，禁止使用麻绳。

(2)支搭满堂红架子时，应留出检查通道。

(3)搭完架子或拆除架子时，应将可燃材料清理干净，排木、铁管、铁丝及管卡等及时清理，码放齐整，不得影响道路畅通。

(4)禁止在锅炉房、茶炉房、食堂烧火间等用火部位使用可燃材料支搭临时设施。

3.4.4 地下工程防火要求

(1)施工现场的临时电源线不宜直接敷设在墙壁或土墙上，应用绝缘材料架空设置；配电箱应采取防护措施，潮湿地段或渗水部位照明灯具应采取相应措施或安装防潮灯具。

(2)施工现场应有不少于两个出入口或坡道，施工距离长时，应适当增加出入口的数量；施工区面积不超过 50 m^2，且施工人员不超过 20 人时，可只设一个直通地面的安全出口。

(3)安全出入口、疏散走道和楼梯的宽度应按其通行人数每 100 人不小于 1 m 的净宽计算；每个出入口的疏散人数不宜超过 250 人，安全出入口、疏散走道和楼梯的最小净宽度不应小于 1 m。

(4)疏散走道、楼梯及坡道内，不宜设置突出物或堆放施工材料和机具，应保证通道畅通。

(5)安全出入口、疏散走道和疏散马道(楼梯)、操作区域等部位，应设置疏散指示标志灯、火灾事故照明灯。

(6)施工区域应设置消防给水管道和消火栓，消防给水管道可以与施工用水管道合用。

(7)进行防水、防腐作业时，地下室内应采取一定的通风措施，保证空气畅通，施工人员严禁吸烟和动火。

(8)地下建筑室内不得贮存易燃物品或作为木工加工作业区，不得在室内熬制或配置用于防腐、防水、装饰的危险化学品溶液。

(9)进行地下建筑装饰时，不得同时进行水暖、电气安装的焊接切割作业。

(10)地下建筑室内施工，施工人员应当严格遵守安全操作规程，易引发火灾的特殊作业应设监护人，并配置必备的气体检测仪和消防器材，必要时应当采取强制通风措施。

（11）制定应急救援预案。

3.4.5 高层建筑防火要求

1. 高层建筑施工防火措施

（1）建立防火管理责任制。

应把施工防火列入高层建筑施工的全过程，在计划、布置、检查、总结评比施工生产的同时，进行计划、布置、检查、总结评比防火工作。应按照“谁主管、谁负责”的原则，从上到下建立多层次的防火管理责任制，责任落实到人；同时，根据工程特点，配置专职防火人员和防火器材，现场还要成立义务消防队，每个班组都要有一个义务消防员。

（2）严格控制火源并对动火过程进行严格监控。

1）每项工程都要划分动火级别。一般高层建筑施工动火划为二、三级。

2）按照动火级别进行动火申请和审批。二级动火应由施工管理人员提前4天提出申请，并上报工地主管领导进行审批，批准的动火期限一般为3天。三级动火由焊割班组长在动火前3天提出申请，并上报防火管理人员进行审批，批准的动火期限一般为7天。

3）焊割工要持操作证、动火证作业，并接受监护人的监护和配合，监护人应认真履行监护职责，不得擅离岗位。

4）在复杂、危险性较大的场所进行焊接切割作业时，应编制专项安全技术措施，并严格按预定方案操作。

5）焊割工要严格执行焊接切割操作规程，严格遵守焊接切割防火要求。

（3）按规定配置防火器材。

1）各种防火器材应布置合理，保证性能良好、安全有效。施工用水池可兼作消防水池；施工水泵可准备两台（一用一备），兼作消防水泵，应保证消防用水流量和足够的扬程；施工输水立管可兼作消防竖管，管径不应小于100 mm；高层建筑周围应设置一定数量的室外临时消火栓，每个楼层应设室内临时消火栓、水带和水枪。高层建筑施工应按楼层面积，每100 m^2 设2个灭火器，灭火器应布局合理，使用方便。

2）施工现场消火栓设置全天候明显标志，配备足够水带，周围3 m内不准存放任何物品。消防泵房应用非燃材料建造，设在安全位置；消防泵专用配电线路，应引自施工现场总断路器的上端，并设专人值班，应保证连续不间断供电。

2. 高层建筑施工防火注意事项

（1）已建成的建筑物楼梯不得封堵。施工脚手架内的作业层应畅通，并搭设不少于2处与主体建筑衔接的通道口。建筑施工脚手架外挂的密目式安全网必须符合阻燃标准要求，严禁使用不阻燃的安全网。

（2）30 m以上的高层建筑施工，应设置加压水泵和消防水源管道，管道的立管直径不得小于50 mm，每层应设出水管口，并配备一定长度的消防水管。

（3）高层焊接作业，要根据作业高度、风力、风力传递的次数，确定火灾危险区域，并将区域内的易燃易爆物品转移到安全地方，无法移动的应采取切实的防护措施。高层焊接作业应当办理动火证，动火处应当配备灭火器，并设专人监护，若发现险情，应立即停止作业，并采取措施及时扑灭火源。

（4）遇大雾天气和六级及以上风时，应当停止焊接作业。

(5)高层建筑施工临时用电线路应使用绝缘良好的橡胶电缆,严禁将线路绑在脚手架上。施工用电机具和照明灯具的电气连接处应当绝缘良好,保证用电安全。

(6)高层建筑应设立防火警示标志。楼层内不得堆放易燃、可燃物品。在易燃处施工的人员不得吸烟和随便焚烧废弃物。

3.4.6 雨期和夏季防火要求

(1)雨期施工到来之前,应对配电箱、用电设备进行一次检查,必须采取相应的防雨措施,防止因短路造成火灾事故。

(2)油库、易燃易爆物品库房、塔吊、卷扬机架、打桩机、脚手架、在建高层建筑等相应部位及设施应设置避雷装置;机电设备的电气开关,应有防雨防潮设施。

(3)每年雨期之前,对避雷装置进行一次全面检查。

(4)加强防雷措施,加强对外露电气设备、线路的检查和维修。

(5)夏季气温高,应做好易燃物品的管理。电石、乙炔气瓶、氧气瓶、易燃液体等应在室内或棚内存放,禁止露天存放,防止因受雷雨、日晒发生起火事故。生石灰、石灰粉的堆放应远离可燃材料,防止因受潮或雨淋产生高热引起周围可燃材料起火。

3.4.7 施工现场防火检查

施工现场防火检查是督促查看建筑工地的消防工作情况、控制火灾、减少火灾损失、维护消防安全的重要手段,是现场施工单位自身消防安全管理的重要措施。

1.施工现场防火检查制度

(1)项目经理部每月定期组织有关人员进行一次防火安全专项检查;每周定期安全检查中对防火安全进行检查。

(2)防火检查以宿舍、仓库、木工间、食堂、脚手架等为重点部位,发现隐患,及时整改,并做好防范工作。

(3)宿舍内严禁使用电炉、煤油炉。

(4)不得在木工间吸烟,及时清理木屑、刨花。

(5)按规定时间对灭火器进行药物检查,发现药物过期、失效的灭火器,应及时更换,确保灭火器材处于正常可使用状态。

2.施工现场防火检查

施工现场每月至少进行一次防火安全专项检查,检查的内容如下。

(1)义务消防队组织及活动情况;各级防火责任制、岗位责任制、各项防火安全制度的执行情况;三级动火审批及动火证、操作证、消防设施、器材管理及使用情况。

(2)火灾隐患的整改情况以及防范措施的落实情况;防火安全教育,重点工种人员以及其他员工消防知识的掌握情况;外包工管理情况等。

(3)用火、用电和易燃易爆物品及其他重点部位生产、储存、运输过程中的防火安全情况和建筑结构、平面布局、水源、道路等是否符合防火要求,有无违章情况。

(4)安全疏散通道、疏散指示标志、应急照明和安全出口情况;消防车通道、消防水源情况,灭火器材配置及有效情况;消防安全标志设置情况和完好、有效情况。

(5)检查防火档案资料是否齐全。防火检查应当填写检查记录,检查人员和被检查部门负责人应当在检查记录上签名。

(6)其他需要检查的内容。

3. 施工现场防火安全检查方法

施工现场防火安全检查有直观检查法、技术手段检查法和防火安全检查表法三种。

(1)直观检查法。

直接检查法主要是通过看、听、问、评的途径进行检查。看,就是实际查看现场;听,就是听设备运转的声音;问,就是向有关人员询问情况;评,就是与岗位工人或其他人员针对施工现场防火情况进行讨论和分析。

(2)技术手段检查法。

技术手段检查法是使用仪器设备、计量仪表等对施工现场、设备进行检测,定量地分析判断情况,用数据确定是否存在隐患,以便及时采取措施,消除隐患。例如,用测试电表检查电绝缘强度、是否漏电,检测接地电阻情况;用压力表检测消防给水管网的水压是否能满足要求等。

(3)防火安全检查表法。

运用防火安全检查表是一种简单而有效的方法和手段。防火安全检查表实际上是安全检查项目的清单和明细表,规定了应该检查的内容、时间、要求、标准,由执行人按表中所列项目逐项进行检查,把检查结果填入表中。检查表是预先经过严密、系统、科学的研究后制定出来的,按检查表进行检查能保证检查质量,克服检查的表面性、随意性,避免遗漏和疏忽,实现安全检查工作的标准化和规范化。

3.5 施工现场用电安全

施工现场由于用电设备种类多、用电容量大、工作环境复杂,在电气线路的敷设、电气元件、线缆的选配及电气装置的设置等方面经常存在一些不足,容易引发触电伤亡事故。因此,加强施工现场临时用电管理,普及安全用电知识,规范施工作业用电,对保证施工安全具有十分重要的意义。

3.5.1 施工现场临时用电系统

1. 施工现场用电特点

施工现场用电与一般工业或居民生活用电相比具有临时性、流动性和危险性。

(1)临时性。这主要是由施工工期决定的,有的工程工期只有几个月,有的工程可多达数年,工程竣工后用电设施就要拆除。

(2)流动性。伴随着施工进度,机械设备、施工机具、配电设备、照明器具移动频繁,手持电动工具使用较多。

(3)危险性。施工现场施工条件差,潮湿环境多,用电设备多,交叉作业多,湿作业多,供电线路复杂。

2. 施工现场临时用电系统的特点

(1)采用三级配电系统。

施工现场临时用电,从电源进线开始至用电设备经总配电箱、分配电箱到开关箱,分三个层次逐级配送电力。

(2)采用TN-S接零保护系统。

施工现场临时用电工程的接地保护,采用的是保护零线(PE线)与工作零线(N线)分开设置,电源中性点直接接地的三相四线制低压电力系统。

(3)采用二级漏电保护系统。

在整个施工现场临时用电工程中,总配电箱中必须装设漏电保护器,所有开关箱中也必须装设漏电保护器。

3.5.2 施工现场的用电设备

用电设备是配电系统的终端设备,是最终将电能转化为机械能、光能等其他形式能量的设备。施工现场的用电设备基本上可分为电动机械、电动工具和照明器三大类。

1. 电动机械

(1)起重机械,包括塔式起重机、施工升降机、物料提升机等。

(2)桩工机械,包括各类打桩机、打桩锤和钻孔机等。

(3)夯土机械,包括电动蛙式夯、快速冲击夯等。

(4)焊接设备,包括电阻焊、埋弧焊等。

(5)其他电动建筑机械,包括混凝土搅拌机、混凝土振动器、地面抹光机、钢筋加工机械、木工机械、水泵等。

2. 电动工具

电动工具主要指手持式电动工具,如电钻、电锤、电刨、切割机、热风枪等。手持式电动工具按电击保护方式可分为Ⅰ类工具、Ⅱ类工具和Ⅲ类工具。

(1)Ⅰ类工具(即普通型电动工具)。工具在防止触电的保护方面不仅依靠基本绝缘,而且它还包含一个附加的安全预防措施,其方法是将可触及的可导电的零件与已安装的固定线路中的保护(接地)导线连接起来,以这样的方法来使可触及的可导电的零件在基本绝缘损坏的事故中不成为带电体。这类工具一般都采用全金属外壳。

(2)Ⅱ类工具(即绝缘结构全部为双重绝缘结构的电动工具)。在防止触电的保护方面不仅依靠基本绝缘,而且还提供双重绝缘或加强绝缘的附加安全预防措施和设有保护接地或依赖安装条件的措施。这类工具外壳有金属和非金属两种,但手持部分是非金属,在工具的明显部位标有Ⅱ类结构符号“回”。

(3)Ⅲ类工具(即特低电压的电动工具)。在防止触电的保护方面依靠由安全特低电压供电和在工具内部不会产生比安全特低电压高的电压。

3. 照明器

建筑施工现场使用的照明器具较多,有普通照明使用的白炽灯、荧光灯和节能灯,也有场地使用的高光效、长寿命的高压汞灯、高压钠灯、碘钨灯以及钨、铊、铟等金属卤化物灯具。按照使用方式有固定灯和行灯,按照使用环境有防水灯具、防尘灯具、防爆灯具、防震灯具、耐酸碱型灯具和断电使用应急灯、安全警示灯等。

3.5.3 安全用电要求

1. 用电安全管理

施工单位和工程项目部应建立健全用电安全责任制,制定电气防火和用电安全措施,做好施工现场的用电安全管理。

(1)电工必须取得建筑电工特种作业操作资格证书,持证上岗。

(2)安装、巡检、维修或拆除临时用电设备和线路,必须由电工完成,并应有人监护。

(3)用电人员必须通过相关安全教育培训和技术交底后方可上岗工作。

(4)用电设备的使用人员应保管和维护所用设备,发现问题及时报告解决。

(5)暂时停用设备的开关箱,必须分断电源隔离开关,并应关门上锁。

(6)移动电气设备时,必须经电工切断电源并做妥善处理后进行。

2. 外电线路和配电线路

施工过程中必须与外电线路保持一定安全距离,防止发生因碰触造成的触电事故。施工现场的配电线路交错复杂,易发生因线缆拉断、砸烂、破皮造成的漏电。

(1)不得在外电架空线路正下方施工、搭设作业棚、建造生活设施或堆放构件、架具、材料及其他杂物等。

(2)在高压线一侧作业时,必须保持最小安全操作距离以上的距离。

(3)严禁操作起重机越过无防护设施的外电架空线路作业。

(4)施工现场开挖沟槽边缘与外电埋地电缆沟槽边缘之间的距离不得小于0.5 m。

(5)在外电架空线路附近开挖沟槽时,必须采取加固措施,防止外电架空线路的电杆倾斜、悬倒。

(6)严禁将架空线缆架设在树木、脚手架及其他设施上。

(7)埋地电缆在穿越建筑物、构筑物、道路、易受机械损伤处、介质腐蚀场所及引出地面从地面高2.0 m到地下0.2 m处,必须加设防护套管。

(8)电缆线路必须采用电缆埋地方式引入在建工程内,严禁穿越脚手架引入。

(9)装饰装修施工阶段,电源线可沿墙角、地面敷设,但应采取防机械损伤和电火措施。

(10)室内配线必须采用绝缘导线或电缆,并应根据配线类型采用瓷瓶、瓷(塑料)夹、嵌绝缘槽、穿管或钢索敷设。

(11)潮湿场所或埋地非电缆配线必须穿管敷设,管口和管接头应密封。

(12)室内明敷主干电线距地面高度不得小于2.5 m。

(13)架空进户线的室外端应采用绝缘子固定,过墙处应穿管保护,距地面高度不得小于2.5 m,并应采取防雨措施。

(14)搬运较长的金属物体,如钢筋、钢管等材料时,不得碰触到电线。

(15)在临近输电线路的建筑物上作业时,不能随便往下乱扔金属类杂物,更不能触摸电线及与电线接触的可导体和电杆的拉线。

(16)当发现电线坠地或设备漏电时,不得随意跑动或触摸金属物体,并保持10 m以上距离。

(17)移动金属梯子和操作平台时,要观察其与高处输电线路的距离,确认有足够的安全距离,再进行作业。

(18)在地面或楼面上运送材料时,不得踩踏在电线上;停放手推车,堆放钢模板、脚手板、钢筋时不得放压在电线上。

3. 配电箱及开关箱

施工现场的配电箱包括总配电箱(配电柜)、分配电箱、开关箱三种。总配电箱和分配电箱是电源与用电设备之间的中枢环节;开关箱是配电系统的末端,是直接控制用电设备的装置,也是作业人员经常操作的。它们的设置和使用直接影响着施工现场的用电安全。

(1)设置。

1)总配电箱以下设若干分配电箱,分配电箱以下设若干开关箱;

2)总配电箱设在靠近电源的区域,分配电箱设在用电设备或负荷相对集中的区域;

3)分配电箱与开关箱的距离不得超过 30 m,开关箱与其控制的固定式用电设备的水平距离不宜超过 3 m;

4)每台用电设备必须有各自专用的开关箱,严禁用同一个开关箱直接控制 2 台及 2 台以上用电设备。

(2)制作。

1)配电箱、开关箱一般采用冷轧钢板或阻燃绝缘材料制作,钢板厚度为 1.2～2.0 mm,其中开关箱箱体钢板厚度一般不得小于 1.2 mm,配电箱箱体钢板厚度一般不得小于 1.5 mm,箱体表面应做防腐处理。

2)配电箱、开关箱内的元器件应按设计要求紧固在安装板上,不得歪斜和松动。

3)开关箱中漏电保护器的额定漏电动作电流不应大于 30 mA,动作时间不应大于 0.1 s;用于潮湿或有腐蚀介质场所的漏电保护器应采用防溅型产品,其额定漏电动作电流不应大于 15 mA,动作时间不应大于 0.1 s。

4)总配电箱中漏电保护器的额定漏电动作电流应大于 30 mA,动作时间应大于 0.1 s,但其额定漏电动作电流与额定漏电动作时间的乘积不应大于 30 mA·s。

(3)安装。

1)配电箱、开关箱应装设端正,设置牢固;

2)固定式配电箱、开关箱的中心点与地面的垂直距离应为 1.4～1.6 m;

3)移动式配电箱、开关箱应装设在坚固、稳定的支架上,中心点与地面的垂直距离宜为 0.8～1.6 m;

4)配电箱、开关箱周围不得堆放任何妨碍操作、维修的物品,不得有灌木、杂草。

(4)配电箱的使用。

1)对配电箱、开关箱进行定期维修、检查时,必须将其前一级相应的电源隔离开关分闸断电,并悬挂“禁止合闸、有人工作”停电标志牌,严禁带电作业;

2)配电箱、开关箱必须按照总配电箱→分配电箱→开关箱的顺序操作送电,按照开关箱→分配电箱→总配电箱的顺序操作停电;

3)施工现场停止作业 1 小时以上时,应将开关箱断电上锁;

4)配电箱、开关箱内不得放置任何杂物,并应保持整洁;

5)配电箱、开关箱内不得随意挂接其他用电设备;

6)配电箱、开关箱内的元器件配置和接线严禁随意改动。

4.电动建筑机械与手持式电动工具

(1)使用夯土机械时应注意的事项。

1)必须按规定穿戴绝缘手套和绝缘鞋等安全防护用品。

2)电缆长度不应大于 50 m,并有专人调整电缆。

3)电缆严禁缠绕、扭结和被夯土机械跨越。

4)多台夯土机械工作时,左右间距不得小于 5 m,前后间距不得小于 10 m。

5)操作扶手必须绝缘。

(2)使用电焊设备时应注意的事项。

1)电焊设备应放置在防雨、干燥和通风良好的地方。

2)焊接现场不得有易燃易爆物品。

3)交流弧焊机变压器的一次侧电源线长度不应大于5 m,其电源进线处必须设置防护罩。

4)发电机式直流电焊机的换向器应经常检查和维护,消除可能产生的异常电火花。

5)交流电焊设备应配装防二次侧触电保护器,二次线应采用防水橡皮护套铜芯软电缆,电缆长度不应大于30 m,不得采用金属构件或结构钢筋代替二次线的地线。

6)使用电焊设备焊接时必须按规定穿戴防护用品,严禁露天冒雨从事电焊作业。

(3)手持式电动工具使用时应注意的事项。

1)在潮湿场所或金属构架上操作时,必须选用Ⅱ类或由安全隔离变压器供电的Ⅲ类手持式电动工具。

2)在潮湿场所或金属构架上严禁使用Ⅰ类手持式电动工具。

3)使用Ⅰ类工具时,必须采用漏电保护器和安全隔离变压器,否则使用者必须戴绝缘手套、穿绝缘靴或站在绝缘台(垫)上。

4)狭窄场所必须选用由安全隔离变压器供电的Ⅲ类手持式电动工具,其开关箱和安全隔离变压器均应设置在狭窄场所外面,并连接PE线,操作过程中,应有人在外面监护。

5)手持式电动工具的外壳、手柄、插头、开关、负荷线等必须完好无损,使用前必须做绝缘检查和空载检查,在绝缘合格、空载运转正常后方可使用。

6)手持式电动工具的负荷线应当采用耐气候的橡皮护套铜芯软电缆,并不得有接头。

(4)移动有电源线的机械设备,如电焊机、水泵、小型木工机械等,必须先切断电源,不能带电搬动。

(5)对混凝土搅拌机械、钢筋加工机械、木工机械、盾构机械等设备进行清理、检查、维修时,必须首先将其开关箱分闸断电,并关门上锁。

5. 施工现场照明

(1)一般场所宜选用额定电压为220 V的照明器。下列特殊场所应使用安全特低电压照明器。

1)隧道、人防工程,以及高温、有导电灰尘、比较潮湿或灯具离地面高度低于2.5 m等场所的照明,电源电压不应大于36 V。

2)潮湿和易触及带电体场所的照明,电源电压不得大于24 V。

3)特别潮湿场所、导电良好的地面、锅炉或金属容器内的照明,电源电压不得大于12 V。

(2)使用行灯应符合下列要求。

1)电源电压不大于36 V。

2)灯体与手柄应坚固、绝缘良好并耐热耐潮湿。

3)灯头与灯体结合牢固,灯头无开关。

4)灯泡外部有金属保护网。

5)金属网、反光罩、悬吊挂钩固定在灯具的绝缘部位上。

(3)照明灯具的金属外壳必须与PE线相连接,照明开关箱内必须装设隔离开关、短路与过载保护电器和漏电保护器。

(4)室外220 V灯具距地面不得低于3 m,室内220 V灯具距地面不得低于2.5 m。普通灯具与易燃物距离不宜小于300 mm;聚光灯、碘钨灯等高热灯具与易燃物距离不宜小于500 mm,且不得直接照射易燃物。达不到规定安全距离时,应采取隔热措施。

(5)碘钨灯及钠、铊、铟等金属卤化物灯具的安装高度宜在 3 m 以上,灯线应固定在接线柱上,不得靠近灯具表面。

(6)螺口灯头及其接线应符合下列要求。

1)灯头的绝缘外壳无损伤、无漏电。

2)相线接在与中心触头相连的一端,零线接在与螺纹口相连的一端。

(7)灯具内的接线必须牢固,灯具外的接线必须做可靠的防水绝缘包扎。

(8)灯具的相线必须经开关控制,不得将相线直接引入灯具。

(9)不得在宿舍内乱拉乱接电源,非专职电工不得更换熔丝,不得以其他金属丝代替熔丝。

(10)严禁在电线上晾衣服或其他东西。

3.6 脚手架施工安全

脚手架搭设、拆除均为高处作业,架子工要特别注意预防高处坠落,另外在架子搭设、拆除过程会由于钢管、扣件或工具坠落造成物体打击,此类事故也需预防。

3.6.1 材料要求

1. 钢管

钢管用于立柱(内外立杆)、纵向水平杆(大横杆)、横向水平杆(小横杆)和斜撑(包括剪刀撑、水平斜撑、抛撑等)。钢管宜采用外径 48.3 mm、壁厚 3.6 mm 的钢管。每根钢管最大质量不应超过 25.8 kg。

2. 扣件

扣件应采用可锻铸铁或铸钢制作,其材质应符合现行国家标准《钢管脚手架扣件》(GB 15831—2006)的规定。新扣件必须有产品合格证。旧扣件使用前应进行质量检查,有裂缝、变形的严禁使用,出现滑丝的螺栓必须更换。在扣件螺栓拧紧扭力矩达 65 N·m 时不得发生破坏。

3. 脚手板

脚手板可采用钢、木、竹材料制作,单块脚手板的质量不宜大于 30 kg。

(1)冲压钢脚手板的材质应符合现行国家标准《碳素结构钢》(GB/T 700—2006)中 Q235 级钢的规定。

(2)木脚手板材质应符合现行国家标准《木结构设计规范》(GB 50005—2007)中 $Ⅱ_a$ 级材质的规定。脚手板厚度不应小于 50 mm,两端各设置直径不小于 4 mm 的镀锌钢丝箍两道。

(3)竹脚手板采用由毛竹或楠竹制作的竹串片板、竹笆板;竹串片脚手板应符合现行行业标准《建筑施工木脚手架安全技术规范》(JGJ 164—2008)的相关规定。

3.6.2 脚手架施工安全规定

(1)搭拆脚手架必须由专业架子工担任。专业架子工须经现行国家标准考核合格,持证上岗。上岗人员应定期进行体检,患有心脏病、贫血病、高血压、低血压、癫痫病及其他不适应高空作业的病症者,不得从事高空作业。

(2)班组(队)接受任务后,必须组织全体人员,认真领会脚手架专项安全施工组织设计和安全技术措施交底,研讨搭设方法,明确分工,并派1名技术好、有经验的人员负责搭设技术指导和监护。

(3)搭拆脚手架时,操作人员必须戴安全帽、系安全带,穿防滑鞋。安全带应高挂低用,应挂在连接环上使用。不准将挂钩直接挂在安全绳上使用,也不准将绳打结使用。

(4)在架子上作业的人员上下均应走人行梯道,不准攀爬架子。酒后禁止高空作业。

(5)施工层应连续三步铺设脚手板,脚手板必须铺满且固定:操作层以下每隔10 m应用平网或其他措施隔离。

(6)施工层脚手架部分与建筑物之间应实施封闭,当脚手架与建筑物之间的距离大于20 cm时,还应自上而下做到四步一隔离。

(7)在高处递运材料要尽量站在楼层上递运。必须上脚手架时,要先看脚手板铺装是否严密牢固,有无探头板,架子是否牢固,防护栏杆是否齐全。

(8)施工作业层的脚手板必须封闭铺满、铺稳,并不得有探头板、飞跳板;翻脚手板应两人由里往外按顺序进行。

(9)在带电设备附近搭拆脚手架时,宜停电作业。在外电架空线路附近作业时,脚手架外侧边缘与外电架空线路的边线之间的最小安全操作距离不得小于规定的数值。并严禁碰撞附近电源,以防止事故发生。

(10)脚手架要结合工程进度搭设,搭设工作未完,在离开作业岗位时,不得留有未固定构件的安全隐患,确保架子稳定,且非架子工一律不准上架。

(11)作业层上的施工荷载应符合设计要求,不得超载。不得在脚手架上集中堆放模板、钢筋等物件,严禁在脚手架上拉缆风绳和固定、架设模板支架及混凝土泵送管等,严禁悬挂起重设备。

(12)不得在脚手架基础及邻近处进行挖掘作业。

(13)搭设脚手架时,地面应设围栏和警戒标志,并派专人看守,严禁非操作人员入内。

(14)架上作业人员应做好分工和配合,不要用力过猛,以免引起身体或杆件失衡。

(15)作业人员应佩戴工具袋,工具用后装于袋中,不要放在架子上,以免掉落伤人。

(16)架设材料要随用随上,以免放置不当时掉落。

(17)在搭设作业进行中,地面上的配合人员应避开可能落物的区域。

(18)在脚手架上进行电气焊作业时,应有防火措施。

(19)较重的施工设备(如电焊机等)不得放置在脚手架上。

(20)大雾及雨、雪天气和6级以上大风时,不得进行脚手架上的高处作业。雨、雪天气后作业,必须采取安全防滑措施。并对脚手架进行检查,发现倾斜下沉、松扣、崩扣要及时修复,合格后方可使用。

(21)在脚手架使用过程中,应定期对脚手架及其地基基础进行检查和维护,特别是下列情况下,必须进行检查。

1)作业层上施工加荷载前。

2)遇大雨和6级以上大风后。

3)寒冷地区开冻后。

4)停用时间超过一个月。

5)如发现倾斜、下沉、松扣、崩扣等现象要及时修理。

(22)工地临时用电线路架设及脚手架的接地、避雷措施、脚手架与架空输电线路的安全距离等应按现行行业标准《施工现场临时用电安全技术规范》(JGJ 46—2005)的有关规定执行。钢管脚手架上安装照明灯时,电线不得接触脚手架,并要做绝缘处理。上、下脚手架斜道严禁搭设在有外电线路的一侧。

(23)高层建筑施工的脚手架若高出周围建筑物时,应防雷击。若在相邻建筑物或构筑物防雷装置防护范围以外,应安装防雷装置。

(24)落地式多立杆扣件钢管架,架子的基础必须坚实。若是回填,必须填平整夯实,做好排水,以防地基沉陷引起架子沉降、歪斜、倒塌。

(25)在架上外侧四周必须设 1.2 m 高的防护栏杆,并设高度不小于 18 cm 的挡脚板,挡脚板应与立杆固定,以防人、材料、工具坠落;作业层下面要装安全平网,以兜住从作业层掉下的材料或工具;外侧临街或高层建筑脚手架,架子外侧应设置双层安全防护棚,并用密目式安全网全封闭,以防物料坠落,并保护下面的人员。网体与操作层不应有大于 10 mm 缝隙;网间不应有大于 25 mm 的缝隙。

(26)架上作业,人员不要太集中,堆料要平稳,不要过多、过高、过于集中,以免超载或坠落。上下架子要走专门通道,不要从上往下跳,避免冲击荷载,造成塌落。

(27)脚手架搭设完成后,由施工负责人及技术、安全等有关人员共同验收合格后方可使用。

3.6.3 扣件式钢管脚手架安全

(1)脚手架应由立杆(冲天),纵向水平杆(大横杆、顺水杆),横向水平杆(小横杆),剪刀撑(十字盖),抛撑(压栏子),纵、横扫地杆和拉接点等组成。脚手架必须有足够的强度、刚度和稳定性,在允许施工荷载作用下,确保不变形、不倾斜、不摇晃。

(2)脚手架搭设前应清除障碍物、平整场地、夯实基土、做好排水,根据脚手架专项安全施工组织设计(施工方案)和安全技术措施交底的要求,基础验收合格后,放线定位。

(3)垫板宜采用长度不少于两跨,厚度不小于 5 cm 的木板,也可采用槽钢,底座应准确放在定位位置上。

(4)立杆间距、纵向水平杆间距、纵向水平杆间距符合方案要求。

(5)钢管立杆纵向水平杆接头应错开,要用扣件连接拧紧螺栓,不准用铁丝绑扎。

(6)脚手架两端、转角处每隔 6~7 根立杆应设剪刀撑和支杆,剪刀撑和支杆与地面角度不应大于 60°。

(7)脚手架宜满铺脚手板。

(8)脚手架离墙面距离 30~35 cm,不得有空隙和探头板,脚手板搭接时不得小于 20 cm,对接时应架设双排纵向水平杆,间距不大于 20 cm,在脚手架拐弯处脚手板应交叉搭设,垫平脚手板应用木块,并且要钉牢,不得用砖垫。

(9)翻脚手板时两人由里往外按顺序进行,在铺第一块或翻到最外一块脚手板时必须挂安全带。

(10)脚手架外侧,斜道和平台要设 1.2 m 高的防护栏和 18 cm 高的挡脚板或防护立网。

(11)在门窗洞口搭设挑架(外伸脚手架),斜杆与上墙面的角度一般不大于 30°,并应支撑在建筑物的牢固部分,不得支撑在窗台板、窗檐、线脚等地方,墙内纵向水平杆两端都必须伸过门窗洞口两侧不小于 25 cm,挑架所有受力点都要设双扣件,同时要搭设防护栏杆。

(12)首层设置用双层木板铺钉安全通道。

(13)安全网必须内挂,并用专用尼龙绳或符合要求的其他材料绑扎严密、牢固。

(14)每隔四层必须搭设安全防护,并满铺木板、挂安全网和加双栏杆。

(15)脚手架及其地基基础应在基础完工及脚手架搭设前;作业层上施加荷载前;每搭设完 6～8 m 高度后;达到设计高度后;遇到 6 级强风及以上风或大雨后,冻结地区解冻后及停用超过一个月等均应进行检查和验收。

(16)脚手架安装后的扣件螺栓拧紧力矩应采用扭力扳手检查,抽查方法应按随机分布原则进行。抽样检查数目与质量评定标准应符合《建筑施工扣件式钢管脚手架安全技术规范》(JGJ130)规范的规定。

(17)脚手架使用安全。

1)保证脚手架体的整体性,不得与井架、升降机一并拉结,不得截断架体,外脚手架使用期间不得拆除连墙紧固拉杆,主节点处的大小横杆及扫地杆。

2)不得堆放过重的建材或杂物于平桥上。

3)不得将模板支撑,缆钢丝、混凝土的输送管道等固定在脚手架上,严禁任意悬挂起重设备。

4)结构施工时严禁将外架做支模架,不得在外架上堆放钢筋、木枋、电缆等材料。

5)严禁直接在外脚手架上架设电线。

6)遇六级以上大风要立即停止作业并将作业人员疏散到安全的地方。

7)在六级大风与大雨后或停用超过一个月后复工前,必须经检查后方可上架操作。如发现变形、下沉、钢构件锈蚀严重、扣件松脱等情况,要及时加固维修后方可使用。做好脚手架搭拆过程的临边围护措施。

8)主节点处杆件的安装,连墙件、支撑、门洞等的构造应符合施工组织设计要求,扣件螺栓不得松动,脚手架立柱的沉降与垂直度允许偏差应符合《建筑施工扣件式钢管脚手架安全技术规范》(JGJ130)规范规定的要求。

9)在脚手架使用期间,严禁任意拆除下列杆件:

①主节点处的纵、横向水平杆;

②连墙体;

③支撑;

④栏杆、踢脚板;

⑤安全防护设施。

10)脚手架使用中,应进行定期检查:

①杆件设置和连接,连墙件、支撑、门洞桁架等的构造应符合《建筑施工扣件式钢管脚手架安全技术规范》(JGJ130)规范和专项方案的要求;

②地基应无积水,底座应无松动,立杆无悬空;

③扣件螺栓应无松动;

④安全防护措施应符合《建筑施工扣件式钢管脚手架安全技术规范》(JGJ130)规范的要求;

⑤应无超载使用;

⑥高度 24 m 以上的双排脚手架其立杆沉降与垂直度符合《建筑施工扣件式钢管脚手架

安全技术规范》(JGJ130)规范的高度。

(18)脚手架拆除安全措施。

1)拆除脚手架,周围应设围栏或警戒标志,并设专人看管,严禁入内,拆除应按顺序由上而下,一步一清,不准上下同时作业。

2)拆除脚手架纵向水平杆、剪刀撑,应先拆中间扣,再拆两头扣,由中间操作人往下顺杆子。

3)拆除的脚手架立柱、脚手板、钢管、扣件、钢丝绳等材料,应向下传递或用绳吊下,禁止往下乱扔。

(19)脚手架防护措施。

1)严格按照专项施工方案和技术交底要求组织施工。

2)重点做好外架与建筑物之间的防护措施。

3)重点加强施工作业人员安全劳动意识。

4)安全网必须用符合安全规定的防火安全网。

5)在作业层下必须搭设水平网一道,水平网要求牢固、严密。

6)外架上必须配备足够的灭火安全器材。

(20)脚手架防雷雨、台风措施。

1)外架用的预埋件必须用一根细钢筋与墙体中的主钢筋搭焊,以便于架体避雷。

2)当采用拉吊将预埋钢吊环与楼板钢筋焊接,利用主楼的地极连通形成外脚手架的防雷避雷系统。

3)遇雷雨天气和六级以上大风,应停止架上作业。

4)大风过后要对架上的脚手板、安全网等认真检查一次。

(21)脚手架防火措施。

1)建筑施工用脚手架大多为金属的,因此电线不能直接绑扎在脚手架上。

2)防火以预防为主,及时清理脚手架上的易燃建材,在脚手架的适当位置设置灭火器材。

3)限制在脚手架上动用明火。动用明火要审批,并有专人监护,禁止在脚手架上吸烟,杜绝火种来源。

3.6.4 附着升降脚手架的安全

附着升降脚手架是用于高层建筑的外脚手架,附着升降脚手架安全度要求很高,必须有可靠的防坠落装置,防倾斜装置,其设计、制作、使用有着非常严格的要求。作为一种高空施工设施,万一出现坠落意外,容易造成群死群伤事故。

(1)安装、使用和拆卸附着升降脚手架的工人必须经过专业培训,考试合格,未经培训的任何人(含架子工)严禁从事此操作。

(2)附着升降脚手架安装前必须认真组织学习“专项安全施工组织设计”(施工方案)和安全技术措施交底,研究安装方法,明确岗位责任。

(3)附着升降脚手架属高危险作业,在安装、升降、拆除时,应划定安全警戒范围,并设专人监督检查。

(4)脚手架每层必须满铺脚手架和踢脚板,架子外侧应全封闭防护立网,作业层架体与墙之间空隙必须封严,特别是最底部作业层,宜采用活动翻板,以防止坠落。

(5)脚手架升降时人员不能站在脚手架上面,升降到位后也不能立即上人,必须把脚手架固定牢靠，并达到上人作业的条件时方可上人。

(6)脚手架在首层组装前，应设置安装平台，安装平台应用保障施工人员安全的防护设施，安装平台的水平精度和承载能力应满足架体安装的要求。

(7)附着升降脚手架安装精度要求。

1)水平梁架及竖向主框架在两相邻附着支撑结构处的高差应不大于20 mm。

2)竖向主框架和防倾导向装置的垂直偏差应不大于5‰和60 mm。

3)预留穿墙螺栓孔和预埋件应垂直于工程结构外表面，其中心误差应小于15 mm。

(8)附着升降脚手架组装完毕，必须经技术负责人组织进行检查验收，合格后签字，方准投入使用。

(9)升降操作应遵守以下规定。

1)严格执行升降作业的程序规定和技术要求。

2)严格控制并确保架体上的荷载符合设计规定。

3)所有妨碍架体升降的障碍物必须拆除。

4)所有升降作业要求解除的约束必须拆开。

5)严禁操作人员停留在架体上。

6)设置安全警戒线，正在升降的脚手架下部严禁人员进出，并设专人监护。

7)严格按设计规定控制各提升点的同步性，相邻提升点间的高差不得大于30 mm，整体架最大升降差不得大于80 mm。

8)升降过程中应实行统一指挥、规范指令。升降令只能由总指挥一人下达，但当有异常情况出现时，任何人均可立即发出停止指令。

9)采用环链葫芦作升降动力的，应严密监视其运行情况，及时发现解决可能出现的翻链、绞链和其他影响正常运行的故障。

10)脚手架升降到位后，必须及时按使用状况要求进行附着固定。在没有完成架体固定工作前，施工人员不得擅自离岗或下班。未办理交付使用手续的，不得投入使用。

(10)脚手架升降到位后，办理交付使用手续前，必须通过以下检查项目。

1)附着支撑和架体已按使用状况下的设计要求固定完毕；所有螺栓连接处已拧紧；各承力件预紧程度应一致。

2)碗扣和扣件接头无松动。

3)所有安全防护已齐备。

4)其他必要的项目经检查符合要求。

(11)附着升降脚手架的使用必须遵守其设计性能指标，不得随意扩大使用范围；严禁超载；严禁放置影响局部杆安全的集中荷载，并应及时清理架体、设备及其他构配件上的建筑垃圾和杂物。

(12)附着脚手架在使用过程中严禁进行下列作业。

1)利用架体吊运物料。

2)在架体上拉结吊拉缆绳。

3)在架体上推车。

4)任意拆除结构件或连接件。

5)拆除或移动架体上的安全防护设施。

6)起吊物料碰撞或扯动架体。

7)利用架体支顶模板。

8)使用中的物料平台与架体连接。

9)其他影响架体安全的作业。

(13)附着升降脚手架在使用过程中,应按规定的精度和要求定期(至少每月)进行检查,不合格部位应立即改正。

(14)当附着升降脚手架预计停用超过一个月时,停用前应采取加固措施。

(15)当停用超过一个月或遇 6 级以上大风后复工时,必须重新进行各有关项目的严格检查。

(16)螺栓连接件、升降动力设备、防倾装置、防坠装置、电控设备等应至少每月维护保养一次。

(17)附着升降脚手架的拆卸工作,必须按专项施工组织设计及安全操作规程的有关要求进行。拆除前,应对施工人员进行安全技术交底,拆除时,必须按顺序先搭后拆、先上后下,先拆附件、后拆架体,应有可靠的防止人员与物料坠落的措施,严禁抛扔物料。

(18)拆下的材料及设备要及时进行全面检修保养,出现以下情况之一的,必须予以报废。

1)焊接件严重变形且无法修复或锈蚀严重的。

2)导轨、附着支撑结构中、水平梁架杆、竖向主框架等构件出现严重弯曲。

3)螺栓连接件变形、磨损、锈蚀严重或螺栓损坏。

4)钢丝绳扭曲、打结、断股及磨损达到报废规定。

5)弹簧杆变形、失效。

6)其他不符合设计要求的情况。

(19)附着升降脚手架搭设完毕或升降完毕后,应进行整体验收,特别是防坠、防倾装置必须灵敏可靠、齐全。

(20)整体式附着升降脚手架的控制中心,应设专人负责操作,禁止其他人员替代操作。

(21)当遇 5 级(含 5 级)以上大风和浓雾、大雨、雷雨、大雪等恶劣天气时,禁止进行升降和拆卸作业,并应预先对架体采取加固措施。夜间禁止进行升降作业。

3.6.5 门式脚手架的安全

(1)脚手架搭设前必须对门架、配件、加固件按规范检查验收,不合格的产品严禁使用。

(2)脚手架搭设场地应进行清理、平整夯实,并做好排水。

(3)地基基础施工应按门架专项安全施工组织设计(施工方案)和安全技术措施交底进行。基础上应先弹出门架立杆位置线,垫板、底座安放位置应准确。

(4)不配套的门架与配件不得混合使用于同一脚手架。门架安装应自一端向另一端延伸,不得相对进行。搭完一步后,应检查、调整其水平度与垂直度。

(5)交叉支撑、水平架和脚手板应紧随门架的安装及时设置。连接门架与配件的锁臂、搭钩必须锁住、锁牢。水平架和脚手板应在同一步内连续设置,脚手板必须铺满、铺严,不准有空隙。

(6)底层钢梯的底部应加设钢管并用扣件扣紧在门架的立杆上,钢梯的两侧均应设置扶手,每段梯可跨越两步或三步门架再行转折。

(7)护身栏杆、立挂密目式安全网应设置在脚手架作业层外侧,门架立杆的内侧。

(8)加固杆、剪刀撑必须与脚手架同步搭设。水平加固杆应设于门架立杆内侧,剪刀撑应设于门架立杆外侧,并扣接牢固。

(9)连墙件的搭设必须随脚手架搭设同步进行,严禁滞后设置或搭设完毕后补做。当脚手架作业层高出相邻连墙件两步的,应采取确保稳定的临时拉接措施,直到连墙件搭设完毕后,方可拆除。

(10)加固件、连墙件等与门架采用扣件连接,扣件规格必须与所连钢管外径相匹配,扣件螺栓拧紧,扭力矩宜为 50~60 N·m,并不得小于 40 N·m。

(11)脚手架搭设完毕或分段搭设完毕后必须进行验收检查,合格签字后,方可交付使用。

(12)脚手架拆除必须按拆除方案和拆除安全技术措施交底规定进行。拆除前应清除架子上材料、工具和杂物,拆除时应设置警戒区和挂警戒标志,并派专人负责监护。

(13)拆除的顺序,应从一端向另一端,自上而下逐层地进行,同一层的构配件和加固件应按先上后下,先外后里的顺序进行,最后拆除连墙件。连墙件、通长水平杆和剪刀撑等必须在脚手架拆除到相关门架时,方可拆除。

(14)拆除的工人必须站在临时设置的脚手板上进行拆卸作业。拆除工作中,严禁使用榔头等硬物击打、撬挖。拆卸连接部件时,应先将锁座上的锁板与卡钩上的锁片旋转至开启位置,然后拆除,不得硬拉、敲击。

(15)拆下的门架、钢管与配件,应成捆用机械吊运或由井架传送至地面,防止碰撞,严禁抛掷。

3.6.6 拆除脚手架的安全

(1)工程施工完毕经全面检查,确认不再需要架子时,经工程负责人签字后,方可进行拆除。拆架子的人员一般 2~3 人为一组,协同作业互相关照、监督。并指派 1 名责任心强、技术水平高的工人担任指挥和监护,并负责拆除撤料和监护操作人员的作业。

(2)拆架子的高处作业人员应戴安全帽,系安全带,扎裹腿,穿软底鞋,方可作业。

(3)拆除脚手架时,周围应设围栏或警戒标志,并设专人看管,禁止人员入内。

(4)架子拆除顺序要自上而下按顺序拆除,所有杆件材料均按先搭后拆、后搭先拆的原则依次进行。应由上而下按层按步的拆除,先拆护身栏杆、脚手板和横向水平杆,再依次拆剪刀撑的上部扣件和接杆。拆除全部剪刀撑、抛撑以前,必须搭设临时加固斜支撑,预防架子倾倒。

(5)拆下的材料要随拆随清理,不得随便从高处向下抛掷物料。

(6)大片架子拆除后预留的斜道,上料平台、通道等,应在大片架子拆除前进行加固,以便拆除后能确保其完整,安全可靠。

(7)在拆架子过程中,不得中途换人,必须换人时,应将拆除情况交代清楚后方可离开。

(8)拆除脚手架立杆时,要先抱住立杆再拆开最后两个扣,拆除大横杆、斜撑、剪刀撑时,应先拆中间扣,然后托住中间,再拆两头扣,由中间操作人员往下顺杆子。

(9)连墙杆应随拆除进度逐层拆除,拆抛撑前,应用临时撑支柱,然后才能拆抛撑。

(10)拆下的脚手板、钢管、扣件、钢丝绳等材料,应向下传递或用绳吊下,禁止往下投扔。

(11)拆除烟囱、水塔外架时,禁止架料碰到缆风绳,同时拆至缆风处方可解除该处的缆风绳,不能提前解除。

(12)拆除时不得拉坏门窗、玻璃、水管、房檐瓦片、地下明沟等物品。

(13)拆至底部时,应先加临时固定措施后,再拆除。

3.6.7 坡道的安全

(1)脚手架运料坡道宽度不得小于 1.5 m,坡度以 1:6(高:长)为宜。人行坡道,宽度不得小于 1 m,坡度不得大于 1:3.5。

(2)立杆、纵向水平杆间距应与结构脚手架相适应,单独坡道的立杆、纵向水平杆间距不得超过 1.5 m。横向水平杆间距不得大于 1 m,坡道宽度大于 2 m 时,横向水平杆中间应加吊杆,并每隔 1 根立杆在吊杆下加绑托杆和八字戗。

(3)脚手板应铺严、铺牢。对头搭接时板端部分应用双横向水平杆。搭接板的板端应搭过横向水平杆 200 mm,并用三角木填顺板头凸棱。斜坡坡道的脚手板应钉防滑条,防滑条厚度 30 mm,间距不得大于 300 mm。

(4)"之"字坡道的转弯处应搭设平台,平台面积应根据施工需要,但宽度不得小于 1.5 m。平台应绑剪刀撑或八字戗。

(5)坡道及平台必须绑两道护身栏杆和 180 mm 高度的挡脚板。

3.7 建筑焊工作业安全

3.7.1 焊接作业现场安全

1. 场地设备及工具、夹具的安全检查

(1)场地安全。

1)焊接和切割区域有必要的警告标志。为了防止作业人员或邻近区域的其他人员受到焊接及切割电弧的辐射及飞溅伤害,应用不可燃或耐火屏板(或屏罩)加以隔离保护。

2)焊接设备、焊机、切割机具、钢瓶、电缆及其他器具必须放置稳妥并保持良好的秩序,使之不会对附近的作业或过往人员构成妨碍。

3)在进行焊接及切割操作的地方必须配置足够的灭火设备,至少应配备灭火器。其配置取决于现场易燃物品的性质和数量,可以是水池、沙箱、水龙带、消防栓或手提灭火器。

(2)气焊及切割安全。

1)所有与乙炔相接触的部件(包括仪表、管路、附件等)不得由铜、银以及铜(或银)含量超过 70%的合金制成。

2)氧气瓶、气瓶阀、接头、减压器、软管及设备必须与油、润滑脂及其他可燃物或爆炸物相隔离。严禁用沾有油污的手或带有油迹的手套、扳手去触碰氧气瓶或氧气设备。

3)检验气路连接处密封性时,严禁使用明火。严禁用氧气代替压缩空气使用。氧气严禁用于气动工具、油预热炉、启动内燃机、吹通管路、衣服及工件的除尘,或为通风而加压等类似的应用。氧气喷流严禁喷至带油的表面、带油脂的衣服或燃油贮罐等。

4)用于氧气的气瓶、设备、管线或仪器严禁用于其他气体。未经许可,禁止装设可能使空气或氧气与可燃气体在燃烧前(不包括燃烧室或焊炬内)相混合的装置或附件。

5)使用焊炬、割炬时,必须遵守制造商关于焊炬、割炬点火、调节及熄火的程序规定。点火之前,操作者应检查焊炬、割炬的气路是否通畅、射吸能力、气密性等等。

6)禁止使用泄漏、烧坏、磨损、老化或有其他缺陷的软管。减压器使用前应检验合格，且只能用于设计规定的气体及压力。减压器的连接螺纹及接头必须保证减压器安在气瓶阀或软管上之后连接良好、无任何泄漏。减压器在气瓶上应安装合理、牢固。采用螺纹连接时，应拧足五个螺扣以上；采用专门的夹具压紧时，装卡应平整牢固。从气瓶上拆卸减压器之前，必须将气瓶阀关闭并将减压器内的剩余气体释放干净。

7)减压器修理必须由持证上岗的专业人员完成。

8)使用中的气瓶必须进行定期检查，使用期满或送检未合格的气瓶禁止继续使用。

9)气瓶必须储存在不会遭受物理损坏或使气瓶内储存物的温度超过40℃的地方，在储存时必须与可燃物、易燃液体隔离，并且离容易引燃的材料至少6 m以上。

10)气瓶在使用时必须稳固竖立或装在专用车(架)或固定装置上，距离实际焊接或切割作业点足够远(一般为10 m以上)。

11)搬运气瓶时，应关紧气瓶阀，而且不得提拉气瓶上的阀门保护帽；用吊车、起重机运送气瓶时，应使用吊架或合适的台架，不得使用吊钩、钢索或电磁吸盘。避免可能损伤瓶体、瓶阀或安全装置的剧烈碰撞。

12)气瓶应配置手轮或专用扳手启闭瓶阀。气瓶在使用后不得放空，必须留有不小于98～196 kPa表压的余气。当气瓶冻住时，不得在阀门或阀门保护帽下面用撬杠撬动气瓶，应使用40℃以下的温水解冻。

13)将减压器接到气瓶阀门之前，阀门出口处首先必须用无油污的清洁布擦拭干净，然后快速打开阀门并立即关闭以便清除阀门上的灰尘或可能进入减压器的脏物。清理阀门时操作者应站在排出口的侧面，不得站在其前面。

14)减压器安在氧气瓶上之后，必须进行以下操作：首先调节螺杆并打开顺流管路，排放减压器的气体。其次，调节螺杆并缓慢打开气瓶阀，以便在打开阀门前使减压器气瓶压力表的指针始终慢慢地向上移动。打开气瓶阀时，应站在瓶阀气体排出方向的侧面而不要站在其前面。最后，当压力表指针达到最高值后，阀门必须完全打开以防气体沿阀杆泄漏。

15)开启乙炔气瓶的瓶阀时应缓慢，严禁开至超过一圈，一般只开至3/4圈以内以便在紧急情况下迅速关闭气瓶。配有手轮的气瓶阀门不得用榔头或扳手开启。未配有手轮的气瓶，使用过程中必须在阀柄上备把手、手柄或专用扳手，以便在紧急情况下可以迅速关闭气路。在多个气瓶组装使用时，至少要备有一把这样的扳手以备急用。使用结束后，气瓶阀必须关紧。

16)气瓶泄漏导致的起火可通过关闭瓶阀，采用水、湿布、灭火器等手段予以熄灭。在气瓶起火无法通过上述手段熄灭的情况下，必须将该区域人员疏散，并用大量水流浇湿气瓶，使其保持冷却。

2.电弧焊安全操作基本要求

(1)弧焊设备的安装必须满足以下要求。

设备的工作环境与其技术说明书规定相符，安放在通风、干燥、无碰撞或无剧烈震动、无高温、无易燃品存在的地方。在特殊环境条件下(如：室外的雨雪中，温度、湿度、气压超出正常范围或具有腐蚀、爆炸危险的环境)，必须对设备采取特殊的防护措施以保证其正常的工作性能。当特殊工艺需要高于规定的空载电压值时，必须对设备提供相应的安全防护装置(如：采用空载自动断电保护装置)或其他措施。弧焊设备外露的带电部分必须设置完好的保护,以防人员或金属物体(如:货车、起重机吊钩等)与之相接触。

(2)接地。

1)焊机必须以正确的方法接地。接地装置必须连接良好,永久性的接地应做定期检查。禁止使用氧气、乙炔等易燃易爆气体管道作为接地装置。

2)在有接地装置的焊件上进行弧焊操作,或焊接与大地密切连接的焊件(如:管道、房屋的金属支架等)时,应特别注意避免焊机和工件的双重接地。

(3)焊接回路。

1)构成焊接回路的焊接电缆必须适合于焊接的实际操作条件,构成焊接回路的电缆外皮必须完整、绝缘良好(绝缘电阻大于 1 MΩ)。用于高频、高压振荡器设备的电缆,必须具有相应的绝缘性能。

2)焊机的电缆应使用整根导线,不带连接接头。构成焊接回路的电缆禁止搭在气瓶等易燃品上,禁止与油脂等易燃物质接触。在经过通道、马路时,必须采取保护措施(如:使用保护套)。

3)不能借用导电的物体(如:管道、轨道、金属支架、暖气设备等)做焊接回路。

(4)连线的检查。

完成焊机的接线之后,在开始操作设备之前必须检查一下每个安装的接头以确认其连接良好。其内容包括:线路连接正确合理,接地必须符合规定要求;磁性工件夹爪在其接触面上不得有附着的金属颗粒及飞溅物;盘卷的焊接电缆在使用之前应展开,以免过热及绝缘损坏。

(5)焊接过程中的安全注意。

1)当焊接工作中止时(如工间休息),必须关闭设备或焊机的输出端或者切断电源。需要移动焊机时,必须首先切断其输入端的电源。

2)金属焊条在不用时必须从焊钳上取下以消除人员或导电物体的触电危险。焊钳在不使用时必须置于与人员、导电体、易燃物体或压缩空气瓶保持安全距离的地方。半自动焊机的焊枪在不使用时必须妥善放置,以免使枪体开关意外启动。

3)进行电弧焊接或切割时,操作人员必须注意遵守下述原则。

禁止焊条或焊钳上带电金属部件与身体相接触。焊工必须用干燥的绝缘材料保护自己免除与工件或地面可能产生的电接触。在坐位或俯位工作时,必须采用绝缘方法防止与导电体的大面积接触。要求使用状态良好的、足够干燥的手套。焊钳必须具备良好的绝缘性能和隔热性能,并经常维修功能正常。

4)所有的弧焊设备必须经常维护,保持在安全的工作状态。修理必须由认可的人员进行。焊接设备必须保持良好的机械及电气状态。损坏的电缆必须及时更换。

3. 登高焊割作业安全技术

焊工在离地面 2 m 或 2 m 以上的地点进行焊接与切割操作时,即称为登高焊割作业。登高焊割作业必须来取防止触电(电击)、火灾、高处坠落及物体打击等方面的安全措施。

(1)在登高接近高压线或裸导线排时,或距离低压线小于 2.5 m 时,必须停电并经检查确定无触电危险后,方准操作。电源切断后,应在开关上挂以“有人工作,严禁合闸”的警告牌。

(2)登高焊割作业应设有监护人,密切注意焊工的动态。采用电焊时,电源开关应设在监护人近旁,遇有危险征兆时立即拉闸,并进行处理。

(3)登高作业时不得使用带有高频振荡器的焊机,以防万一触电,失足跌落。严禁将焊接电缆缠绕在身上,以防绝缘损坏的电缆造成触电。

(4)凡登高进行焊割作业和进入登高作业区域,必须戴好安全帽,使用标准的防火安全带、穿胶底鞋,禁止穿硬底鞋和带钉易滑的鞋。安全带应坚固牢靠,安全绳长度不可超过 2 m,不得使用耐热性差的材料,如尼龙安全带。

(5)焊工登高作业时,应使用符合安全要求的梯子。梯脚应包橡胶板防滑,与地面夹角不大于 60°,上下端放置牢靠。人字梯要使用限跨钩挂好,夹角为 40°±5°。不准两人在同一梯子上工作,不得在梯子顶端工作。禁止使用盛装过易燃易爆物质的容器(如油桶、电石桶等)作为登高的垫脚物。

(6)脚手板应事先经过检查,不得使用有腐蚀或损伤的脚手板。脚手板单程人行道宽度不得小于 0.6 m,双程人行道宽度不得小于 1.2 m,上下坡度不得大于 30°,板面要钉防滑条并装扶手。使用安全网时要张挺,不得留缺口,而且层层翻高。应经常检查安全网的质量,不得使用尼龙安全网,发现损坏时,必须废弃并重新张挺新的安全网。

(7)登高作业的焊条、工具和小零件必须装在牢固无孔的工具袋里;工作过程及结束后,应将作业点周围的所有物件清理干净,防止落下伤人。可以使用绳子或起重工具吊运工件和材料,不得在空中投掷抛递物品。焊条头不得随意下扔,否则会砸伤地面人员,或引燃地面可燃品。

(8)登高焊割作业点周围及下方地面上火星所及的范围内,应彻底清除可燃易爆物品。对确实无法移动的可燃物品要采取可靠的防护措施,例如用阻燃材料覆盖遮严,在允许的情况下,还可将可燃物喷水淋湿,增强耐火性能。高处焊接作业,火星飞得远,散落面大,应注意风向风力,对下风方向的安全距离应根据实际情况增大,以确保安全。一般在作业点下方 10 m 之内用栏杆围挡。作业现场必须备有消防器材。工作过程中要有专人看火,要铺设接火盘接火。焊割结束后必须检查是否留下火种,确认安全后,才能离开现场。

(9)登高焊割人员必须经过健康检查合格。患有高血压、心脏病、精神病和癫痫病等,以及医生证明不能登高作业者一律不准登高作业。酒后不得登高焊割作业。

(10)在 6 级以上大风、雨天、雪天和雾天等条件下无措施时禁止登高焊割作业。

4. 动火管理

(1)三级动火的概念与分级。

1)动火的概念。

动火是指在生产中动用明火或可能产生火种的作业。熬沥青、烘砂、烤板等明火作业和凿水泥基础、打墙眼、电气设备的耐压试验、电烙铁锡焊、凿键槽、开坡口等易产生火花或高温的作业等都属于动火的范围。动火作业所用的工具一般是指电焊、气焊(割)、喷灯、砂轮、电钻等。

2)动火的分级。

动火作业根据作业区域火灾危险性的大小分为特级、一级、二级 3 个级别。

①特级动火。是指在处于运行状态的易燃易爆生产装置和罐区等重要部位的具有特殊危险的动火作业。所谓特殊危险是相对的,而不是绝对的。如果有绝对危险,必须坚决执行生产服从安全的原则,就绝对不能动火。特级动火的作业一般是指在装置、厂房内,包括设备、管道上的作业。凡是在特级动火区域内的动火必须办理特级动火证。

②一级动火。是指在甲、乙类火灾危险区域内动火的作业。甲、乙类火灾危险区域是指

生产、储存、装卸、搬运、使用易燃易爆物品或挥发、散发易燃气体的场所。凡在甲、乙类生产厂房、生产装置区、贮罐区、库房等与明火或散发火花地点的防火间距内的动火，均为一级动火。其区域为 30 m 半径的范围，所以，凡是在这 30 m 范围内的动火，均应办理一级动火证。

③二级动火。是指特级动火及一级动火以外的动火作业。即指化工厂区内除一级和特级动火区域外的动火和其他单位的丙类火灾危险场所范围内的动火。凡是在二级动火区域内的动火作业均应办理二级动火许可证。

以上分级方法只是一个原则，但若生产环境发生了变化，其动火的管理级别亦应做相应的变化。若遇节假日或在生产不正常的情况下动火，应在原动火级别上作升级动火管理，如将一级升为特级，二级升为一级等。

(2)固定动火区和禁火区。

建筑施工项目应当根据本项目各区域的火灾危险程度和生产、维修、建设等工作的需要，由项目部的安全部门辨识，划定出固定的动火区和禁火区。

1)设立固定动火区的条件。

固定动火区系指允许正常使用电气焊(割)、砂轮、喷灯及其他动火工具从事检修、加工设备及零部件的区域。在固定动火区域内的动火作业，可不办理动火许可证，但必须满足以下条件。

①固定动火区域应设置在易燃易爆区域全年最小频率内的上风方向或侧风方向。

②距易燃易爆的厂房、库房、罐区、设备、装置、阴井、排水沟、水封井等不应小于 30 m，并应符合有关规范规定的防火间距要求。

③室内固定动火区应用实体防火墙与其他部分隔开，门窗向外开，道路要畅通。

④发生事故时，要保证可燃气体不会扩散到固定动火区，在任何气象条件下，动火区域内可燃气体、蒸汽的浓度都必须小于爆炸下限的 20%。

⑤固定动火区不准存放任何可燃物及其他杂物，并应配备一定数量的灭火器材。

⑥固定动火区应设置醒目、明显的标志。其标志应包括“固定动火区”的字样；动火区的范围(长×宽)；动火工具、种类；防火责任人；防火安全措施及注意事项；灭火器具的名称、数量等内容。

除以上条件外，在实际工作中还应注意固定动火区与长期用火的区别。

2)禁火区的划定。

在易燃易爆工厂、仓库区内固定动火区之外的区域一律为禁火区。在禁火区域内因检修、试验及正常的生产动火、用火等，均要办理动火或用火许可证。各类动火区、禁火区均应在消防平面布置图上标示清楚。

(3)动火审批。

1)动火审批。

①动火审批的主要内容。

凡是在禁火区域内进行的动火作业，均须办理“动火审批”。动火审批应清楚地标明动火等级、动火有效期、申请办证单位、动火详细位置、工作内容、动火手段、安全防火措施和动火分析的取样时间、取样地点、分析结果、每次开始动火时间，以及各项责任人和各级审批人的签名及意见。

②动火审批的有效期。

动火审批的有效期根据动火级别而确定。特级动火和一级动火的审批有效期不应超过

1 d(24 h),二级动火审批的有效期可为6 d(144 h)。时间均应从火灾危险性动火分析后不超过30 min的动火时算起。

③动火许可证的审批程序和终审权限。

为严格对动火作业的管理,区分不同动火级别的责任,对动火许可证应按以下程序审批。

特级动火:由动火项目部申请,公司安全管理部门复查后报公司总经理批准。

一级动火:由动火部位的班组长复查后,报项目经理批准。

二级动火:由动火部位班组长报项目部安全科长批准。

2)各项责任人的职责。

从动火申请到终审批准,各有关人员不能签字了事,而应负有一定的责任,必须按各级的职责认真落实各项措施和规程,确保动火作业的安全。各项责任人的职责如下。

①动火项目负责人通常由分派给动火执行人动火作业任务的当班班长、组长或临时负责人担任。动火项目负责人对执行动火作业负全责,必须在动火之前详细了解作业内容和动火部位及其周围的情况,参与动火安全措施的制定,并向作业人员交待任务和防火安全注意事项。

②动火执行人在接到动火许可证后,详细核对各项内容是否落实,审批手续是否完备。若发现不具备动火条件时,有权拒绝动火,并向单位防火安全管理部门报告。动火执行人要随身携带动火许可证,严禁无证作业及审批手续不完备作业。每次动火前30 min(含动火停歇超过30 min的再次动火)均应主动向现场当班的班长呈验动火许可证,并让其在动火许可证上签字。

③动火监护人一般由动火作业所在部位(岗位)的操作人员担任,但必须是责任心强、有经验、熟悉现场、掌握灭火手段的操作工。动火监护人负责动火现场的防火安全检查和监护工作,检查合格,应当在动火许可证上签字认可。动火监护人在动火作业过程中不准离开现场,当发现异常情况时,应立即通知停止作业,及时联系有关人员采取措施。作业完成后,要会同动火项目负责人、动火执行人进行现场检查,消除残火,确定无遗留火种后方可离开现场。

④项目负责人负责生产与动火作业的衔接工作。在动火作业中,生产系统如有紧急或异常情况时,应立即通知停止动火作业。

⑤动火分析人要对分析结果负责,根据动火许可证的要求及现场情况亲自取样分析,在动火许可证上如实填写取样时间和分析结果,并签字认可。

⑥各级审查批准人,必须对动火作业的审批负全责。必须亲自到现场详细了解动火部位及周围情况,审查并确定动火级别、防火安全措施等,在确认符合安全条件后,方可签字批准动火。

3)动火作业六大禁令。

①动火审批未经批准,禁止动火。

②不与生产系统可靠隔绝,禁止动火。

③不进行清洗,置换不合格、禁止动火。

④不消除周围易燃物,禁止动火。

⑤不按时作动火分析,禁止动火。

⑥没有消防措施,无人监护,禁止动火。

3.7.2 焊接劳动防护措施

1. 通风

焊接通风是消除焊接尘毒和改善劳动条件的有力措施。按目前的技术条件，很难做到减少焊接作业时烟尘的生成量，因此，重点应通过加强通风除尘措施来排除有害、有毒气体和蒸汽，降低工作场所空气中烟尘和焊接有害气体的浓度，改善作业场所的通风状况和空气质量，从而控制电焊作业的职业危害。

通风有全面通风和局部排风两种方式，采用的通风动力有自然通风和机械通风。自然通风是借助于自然风力按空气的自然流通方向进行；机械通风则是依靠风机产生的压力来换气，除尘、排毒效果较好。

全面通风也称稀释通风。它是用清洁空气稀释空气中的有害物浓度，使室内空气中有害物浓度不超过卫生标准规定的最高容许浓度，同时不断地将污染空气排至室外或收集净化。全面通风可以利用自然通风实现，也可以借助于机械通风来实现。

2. 个人防护

个人防护是指在焊接过程中为防止自身危险而采取的防护措施。焊接作业职业病危害的防护措施除了作业场所通风设施的防护，个人防护用品也是保护工人健康的重要防护手段。

作为保护工人健康的最后一道防线，加强个人防护，可以防止焊接时产生的有毒气体和粉尘的危害。

焊接作业的个人防护措施主要是对头、面、眼睛、耳、呼吸道、手、身躯等方面的防护，主要有防尘、防毒、防噪声、防高温辐射、防放射性、防机械外伤和脏污等。焊接作业除穿戴一般防护用品(如工作服、手套、眼镜、口罩等)外，针对特殊作业场合，还可以佩戴空气呼吸器(用于密闭容器和不易解决通风的特殊作业场所的焊接作业)，防止烟尘危害。

(1)电焊面罩。

电焊面罩是保护电焊工面部和眼睛免受弧光损伤的防护用品，同时还能防止焊工被飞溅的金属烫伤，以及减轻烟尘和有害气体等对呼吸器官的损害。电焊面罩材料必须使用耐高低温、耐腐蚀、耐潮湿、阻燃，并具有一定强度和不透光的非导电材料制作；常用红钢纸板制作外，有的还用阻燃塑料等其他材料制作。

焊接面罩由观察窗、滤光片、保护片和面罩等组成。按常用的规格及用途分手持式电焊面罩、头戴式电焊面罩、安全帽式电焊面罩，送风防护面罩等，根据工作需要选用。

1)手持式电焊面罩。面罩材料有化学钢纸(常用红色钢纸)或塑料注塑成型。产品多用于一般短暂电焊、气焊作业场所。

2)头戴式电焊面罩。按材料不同，又有头戴式钢纸电焊面罩和头戴式全塑电焊面罩。头戴式电焊面罩与手持式焊接面罩基本相同，头带由头围带和弓状带组成，面罩与头带用螺栓连接，可以上下掀翻，不用时可以将面罩向上掀至额部，用时则掀下遮住眼面。这类产品适用于电焊、气焊操作时间较长的岗位，还适用于各类电弧焊或登高焊接作业，重量不应超过 560 g。

3)安全帽式电焊面罩。这种产品是将电焊面罩与安全帽用螺栓连接，可以灵活地上下掀翻。适用于电焊，既可防护弧光的伤害，又能防作业环境的坠落物体打击头部。面罩和头盔的壳体应选用难燃或不燃的，且不刺激皮肤的绝缘材料制作，罩体应遮住脸面和耳部，结构牢靠，无漏光。

4）送风防护面罩。在一般电焊头盔的里面，于呼吸带部位固定一个送风带。送风带由轻金属或有机玻璃板制成，其上均匀密布着送风小孔，新鲜的压缩空气经净化处理后，由输气管送进送风带，经小孔喷出。送风式电焊面罩用于各种特殊环境的焊接作业和熔炼作业。若在通风条件差的封闭容器内工作，需要佩戴使用有送风性能的防护头盔。

（2）焊接用的眼防护具。

焊接用的眼防护具主要用于防止焊接弧光中紫外线、红外线和强光对眼的伤害，保护焊工眼睛免受弧光灼伤和防止电光性眼炎以及熔渣溅入眼内的防护镜。焊接用的眼防护具结构表面必须光滑，无毛刺，无锐角、没有可能引起眼面部不适应感的其他缺陷；可调部件应灵活可靠，结构零件应易于更换；还应具有良好的透气性。

1）焊接用眼防护具常用的种类。

①焊接护目镜。焊接护目镜由镜架、滤光片和保护片组成。滤光片内含铜、硫化镉等微量金属氧化物，紫外线透射率很低，适用于电弧焊接、切割、氩弧焊接作业。

护目镜从结构上分为普通型（可带有侧向防护罩）和前封式（可装在一般眼镜架上或安全帽前沿上）。镜片分为吸收式（在玻璃熔制过程中加入吸收紫外线的原料）和吸收-反射式（以普通镜片作为基片，再进行真空镀膜处理），前者较经济，后者在使用中不易发热。为防护电弧光侧漏进入眼部，有的在眼架两侧装上防护罩，有的在防护罩上开透气孔。

②面罩护目镜。由滤光片和保护滤光片的无色玻璃片（或塑料片）组成，安装在面罩上，焊接时直接使用镶有护目镜的面罩，广泛应用于各种焊接作业。面罩上的护目镜片应满足下列要求。

a. 能全面隔离电焊弧光中对眼睛有害的紫外线、可见光线和红外线，并能阻挡热射线。同时要保证光线的平行度，即要求镜片折射率要小。若折射率超正常视力的容许范围也会损伤眼睛。

b. 使用面罩护目镜作业时，累计最少 8h 更换 1 次新的保护片，以保护操作者的视力。防护眼镜的滤光片受到飞溅物损伤出现疵点时，要及时更换。

③高反射式护目镜。由于焊接工艺的不断发展，某些新的焊接方法弧柱温度很高，随之对焊接护目镜也提出更高的防护要求。

目前，国内普通使用的吸收式护目镜，由于光的辐射能量经护目镜吸收后，又转变为不同形式的能量，对眼睛形成二次辐射，光源温度越高，辐射越严重。若仍使用国内普遍使用吸收式护目镜已不能有效地保护眼睛，此时，必须使用高反射式护目镜。

高反射式护目镜的优点：由于在吸收式护目镜上镀制铬、铜、铬三层反射膜，能更有效地反射紫外线、可见光和红外线，反射率达 95％以上，大大减弱了二次辐射的作用，能更好地保护眼睛。

④自动调光护目镜。近年来，国内外研制的能自动调光的焊工护目镜，无电弧时能充分透光，有电弧时能很好遮光，不需要像现在那样把护目镜拿上拿下。这类护目镜目前有采用调节转动含铝锆钛酸盐做的镜片内偏振光偏振角的偏振光调节透光护目镜；还有采用液晶光阀的液晶变光焊接护目镜。

2）焊接滤光片的产品标准与种类。

国家标准《职业眼面部防护焊接防护　第 1 部分焊接防护具》（GB/T3609.1）对焊接滤光片的“紫外线透射比”“可见光透视比”“红外线透视比”都有具体和明确的规定，对滤光片的屈光度偏差和平行度也有明确规定，全部性能都符合《职业眼面部防护焊接防护 第1部分焊接防护具》(GB/T3609.1)规定的焊接滤光片，才可使用。目前使用的护目滤光片有三种。

①吸收式滤光片。通称黑玻璃片。

②吸收-反射式滤光片。这是在吸收式滤光片表面上镀制高反射膜，对强光具有吸收和反射的双重作用，尤其对红外线反射效果好，有利于消除眼睛发热和疼痛。

③光电式镜片。这是利用光电转换原理制成的新型护目滤光片。起弧前是透明的，起弧后迅速变黑起滤光作用，因此，可观察焊接操作全过程，消除电弧"打眼"，消除了盲目引弧带来的焊接缺陷。产品型号和名称为"SW-1型快速自动变色电焊监视镜"，其启动(变黑)响应时间小于0.02 s。

3)焊接滤光片的选择。

①焊接滤光片按照焊接电流的强度不同来选用不同型号的滤光镜片。同时，也要考虑焊工视力情况和焊接作业环境的亮度。

②选择时还要考虑工作环境和习惯的不同以及年龄上的差异，当焊接电流同样大时，青年人应选用号数大的滤色片，老年人则反之。按可见光透过率的不同，将焊接滤色片分为不同的号数，颜色越深号数越大。

③不同的焊接方法选用不同的滤色片。手工电弧焊电弧温度可达6000°C，由于发热量大，且空气中有强烈的放电弧光产生，弧光中含有一定强度的红外线、可见光和紫外线。而等离子弧焊温度高达30000°C，发热量更大，因此，等离子弧焊、等离子切割时的紫外线辐射强度比焊条电弧焊大30～50倍。氩弧焊的紫外线强度也比焊条电弧焊大9～30倍。故在电流大小相同的情况下，选用的滤色片比焊条电弧焊大一号。焊条电弧焊要根据作业时接触弧光强度选用相应遮光号的滤光片，同时，作业中保护片一般只使用8 h。

④必须注意市售的一些劣质焊接滤光片(黑玻璃)只能防护可见光与紫外线，而防护红外线的作用差，将损伤视力，因此，不能采用劣质焊接滤光片。

总之，选择护目镜片应综合上述各种因素来确定。选用适宜的护目镜的自我测定标准应以一天工作结束后，眼睛不感觉干涩、难受为原则。焊工应养成根据电流大小的不同，随时更换不同号数护目镜的习惯，才可防止自我视力减退和患早期老花眼等慢性眼病。

(3)防护屏。

电焊、切割工作场所，为防止弧光辐射、焊渣飞溅，影响周围视线，应设置弧光防护室或防护屏，以确保电弧光不对附近人员造成伤害。在多人作业或交叉作业场所从事电焊作业，要采保护措施，设防护遮板，以防止电弧光刺伤焊工及其他作业人员的眼睛。防护屏应选用不燃材料制成，其表面应涂上黑色或深灰色油漆，临近施焊处应采用耐火材料(如石棉板、玻璃纤维布、钢板)，高度不应低于1.8 m，下部应留有25 cm流通空气的空隙。

(4)呼吸防护用品。

焊工在施焊时仅使用电焊面罩是远远不够的，还应戴上呼吸防护用品，以防止焊接烟尘和粉尘的侵害。按供气原理和供气方式的不同，呼吸防护用品主要分为自吸式、自给式和动力送风式三类。一般情况下，电焊工通常使用的呼吸防护用品为自吸式过滤防尘口罩(见图3-6)和动力送风式防尘口罩，必要时应使用自给供气式防毒面具等(如在密闭缺氧环境中，空气中混有高浓度毒物以及在应急抢修设备情况下)。空气过滤式口罩简称过滤式的口罩，其工作原理是使含有害物的空气通过口罩的滤料过滤净化后再被人吸入；供气式口罩是指将与有害物隔离的干净气源，通过动力作用如空压机、压缩气瓶装置等，经管道及面罩送到人的面部供人呼吸。

1)防尘口罩。

防尘口罩的主要防阻对象是颗粒物，包括粉尘(焊接粉尘)、雾(液态的)、烟(焊接烟尘)和微生物，也称气溶胶。

不同的防尘口罩使用的过滤材料不同，焊接烟尘为不含油的颗粒物，因此应选择适合过滤非油性颗粒物的防尘口罩。同时，由于焊接烟尘颗粒比普通粉尘(如矿尘、水泥尘等)粒度小，焊接用的防尘口罩效率应经过 0.3/μm 气溶胶检测。焊接作业时通常有火花迸射，局部温度也比较高，口罩表面材料应具有阻燃性能。

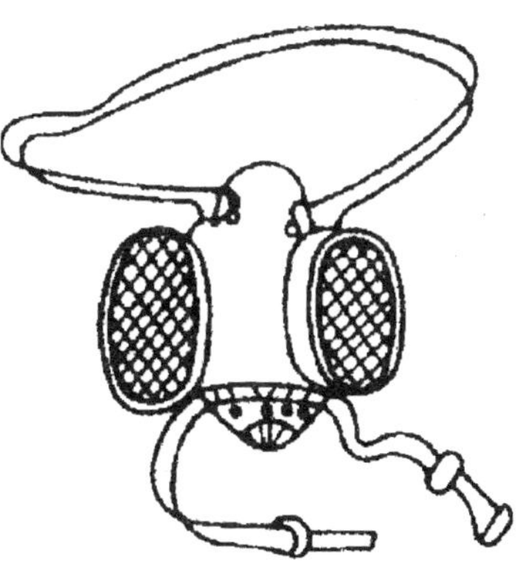

图 3-6 自吸过滤式防尘面罩

另外，要强调说明的是：防尘口罩不能用于防毒，未配防尘过滤元件的防毒面具不能用于防尘；当颗粒物有挥发性时，如焊接工作环境中有喷漆产生漆雾，必须选防尘防毒组合防护。

过滤式的防尘口罩是日常工作中使用最广泛的一大类，主要是以纱布、无纺布、超细纤维材料等为核心过滤材料的过滤式呼吸护用品，用于滤除空气中的颗粒状有毒、有害粉尘，但对于有毒、有害气体无防护作用。空气过滤口罩只适用于环境中氧气浓度大于18%时，环境温度为−20～45℃，否则要用供气式口罩。过滤式的防尘口罩包括多种类型，如半面型，即只把呼吸器官(口和鼻)盖住的口罩；全面型，即口罩可把整个面部包括眼睛都盖住的。

半面具防尘口罩适合的焊接烟尘浓度范围是职业卫生标准的 10 倍，滤棉可更换，长期使用能降低使用成本；全面具适合焊接烟尘浓度低于 100 倍职业卫生标准的环境。

2)供气式呼吸器。

过滤式的防尘口罩的使用要受环境的限制，当环境中存在着过滤材料不能滤除的有害物质，或氧气含量低于 18%，或有毒有害物质浓度较高(>1%)时均不能使用。若在有害物性质不明时，要考虑最坏情况，这种环境下应采用供气式或隔绝式呼吸防护用品。隔绝式呼吸防护用品特点是以压缩气体钢瓶为气源，使用时不受外界环境中毒物种类、浓度的限制，使用人员的呼吸器官、眼睛和面部与外界受污染空气隔绝，保障人员正常呼吸和呼吸防护。

另外，有些作业环境存在一些异味气体，浓度虽没有达到有害健康的水平(没有超标)，但使人感觉不适，带活性炭层的防尘口罩就很适用，能有效排除异味。

(5)焊工防护服。

焊接防护服是以织物、皮革或通过贴膜或喷涂制成的织物面料，采用缝制工艺制作的服装，防御焊接时的熔融金属、火花和高温灼烧人体。焊接防护服款式分为上下身分离式和衣裤连体式，还可配用围裙、套袖、披肩和鞋盖等附件。一般防护服可采用棉织帆布制作，若能进行化学阻燃处理，提高布料的阻燃性能最为理想。焊工工作服应符合下列要求。

1)焊工工作服应根据焊接与切割工作的特点选用，不能用一般合成纤维物做成。焊接、切割工作服推荐选用有阻燃作用的白色棉帆布工作服。

2)高温作业时应穿石棉或其替代品耐火衣。在潮湿闷热处作业时，应穿防止导电的隔离身体的焊接防护服。

3)氩弧焊、等离子弧焊由于产生的臭氧和强烈的紫外线作用，容易使棉布劳动保护服碎裂、脆化，因此，应穿着白色粗毛呢、柞蚕丝、皮革等原料制作的劳动保护服。

4)焊工工作服上衣要有领子和领扣,以保护脖子不受弧光的辐射。为防止焊工皮肤受电弧的伤害,工作服袖口应扎紧,扣好领口,皮肤不外露。

5)经常保持工作服的清洁,发现有破损应及时缝补或更换。

6)焊工穿用的工作服不应潮湿,工作服的口袋应有袋盖,上身应遮住腰部,裤长应罩住鞋面。工作服上不应有破损、孔洞和缝隙,不允许粘有油脂。

7)仰焊、切割过程中,为防止火星、熔渣从高处溅落到头部和肩上,焊工应在颈部围毛巾,穿着用防燃材料制成的护肩、长袖套、围裙和鞋盖等。

8)登高作业时,应扎紧裤脚,将鞋带塞入鞋内,以防绊倒。

9)接触钍钨棒后,应以流动水和肥皂洗手,并注意经常清洗工作服及手套等。

(6)焊工手套。

焊工手套是防御焊接时的高温、熔融金属和火花烧灼手的个人防护用具。焊工手套产品的技术性能应符合劳动保护安全行业标准《焊工防护手套》(AQ6103—2007)的规定。

1)焊工手套应选用耐磨、耐辐射热的皮革或棉帆布和皮革材料制成,其长度不应小于300 mm,要缝制结实。

2)焊工不应戴破损和潮湿的手套。

3)在可能导电的焊接场所工作时,所用的手套应该用具有绝缘性能的材料(或附加绝缘层)制成,并经耐压 5000 V 试验合格后,方能使用。

4)用大电流焊接时应用厚皮革手套,用小电流焊接可用软薄皮革手套。手套的长度尺寸不得小于 300 mm,除皮革部分外,还要求其他部分的材质也应具有绝缘、耐辐射、不易燃的性能。在有腐蚀介质的现场焊接切割时,要尽可能戴橡皮手套。

5)在高温环境下焊接时,应戴耐热、阻燃材料或石棉布或其替代品制作的手套。

(7)听力保护用品。

焊接的噪声主要是等离子喷涂与切割过程中产生的空气动力噪声。它的大小取决于气体流量、气体性质、场地情况及焊接喷嘴的口径。这类噪声大多数都在 100dB 以上。长时间处于噪声环境下工作的人员应戴上护耳器,以减小噪声对人的危害。护耳器有隔声耳罩或隔声耳塞等。我国现行的职业卫生标准规定了工作场所噪声的职业接触限值,要求在噪声未达限值前就要发给工人听力保护用品,以保障工人的健康。

1)应具备的特点。

一个好的听力防护用品,不论是耳塞还是耳罩都应具备以下特点:

①与耳部的密合要好;

②能有效地过滤噪声;

③佩戴时感觉舒适;

④使用起来简便;

⑤与其他防护用品(如安全帽、口罩、头盔等)能良好地配合使用。

2)常用种类。

听力保护用品最常见的有耳塞、耳罩和防噪声头盔三大类。

只要护耳器符合相关安全标准,使用者应尽量选择适合自己的护耳器,这样才能保证最大限度的保护效果。

(8)焊工防护鞋。

焊工防护鞋应具有绝缘、抗热、不易燃、耐磨损和防滑的性能，主要适用于气割、气焊、电焊及其他焊接作业使用。焊接防护鞋应按《焊接防护鞋》(LD4)标准进行生产。

焊工防护鞋可分为普通型(不要求耐热温度)、低耐热型(要求耐热温度为 150°C±5°C)和高耐热型(250°C±5°C)。

电焊工穿用防护鞋的橡胶鞋底，应经耐压 5000 V 的试验合格。如在易燃易爆场合焊接时，鞋底不应有鞋钉，以免产生摩擦火星。在有积水的地面焊接切割时，焊工应穿用经过耐压 6000V 试验合格的防水橡胶鞋。

(9)安全带与安全帽。

焊工在高处作业，应备有梯子、带有栏杆的工作平台、标准安全带、安全绳、工具袋及完好的工具和防护用品。焊工登高或在可能发生坠落的 2m 以上的场所进行焊接、切割作业时所用的安全带，应符合《安全带》(GB6095)的要求。安全带上安全绳的挂钩应挂牢。焊工用的安全帽应符合《安全帽》(GB2811)的要求。

(10)其他。

焊工所用的工具袋、桶应完好无孔洞；常用的手锤、渣铲、钢丝刷等工具应连接牢固；所用的移动式照明灯具的电源线，应采用 YQ 或 YQW 型橡胶套绝缘电缆，导线完好无破损，灯具开关无漏电，灯具的灯泡应有金属网罩防护，电压应根据现场情况确定使用 36V 或用 12V 的安全电压。

3.7.3　手工电弧焊安全操作

1. 手工电弧焊的设备选用应遵循的原则

(1)必须满足焊接工艺与技术提出的要求，每种弧焊方法都有其工艺特点，对电源的空载电压、输出电流的类型、外特性形状和工艺参数的调节范围等有着不同的要求，只有满足这些要求才能确保焊接过程的顺利进行并取得好的焊接质量。

(2)应能获得好的经济效果，在满足工艺要求的前提下应选择高效节能、结构轻巧灵便、容易维修，造价低廉的弧焊电源。

(3)应符合现场的使用条件，新选用的弧焊电源必须能适应现场的工作环境、水电供应条件、机械化与自动化水平、操作人员的技术素质等情况。

2. 操作要求

(1)使用前的准备工作。

先选择合适的电焊机，设备一般放置在施工点附近，电焊机接电必须严格按设备说明书进行，并由有上岗证电工的操作。

(2)实际操作控制。

1)焊接前应按焊接工艺说明书的要求将焊条烘干，烘干后应放在 100～150℃的恒温箱中随用随取。

2)对接焊件的错边量不应大于壁厚的 10%，且不大于 1 mm。

3)焊道两侧各 50 mm 范围内应清除泥污和浮锈。

4)构件在施焊前应放平垫稳，防止焊接中产生变形。

5)根据确定的焊接工艺参数，调节焊接电流。

6)依次施焊，并认真进行层间焊道清理，消除缺陷出现的隐患。

3. 设备的维护保养要求

电弧焊机的维护和保养要严格执行《弧焊设备第1部分:焊接电源》(GB15579.1)规定。

电弧焊机应在下述环境条件下正常工作。

(1)周围空气温度范围:焊接期间:－10～40℃;在运输和存储中:－25～55℃。

(2)空气的相对湿度:在40℃时不超过50%;在20℃时不超过90%。

(3)周围空气中灰尘、酸、腐蚀性气体或物质等不超过正常含量(由于焊接过程而产生的除外)。

(4)海拔高度应不超过1000 m。

(5)电弧焊机的倾斜应不超过15°。

(6)供电电源额定频率为50 Hz,额定电压应符合国家规定的标准电压:电压波动范围≤10%;频率波动范围≤1%。

4. 注意事项

(1)所有交流、直流电焊机的外壳,均必须安装保护接零装置,严禁做保护接地。

(2)焊机工作负荷不应超出铭牌规定。即在允许的负荷持续率下工作,不得任意长时间超负荷运行。焊机应按时检修,保持绝缘良好。

(3)正式焊接前应进行试焊,确认所有设备及设施完好并正常运转。

(4)在焊接过程中,出现下列所述环境不允许施焊:雨雪环境,环境温度低于0℃,相对湿度大于90%,风速大于8 m/s。

3.7.4 电渣压力焊安全操作

1. 操作要求

(1)使用前的准备工作:先选择合适的电焊机,然后电流调整到合适的挡位,电源控制必须采用带漏电保护的空气开关,确保安全;设备一般放置在施工点附近,先将电焊机一次线控制箱,其铜电缆截面必须满足设备安全使用要求。

(2)实际操作。

根据需焊接钢筋直径大小选择电源和挡位,然后根据现场实际情况,视焊包大小,适当调整挡位。

安装调试:用夹具下卡头夹紧钢筋,端头高出100 mm左右,把上卡头摇到上止点20 mm处,把对接的钢筋夹在上卡头内,要求上下钢筋对直,且端面无锈层,在上下钢筋端面之间垫上引弧垫,然后压紧;先套上焊剂盒,用石棉堵住间隙,后装焊剂,并使焊剂填充均匀;焊接分引弧—造渣—渣池—加压四个阶段,把焊钳分别夹在上下钢筋上,送上电源,插上插头,引开控制K1,然后打开手控开关K2,迅速按逆时针摇动用柄,提升上钢筋20 mm,引燃电弧,此时听到电弧声,注意观察电压表,轻轻摇动手柄,控制电压在30～32V为宜,电压稍低时逆时针迅速下移并加压,焊接完成后,大约保温30s以上,使熔化的钢水冷却固化,以保证两钢筋牢固结合,然后打开焊剂盒,回收焊剂松开夹具再进行下一步焊接。

(3)保养维修:控制箱及夹具储存时应放在通风、干燥、无尘处;夹具内部齿轮等传动部件及螺杆应定期加注润滑油;设备工作不正常时,应立即停电检修,以免故障扩大。

(4)注意事项:该焊接装置系电子控制设备,应注意防潮、防晒和防尘,外电路安装接线要正确,坚固可靠;上下钢筋必须卡紧,避免因接触不良而损坏夹具;上下钢筋必须对中,焊剂必须保持干燥,否则影响焊接质量;控制箱内后面接线为380 V高电压绝缘要良好,切记注意安全;电源接线应选用20 mm^{2}以上电缆线,并确保接头牢固;在正式使用前,应进行试焊,掌握要领再进行现场对焊,该设备应专人负责保管使用。

电渣压力焊可在负温条件下进行,但当环境温度低于-20℃时,则不宜进行施焊。雨天、雪天不宜进行施焊,必须施焊时,应采取有效的遮蔽措施。焊后未冷却的接头,应避免碰到冰雪。

2. 安全环保措施

(1)电源电缆和控制电缆连接要正确。

(2)电源和控制器外壳必须固定接地线,接地线如为铜线,截面面积为6~10 mm^2,铝线为20 mm^2。

(3)上下钢筋端部要直、平,除去锈蚀和油污。焊剂要烘干,切勿用潮湿焊剂施焊。上下钢筋要求对齐,轴线偏移量小于0.1 d,或小于2 mm。操作人员必须戴绝缘手套,穿绝缘鞋。电源一次线截面积不小于25 mm^2,二次线上的电压降不大于4 V。焊接过程中上钢筋不能与焊好的钢筋相碰。施焊前应对所用钢筋进行试焊,合格后方可施焊。在施焊过程中,应随机检查焊接质量。下班后必须保管好机头、控制箱、电缆等,避免损坏。

3.7.5 闪光对焊安全操作

1. 操作要求

(1)焊机的调整:焊接前,根据焊件的形状与截面调整钳口距离,并使工件对准中心。钳口距离最小应等于两工件的伸出长度与工件烧损量之和;钳口距离最大应为两工件的伸出长度,该距离由调整螺丝的调整获得。

然后,根据工件的直径或形状调整钳口张开距离,并根据工件的截面大小,选择焊接工艺方法,采用电阻法或采用预热闪光法。

(2)焊接时间及焊接速度:在焊接截面为650 mm^2(约ϕ28)的工件时,通过焊接时间调整为6 s左右。其预热速度为4~8 mm/s,闪光速度为2~5 mm/s,顶锻速度大于20 mm/s。

(3)焊机安装与维护:焊机应安装在平整的地基上,并用地脚螺栓固定;焊机冷却水水源压力应为0.2 MPa;焊机必须可靠接地;焊机不得受潮;焊机在工作时,应及时清除钳口之间的飞溅焊渣;焊机在调整级数开关时,必须停止焊接;焊机的检修应在切断电源时进行。

2. 安全环保措施

(1)施工作业区要确保用电安全,焊机必须接地,电闸箱必须挂牌上锁,做到"一机一闸一漏",且有防雨措施;电线布置必须合理,不得暴露在地面上。

(2)施工前,应详细检查所用电线有无破损漏电现象,漏电保护器状态是否良好,严禁电线破损和漏电保护器性能不符合要求而投入使用。

(3)对接时火花四射,焊工必须穿戴防护衣具,禁止其他人员停留在闪光范围内,以防火花烫伤。焊机工作范围内严禁堆放易燃易爆物品,以免引起火灾。

(4)对焊时,必须开放冷却水;焊机出水温度不得超过40℃,排水量应符合要求。

(5)施焊过程中,应保证施焊人员的稳定性,不得任意更换。

3.7.6 电阻焊安全操作

1. 操作要求

(1)调整设备:焊接前,根据焊件的形状与截面,调整工件伸出长度,并使工件对准中心。

将电流、时间调整到规定范围,然后打开控制开关。

(2)安装维修:控制箱及夹具储存时应放在通风、干燥、无尘处;夹具内部齿轮等传动部件及螺杆应定期加注润滑油;设备工作不正常时,应立即停电检修,以免故障扩大。

2. 安全环保措施

(1)施工作业区要确保用电安全,焊机必须接地,电闸箱必须挂牌上锁,做到"一机一闸一漏",且有防雨措施;电线布置必须合理,不得暴露在地面上。

(2)施工前,应详细检查所用电线有无破损漏电现象,漏电保护器状态是否良好,严禁电线破损和漏电保护器性能不符合要求而投入使用。

(3)焊机工作范围内严禁堆放易燃、易爆物品,以免引起火灾。

(4)对焊时,必须开放冷却水;焊机出水温度不得超过 40℃,排水量应符合要求。

(5)焊工必须持证上岗,施焊过程中,应保证施焊人员的稳定性,不得随意更换。

3.7.7 气焊与气割的安全操作

1. 操作要求

(1)使用前的准备工作。

将焊接设备及工具准备好。检查回火保护装置是否安装好。根据焊件的厚度合理地选择焊炬的规格型号、焊丝和焊剂。

(2)实际操作要求。

1)焊接前应将焊丝的水分和油污清理干净。

2)用氧化焰烘烤焊道,以清除泥污和浮锈。

3)构件在施焊前应放平垫稳,防治焊接中产生变形。

4)根据确定的焊接工艺参数,调节火焰为中性焰。

5)依次施焊,并认真进行层间焊道清理,消除隐患。

(3)设备的维护保养

保持焊炬喷嘴畅通和回火防止装置完好。

2. 注意事项

(1)氧气瓶和乙炔气瓶应直立摆放,并相距不小于 5 m。

(2)正式焊接前应进行试焊,确认所以设备及设施完好并正常运转。

(3)在焊接过程中,出现下列所述环境不允许施焊:雨雪环境,环境温度低于 0℃,相对湿度大于 90%,风速大于 8 m/s。

3.8 季节性施工安全

我国东北、华北、西北以及青藏高原等地区,每年有长达 3～6 个月的寒冷期;南方许多省市处于多雨地区,每年有长达 1～3 个月的雨期;长江中下游流域的梅雨季节长达一个月,这段时间阴雨连绵不断,伴有多云、多雾、多雷暴。这些不良天气现象,不仅给工程建设进度带来了一系列的问题,也产生许多安全事故隐患。

3.8.1　雨期施工

1. 雨期施工气象知识

(1)雨量。

雨量是用来表示降水强度的物理量,用积水的高度来表示,即假定所下的雨水既不流到别处,又不蒸发,也不渗到土里,其所积累的高度。

一天雨量的多少称为降水强度。通常按照降水强度的大小将降雨划分为小雨、中雨、大雨、暴雨等六个等级。降雨等级见表3-10。

表3-10　降雨等级

降雨等级	现象描述	降雨量范围(mm)	
		一天总量	半天总量
小雨	雨能使地面潮湿,但不泥泞	1～10	0.2～5.0
中雨	雨降到屋面上有雨声,凹地积水	10～25	5.1～15
大雨	降雨如倾盆,落地四溅,平地积水	25～50	15.1～30
暴雨	降雨比大雨还猛,能造成山洪暴发	50～100	30.1～70
大暴雨	降雨比暴雨还大,或时间长,能造成洪涝	100～200	70.1～140
特大暴雨	降雨比大暴雨还大,能造成洪涝灾害	＞200	＞140

(2)风级。

风通常用风向和风速(风力和风级)来表示(见表3-11)。风速是指气流在单位时间内移动的距离,单位用m/s表示。根据风对地面物体或海面的影响程度,将风力划分为0～12,共13个强度等级,即目前世界气象组织所建议的分级,也是我国天气预报用以表达风力强弱的标准,见表3-11。

表3-11　风级表

风力名称		海岸及陆地面象征标准		相当风速(m/s)
风级	概况	陆地	海岸	
0	无风	静,烟直上		0～0.2
1	软风	烟能表示方向,但风向标不能转动	渔船不动	0.3～1.5
2	轻风	人面感觉有风,树叶微响,寻常的风向标转动	渔船张帆时,可随风移动	1.6～3.3
3	微风	树叶及微枝摇动不息,旌旗展开	渔船渐觉簸动	3.4～5.4
4	和风	能吹起地面灰尘和纸张,树的小枝摇动	渔船满帆时,倾于一方	5.5～7.9
5	清风	小树摇摆	水面起波	8.0～10.7
6	强风	大树枝摇动,电线呼呼有声,举伞有困难	渔船加倍缩帆,捕鱼注意危险	10.8～13.8
7	疾风	大树摇动,迎风步行感觉不便	渔船停息港中,去海外下锚	13.9～17.1
8	大风	树枝折断,迎风行走阻力很大	近港渔船均停留不出	17.2～20.7

续表

风力名称		海岸及陆地面象征标准		相当风速(m/s)
风级	概况	陆　　地	海　　岸	
9	烈风	烟囱及平房顶受到破坏	汽船航行困难	20.8～24.4
10	狂风	陆上少见,可拔树毁屋	汽船航行颇危险	24.5～28.4
11	暴风	陆上很少见,有则必受重大损坏	汽船遇之极危险	28.5～32.6
12	飓风	陆上绝少,其摧毁力极大	海浪滔天	>32.6

(3)雷击。

雷是一种大气放电现象,雷云与地面凸出物之间放电,就是通常所说的雷击。雷击可产生数百万伏的冲击电压,主放电时间极短,电流极大,可达数十万安培,能对施工现场的建(构)筑物、机械设备、电气以及人身造成严重的伤害。

雷电可分为直击雷、感应雷、雷电波入侵以及球形雷等形式。雷电的危害可以分为直接在建筑物或其他物体上发生的热效应、电动力作用以及雷云产生的静电感应作用、雷电产生的电磁感应作用等。

雷暴日数,就是在一年内,该地区发生雷暴的天数,用以表示雷电活动频繁程度。

2. 雨期施工准备工作

由于雨期(汛期)持续时间较长,而且大雨、大风等恶劣天气具有突发性,因此应认真编制好雨期(汛期)施工的安全技术措施,做好雨期(汛期)施工的各项准备工作。

(1)合理组织施工。

1)将不宜在雨期施工的工程提早或延后安排;

2)对必须在雨期施工的工程制定有效的措施;

3)晴天抓紧室外作业,雨天安排室内工作;

4)遇到大雨、大雾、雷电和 6 级以上大风等恶劣天气,应当停止进行露天高处、起重吊装、脚手架搭设拆除、露天焊接、电工和打桩等作业;

5)暑期作业应当调整作息时间,在高温场所作业应当采取通风和降温措施。

(2)做好施工现场的排水。

1)施工现场应按标准进行硬化处理。

2)挖好排水沟,确保施工现场排水畅通。

(3)场区内主要道路应当硬化,路面应起拱,两侧挖排水沟。

(4)大型临时设施选址要合理,避开滑坡、泥石流、山洪、坍塌等可能发生气象地质灾害地段,雨期前应对临时设施进行检修加固,保证不漏、不塌、不倒,周围不积水。

3. 雨期施工安全事项

(1)雨期土方与地基基础工程施工,应采取措施防止土方坍塌事故;坑(槽、沟)边,不得堆积过多的弃土、材料、设备等,要注意减轻坡顶压力,保证边坡稳定;遇大雨、暴雨应当停止开挖。

(2)砌块在雨期应当集中堆放,独立墙与迎风墙应加设临时支撑保护,内外墙要尽可能同时砌筑。

(3)支撑模板系统的地基应当整平夯实,并加垫板,防止产生较大的变形,雨后要检查有无沉降。

(4)大风大雨后,应当检查起重机械设备的基础、塔身的垂直度、缆风绳和附着结构,以及安全保险装置,确认无异常方可作业。

(5)落地式钢管脚手架底部,应当高出自然地坪50 mm,周围应设置排水措施,防止雨水浸泡脚手架。

(6)施工层应当满铺脚手板,有可靠的防滑措施,设置踢脚板和防护栏杆。

(7)上人马道上必须钉好防滑条。

(8)大风、大雨后,要组织人员检查脚手架是否牢固,如有倾斜、下沉、松扣、崩扣和安全网脱落、开绳等现象,要及时进行处理。

(9)悬挑架和附着式升降脚手架,在汛期来临前要采取加固措施。

(10)机电设备应采取防雨、防淹措施,安装接地装置。

4. 雨期施工用电安全

(1)各种露天使用的电气设备应选择地势较高的干燥处放置。

(2)用配电设备(配电盘、闸箱、电焊机、水泵等)应有可靠的防雨、防潮、防淹、防雷等措施,电焊机应加防护雨罩。

(3)雨期前应检查照明和动力线有无混线、漏电,电杆有无腐蚀,埋设是否牢靠等。

(4)雨期要检查现场用配电设备的接零、接地保护措施是否可靠,漏电保护装置是否灵敏,电线绝缘、接头是否良好。

(5)暴雨等险情来临之前,施工现场除照明、排水和抢险用电外,其他电源应全部切断。

(6)在潮湿和易触及带电体场所的照明电源电压不得大于24 V;在特别潮湿的场所或金属容器内工作的照明电源电压不得大于12 V。

5. 雨期施工防雷

施工现场高出建筑物的塔机、施工升降机、物料提升机以及较高金属脚手架等高架设施,如果在相邻建筑物、构筑物的防雷装置保护范围以外,则应当按照规定设防雷装置。

施工现场的防雷装置一般由避雷针(接闪器)、引下线和接地体三部分组成,雷电流通过引下线和接地装置流入大地,使被保护物可以免受雷击。

为了防止雷击事故,应注意采取如下安全措施。

(1)雷暴时,尽量少在室外逗留,不得登高作业。

(2)关闭好门窗,防止球形雷进入室内。

(3)雷暴时,不要站在空旷和凸起地貌地带,尽量远离避雷针以及烟囱、孤树、路灯杆、旗杆等突出物。

(4)雷暴时,尽量不使用电器,注意离开电线、电话线、金属管网等设施。

6. 雨期施工临时设施使用

(1)集体宿舍设专人负责,昼夜值班。

(2)熟知避险路线、避险地点和避险方法,发现险情时及时避险。

(3)采用彩钢板房应有产品合格证,用作宿舍和办公室的,必须根据设置的地址及当地常年风压值等,对彩钢板房的地基进行加固,确保房屋稳固。

(4)接到强对流(台风)天气预报后,下列临时职工宿舍内的人员应当撤出到达安全地点:

1)临近海边、基坑、围挡墙及广告牌的职工宿舍内;

2)以塔式起重机高度为半径的地面范围内的职工宿舍内。

(5)大风和大雨后,应当检查临时设施地基和主体结构情况,发现问题及时处理。

7. 夏季施工卫生保健

(1)宿舍应保持通风、干燥,有防蚊蝇措施。

(2)生活办公设施要有专人管理,定期清扫、消毒,保持室内整齐、清洁、卫生。

(3)炎热地区应采取防暑降温措施,防止中暑。

(4)合理安排作息时间,实行工间休息制度,早晚工作,中午延长休息时间等。

(5)加强饮食卫生管理,防止食物中毒。

1)把好食品采购验收关,从正规渠道购买符合卫生要求的食品、原料。

2)半成品、熟食等食品一定要煮熟煮透。

3)食品、原料、器具的存放,必须生熟分开,防止交叉污染。

4)食品加工工具、容器和餐饮具,应经常清洗、消毒。

5)食品加工后应当尽快食用。

6)食堂工作人员要持健康证上岗,有良好卫生习惯。

7)不食用发霉、变质食品,谨慎食用海产品、四季豆、鲜黄花菜、发芽土豆等有潜在危险的食品以及生食(如凉菜)、熟食(如猪头肉)等易被细菌感染食品。

8)防止亚硝酸钠中毒,由于其外观、味道、溶解性等许多特征与食盐极为相似,很容易被误作为食盐食用,导致中毒事故。

9)保持环境卫生干净整洁,避免苍蝇、蟑螂、老鼠等污染食品。

(6)应提供符合卫生标准的饮用水,避免多人共用一个饮水器皿。

(7)供给含盐饮料,补偿高温作业工人因大量出汗而损失的水分和盐分。

3.8.2 冬期施工

1. 冬期施工概念

根据当地多年气象资料统计,当室外日平均气温连续 5 天稳定低于 5℃即进入冬期施工;当室外日平均气温连续 5 天高于 5℃时解除冬期施工。

冬期施工与冬季施工是两个不同的概念,不要混淆。例如在我国海拉尔、黑河等高纬度地区,每年有长达 200 多天需要采取冬期施工措施,而在我国南方许多低纬度地区常年不存在冬期施工问题。

冬期施工由于施工条件及环境不利,是各种安全事故多发季节。

2. 冬期施工安全措施准备

(1)编制冬期施工组织设计,确定冬期施工方法、工程进度计划、物资供应计划、劳动力组织计划、能源供应计划以及防火安全措施、防护用品配备、施工安全措施等。

(2)组织好冬期施工安全教育培训,主要是对测温人员、保温人员、能源工(锅炉和电热运行人员)以及管理人员进行专门的技术业务培训,学习相关知识,明确岗位责任。

(3)物资准备,外加剂、保温材料、测温表计及工器具、防护用品、燃料及防冻油料、电热物资等。

(4)施工现场的准备。

1)平整场地,畅通道路,防止路面结冰以及结冰后采取的防滑措施。

2)提前组织有关机具、外加剂、保温材料等实物进场。

3)供水系统应采取防冻措施。

4)搭设加热用的锅炉房。

5)落实职工宿舍、办公室等临时设施的取暖措施。

3. 地基基础工程冬期施工安全事项

(1)爆破法破碎冻土应当注意下列安全事项。

1)爆破施工要离建筑物 50 m 以外,距高压电线 200 m 以外。

2)爆破作业应在专业人员指挥下进行。

3)爆破之前应有安全技术措施。

4)现场应设置警示标志、警戒哨和指挥站等。

5)放炮后要经过 20 min 才可以前往检查。

6)遇有哑炮,严禁掏挖或在原炮眼内重装炸药。

7)冬期施工不得使用硝酸甘油类炸药。

(2)人工破碎冻土应当注意下列安全事项。

1)注意去掉楔头打出的飞刺,以免飞出伤人。

2)掌铁楔的人与掌锤的人不能脸对着脸,应当互成 90°。

(3)机械挖掘时应当注意行进和移动过程的防滑,在边坡附近使用、移动机械应注意防止边坡坍塌。

(4)蒸热法融解冻土应防止管道和外溢的蒸汽、热水烫伤作业人员。

(5)电热法融解冻土施工时,应注意做好防触电工作。

(6)采用烘烤法融解冻土时,会出现明火,由于冬天风大、干燥,易引起火灾。

(7)春融期间在冻土地基上施工前,必须进行工程地质勘察,确定地基的冻结深度和土的融沉类别,防止土方坍塌、沉陷等。

4. 砌体工程冬期施工安全事项

(1)脚手架、马道要采取防滑措施,及时清理积雪。

(2)施工时接触气源、热水,要防止烫伤。

(3)防止亚硝酸钠中毒,亚硝酸钠是冬期施工常用的防冻剂、阻锈剂,人体摄入 10 mg 亚硝酸钠,即可导致死亡。

1)尽量不单独使用亚硝酸钠作为防冻剂。

2)能辨认亚硝酸钠。

3)建立严格的出入库手续和配制实用程序。

5. 钢筋混凝土工程冬期施工安全事项

(1)金属具有冷脆性,冬期低温冷拔、冷拉钢筋时,要防止钢筋断裂伤人。

(2)检查预应力夹具有无裂纹,由于负温下有裂纹的预应力夹具,很容易出现碎裂飞出伤人。

(3)防止预制构件中钢筋吊环发生脆断,造成安全事故。

(4)当温度低于−20℃时,严禁对低合金钢筋进行冷弯。

(5)蓄热法加热砂石时,若采用炉灶焙烤,操作人员应穿隔热鞋,若采用锯末生石灰蓄热,则应选择安全配合比。

(6)电热法养护混凝土时,应注意用电安全。

(7)采用暖棚法以火炉为热源时,应注意加强消防和防止煤气中毒。

(8)调拌化学附加剂时,应配佩戴口罩、手套,防止吸入有害气体和刺激皮肤。

(9)混凝土必须满足强度要求方能拆模。

6. 冬期施工起重机械设备安全使用

(1)遇大雪和6级以上大风等恶劣天气,以及轨道、电缆结冰,应当停止垂直运输作业,并将吊笼降到底层(或地面),切断电源。

(2)遇到大风天气,应将动臂变幅塔机的臂杆降到安全位置并与塔身锁紧,轨道式塔式起重机应当卡紧夹轨钳。

(3)遇暴风雪天气,塔式起重机要采取加固措施,风雪后必须经全面检查,方可继续使用。

(4)风雪过后作业,应当检查安全保险装置,确认无异常方可作业。

(5)缆风绳地锚应当埋置在冻土层以下。

(6)春季冻土融化,应当随时观察设备基础是否发生沉降。

7. 锅炉火炉使用安全事项

(1)锅炉房的设置。

1)锅炉房宜建造在施工现场的下风方向,远离在建工程以及易燃、可燃物料场、仓库等。

2)锅炉房耐火等级应不低于二级耐火等级。

3)锅炉房的门应向外开启。

4)锅炉正面与墙的距离应不小于3 m,锅炉与锅炉之间应保持不小于1 m的距离。

5)锅炉房应有适当的通风和采光,锅炉上的安全设备应保持良好状态并有照明。

6)锅炉烟道和烟囱与可燃构件应保持一定的距离,金属烟囱距可燃结构不小于100 cm,距已做防火保护层的可燃结构不小于70 cm;未采取消烟除尘措施的锅炉,其烟囱应设防火装置。

(2)锅炉的使用。

1)司炉工应当经培训合格后持证上岗。

2)应当制定严格的司炉值班制度,锅炉开火以后,司炉人员不得离开工作岗位。

3)司炉人员下班时,须和下一班做好交接,并记录锅炉运行情况。

4)禁止使用易燃、可燃液体点火。

5)炉灰倒在指定地点。

(3)火炉安装要求。

1)油漆、喷漆、油漆调料间以及木工房、料库等,禁止使用火炉采暖。

2)金属与砖砌火炉,必须完整良好,不得有裂缝;砖砌火炉壁厚不得小于30 cm。

3)金属火炉与可燃、易燃材料的距离不得小于100 cm,已做防火保护层的火炉距可燃物的距离不得小于70 cm。

4)没有烟囱的火炉上方不得有可燃物,必要时须架设铁板等非燃材料隔热,其隔热板长度应比炉顶外围的每一边都超出15 cm以上。

5)火炉应根据需要设置高出炉身的火挡,在木地板上安装火炉,必须设置炉盘。

6)金属烟囱一节插入另一节的尺寸不得小于烟囱的半径,衔接要牢固。

7)金属烟囱与可燃物的距离不得小于30 cm,穿过板壁、窗户、挡风墙、暖棚等必须设铁板;从烟囱周边到铁板外边缘尺寸,不得小于5 cm。

8)火炉的炉身、烟囱和烟囱出口等部分与电源线和电气设备应保持50 cm以上的距离。

(4)火炉使用要求。

1)火炉必须由受过安全消防常识教育的人员看守。

2)移动火炉时,必须先将火熄灭后方准移动。

3)掏出的炉灰必须用水浇灭后倒在指定地点。

4)禁止用易燃、可燃液体点火。

5)不准在火炉上熬炼油料、烘烤易燃物品。

第4章　建筑施工生产安全事故案例分析

4.1　桩机施工事故案例

4.1.1　深圳市"2·8"机械伤害死亡事故案例

1. 事故简介

2021年2月8日8时10分，深圳市正大建业建筑工程有限公司1#旋挖机组人员谢某某、陈某某经班前教育培训后到D9-310号桩位进行旋挖成孔作业，谢某某负责操作旋挖钻机，陈祥宇负责更换钻头、现场指挥、旋挖钻机封闭作业区域防护等。9时40分，谢某某操作旋挖钻机使用直径为1 m的钻头将10号桩位钻进深度约8 m，导引孔基本完成，便通知陈某某准备更换直径为1.2 m的钻头。9时45分，陈某某拆除机身后侧的警戒措施，指挥谢某某逆时针旋转机身后退，将钻头放在机身后的地面，陈某某卸下钻头销轴。10时00分，谢某某操作旋挖钻机回至原位，陈某某恢复警戒措施后等待直径为1.2 m的钻头就位安装钻头。10时04分，挖掘机司机孙某某操作挖掘机将1.2 m的钻头运至旋挖机左前方，谢某某通过驾驶室内显示屏查看即时监控视频影像确认无人后将机身逆时针旋转，以使钻杆对准钻头，与此同时现场管理人员张某某看见陈某某进入旋挖钻机旋转半径内，站在机身后方右侧履带旁，于是立即大声呼喊并制止，陈某某回头望向张某某未理睬仍停留在原地，随即被旋转机身挤压至履带上。张某某立即通知谢某某将机身回转，组织人员把陈某某救出，并立即送往龙岗区中心医院进行抢救。

事故现场如图4-1、图4-2所示。

图4-1　深圳市"2·8"机械伤害死亡事故现场(一)

2. 事故原因

经现场勘查询问、查阅资料、调查取证和专家分析论证，事发时旋挖钻机各项功能正常，

图 4-2　深圳市“2.8”机械伤害死亡事故现场(二)

旋挖钻机机身尾部张贴了安全警示标志,作业面按要求设置了警戒措施,旋挖钻机尾部两侧安全警示灯常亮并发出提示音,符合《旋挖钻机使用手册》的规定。作业前已对陈某某进行了安全技术交底,告知了现场存在的危险作业区域和相关安全注意事项,陈某某已知晓旋挖钻机回转半径内存在的危险。陈某某安全意识淡薄,忽视作业安全,忽视安全警示标志、警示灯、声音提示,不顾管理人员制止擅自进入旋挖机回转半径内的危险区域导致事故发生。

4.1.2　苏州市轨道交通 S1 线工程 S1-TS-08 标段黑龙江路站建设项目桩机倒塌事故

1. 事故简介

2021 年 9 月 14 日 7 时 15 分左右,苏州市轨道交通 S1 线工程 S1-TS-08 标段黑龙江路站建设项目,发生一起物体打击事故,造成 1 人死亡。

2021 年 9 月 14 日上午,S1-TS-08 标黑龙江路站西区端头加固高压旋喷桩施工班组工人徐某、李某某来到施工现场,按照平时工作惯例,将高压旋喷桩机向南侧开始移机至施工点位,同时让出北侧施工道路。

当日 7 时 12 分左右,徐某启动桩机时,桩架发生大幅度晃动,向南移动约 2 m 后桩机停下,至 7 时 15 分左右,桩机突然向北倾覆,砸中前进中路由西往东行驶的一辆机动车辆,造成驾驶员陈某某重伤受困。

2. 事故原因

(1)直接原因。

事故桩机多处连接螺栓孔有加工扩孔痕迹,两侧框架拼合连接螺栓的强度不能满足桩机使用要求,出现剪切破坏的情况,底架等部件被破坏。钢管表面有混凝土残渣,造成移动不顺滑,进而引起晃动。徐某违规操作移动桩机,导致桩机大幅度晃动后对桩机底部连接螺栓造成破坏,进而导致桩机倾覆,引发事故。

(2)间接原因。

1)江苏某建设园林有限公司未落实安全生产主体责任,安全意识淡薄,将高压旋喷桩施工发包给个人班组,并租用李某某个人提供的高压旋喷桩机,未能消除高压旋喷桩机存在的事故隐患,明知桩机操作工徐某《特种作业人员操作资格证》过期,即无证上岗,却故意隐瞒,对桩机的日常检修、维保不到位。

2)李某某,作为事故桩机产权人和高压旋喷桩机承包人,提供的高压旋喷桩机产品结构质量存在缺陷,雇用《特种作业操作资格证》过期的徐某,使其无证上岗操作高压旋喷桩机。

3)江苏某建设园林有限公司黑龙江路站现场带班人王某某,落实安全生产责任不到位,未能消除高压旋喷桩机存在的事故隐患,隐瞒桩机操作工徐某无证上岗情况。

4)江苏某建设园林有限公司主要负责人徐某甲,未履行安全生产管理职责,对本单位的安全生产工作督促、检查不到位。

5)江苏某建设园林有限公司项目负责人徐某乙,安全管理意识不足。租用李某某个人的高压旋喷桩机,在明知桩机操作工徐某《特种作业操作资格证》过期的情况下未制止其继续操作,未向中铁某局集团有限公司报告相关情况。

6)中铁某局集团有限公司安全管理措施落实不到位,未严格落实建设主管部门关于台风"灿都"Ⅲ级预警响应的停工要求,未能消除高压旋喷桩机存在的事故隐患,对桩机操作工徐某无证上岗情况知情后未及时制止。

7)中铁某局集团有限公司项目经理谢某某,在台风"灿都"Ⅲ级预警响应期间,未严格落实建设主管部门停工要求,致使工人在事发当天按照平时工作惯例移动桩机。对进场工人管理不严,在项目部检查发现桩机操作工徐某特种作业资格证过期时,没有要求分包单位立即更换桩机操作工。

8)中铁某局集团有限公司项目部物机部副部长铁某某,主要负责对进场的施工机械验收工作,未能消除高压旋喷桩机存在的事故隐患,未对实际桩机操作工徐某进行桩工机械操作司机安全技术交底。

9)中铁某局集团有限公司项目安全总监魏某某,受项目经理委托负责落实安全生产管理工作,在台风"灿都"Ⅲ级预警响应期间,未严格落实建设主管部门停工要求,致使工人在事发当天按照平时工作惯例移动桩机。

10)中铁某局集团有限公司安全员邹某,参与对进场机械设备的验收工作,未能消除高压旋喷桩机存在的事故隐患。

11)上海某工程咨询有限公司落实监理责任不到位,未严格落实建设主管部门台风"灿都"Ⅲ级预警响应的停工要求,监理日常检查中未能发现桩机操作工无证上岗情况。

12)上海某工程咨询有限公司黑龙江路站专业监理工程师马某某,对施工现场质量、安全工作监理不到位,对施工现场特种作业人员管理不严。

13)上海某工程咨询有限公司项目安全专业监理工程师欧某某,落实监理单位安全监理责任不到位,未能消除高压旋喷桩机存在的事故隐患。对桩机操作工持证上岗情况把关不严,未能发现徐某无证上岗情况。

14)上海某工程咨询有限公司总监理工程师高某某,对施工单位质量、安全工作监理不到位,对施工现场特种作业人员管理不严。

15)苏州轨道交通市域一号线有限公司,落实建设单位安全生产管理责任不严,对参建的施工、监理单位安全管理不严,督促施工、监理单位落实企业主体责任不到位。对台风"灿都"III级预警响应措施落实不力。

4.2　触电事故

4.2.1　深圳地铁 8 号线一期工程 8132 标“6·22”触电事故案例

1. 事故简介

2020 年 6 月 22 日 19 时左右，成都锦翔建筑劳务公司负责盐田区地铁 8 号线 8132 标段盐田路站 C 出口施工的电气带班组长兼职安全管理人员何某某，根据工程进度和工作需要，安排班组成员杨某某(死者)、龙某某(男，23 岁，成都锦翔建筑劳务有限公司普通工人)连接 C 出口的应急照明，以及大厅广告灯箱插座等工作。连接应急照明工作具体是将已经敷设好(没有电源)的应急照明线路，接到位于 C 出口负一楼楼梯口一侧的双电源切换箱内的备用开关(带电)上。安排完工作后何某某在负一楼工区进行例行工作巡查，杨某某、龙某某来到工作现场，杨某某在双电源切换箱旁边开始应急照明接线，龙某某在距事发现场约 30 m 的大厅进行广告灯箱插座接线。19 时 10 分左右，杨某某在接线操作时，不慎触电倒地，送往盐田人民医院急诊科抢救无效死亡。

2. 事故原因

(1)直接原因。

作业人员未持电工特种作业人员证上岗，同时未佩戴绝缘手套、绝缘鞋等劳动防护用品，在未切断线路供电的情况下进行接电作业，作业前未使用验电笔确认线路是否带电，误剪带电的导线，导致触电事故发生。

(2)间接原因。

1)违章指挥，相关管理人员安全意识淡薄，安排未持有电工特种作业操作证人员进行接电作业。

2)劳务承包管理松懈，未对劳务承包队伍安全生产资质和安全保证条件进行有效审查；未对特殊工种从业人员持证上岗严格把关，违规对普通工人进行电工安全技术交底使用；安全管理存在漏洞。

3)电工作业不规范，现场部分线路未按色标进行接线，各组电源线无任何区分标识和标记，分组不清，带电与不带电线路处于混合状态。

4)相关单位现场安全管理缺失，安全监管人员不到位，未能对现场安全实施有效管控。

4.2.2　南京市“2·21”触电伤害一般触电事故案例

1. 事故简介

2017 年 2 月 21 日，由南京第一建筑工程集团有限公司总承包的高淳开发区新天地包装公司基站工程高淳区开发区秀山路与桃园路交接处站点，发生一起电击死亡事故，造成 1 人死亡，直接经济损失 162 万元。

2. 事故原因

(1)直接原因。

施工现场泵车泵臂触碰 400 V 线路导致车体带电，作业人员陈某右手触碰带电的混凝土泵车出料管，电流贯穿右手拇指、食指至右脚底，电流作用致使陈某电击死亡。

(2)间接原因。

1)南京第一建筑工程集团有限公司作为施工总承包单位对建设施工现场安全负总责。未教育和督促从业人员严格落实本单位制定的安全操作规程,与材料供应商南京市金越新型建材有限公司虽然签订了《建设工程预拌混凝土供应合同》,但在组织南京市金越新型建材有限公司进行泵送混凝土施工作业过程中,对各自的安全生产管理职责约定不明确,对进入施工现场辅助施工的泵车操作人员管理不到位,安全生产管理责任制度未有效落实。

2)混凝土供应单位南京市金越新型建材有限公司,未制定泵送混凝土控制措施、作业方案、安全操作规程,未向从业人员详细说明危险因素、作业安全要求和应急措施。未建立生产安全事故隐患排查治理制度,未对泵车作业现场安全隐患进行有效排查,在未确认现场作业条件是否符合安全作业要求的情况下,临近高低压输电线路实施混凝土泵送危险作业。

3)施工单位南京第一建筑工程集团有限公司项目经理管某督促、检查本单位的安全生产工作不到位,未能及时发现和消除生产安全事故隐患。

4)施工单位南京第一建筑工程集团有限公司高淳片区工程管理员李某未检查施工现场安全生产状况,未排查生产安全事故隐患,对施工现场缺乏有效的安全管理,履行安全管理职责不到位。

5)施工单位南京第一建筑工程集团有限公司现场管理人员林某未及时对施工现场安全隐患进行排查,教育和督促施工人员严格落实本单位制定的安全操作规程不到位。

6)混凝土供应单位南京市金越新型建材有限公司泵车队长顾某在泵车进场前对施工现场进行了安全勘查,发现施工点上方有输电线路的安全问题,没有立即处理,也没有及时报告本单位有关负责人。

7)混凝土供应单位南京市金越新型建材有限公司泵车操作员杨某,明知在临近高低压输电线路实施混凝土泵送作业,存在不安全因素,没有立即向本单位负责人报告,在没有得到及时处理的情况下继续作业,导致泵臂碰触 400 V 输电线路。

8)监理单位中邮通建设咨询有限公司监理孔某发现事故隐患后,没有下达监理通知单,未制止相关人员进行混凝土泵送的不安全作业,监理职责落实不到位。

9)施工作业人员安全防护不到位。辅助施工人员陈某在施工现场不符合安全作业的条件中,盲目施工,导致触电死亡。

4.3 火灾事故

4.3.1 池州市贵池区"4·6"较大火灾事故案例

1. 事故简介

2021 年 4 月 6 日 8 时 45 分许,池州市贵池区长江中路与杏村东街交界处南侧希望·财富广场(又称"铜锣湾商场")发生较大火灾事故,共造成 4 人死亡、2 人受伤,直接经济损失 558.44 万元。

事故现场如图 4-3、图 4-4 所示。

2. 事故原因

(1)直接原因。

经调查认定,本次事故的直接原因是:现场施工人员拆除自动扶梯时,气割作业产生的

图 4-3　池州市贵池区“4·6”较大火灾事故现场(一)

图 4-4　池州市贵池区“4·6”较大火灾事故现场(二)

高温熔融物掉落至负一层扶梯井内西北侧,引燃拆除扶梯产生的油污及装饰板等可燃物造成火灾。

(2)间接原因。

1)东莞市广大二手设备回收有限公司未建立安全生产责任制,未制定安全生产管理制度,未对施工人员进行安全教育培训,现场施工人员安全意识淡薄,施工现场安全管理混乱,部分气焊切割人员无证作业,施工现场防火分隔不到位,安全防护措施严重缺失。

2)池州市宏图市场管理公司消防安全主体责任不落实,日常消防安全管理不到位,疏散通道被占用、阻挡,消防安全隐患排查治理不到位。对东莞市广大二手设备回收有限公司施工现场安全管理不到位。

3)地方政府及有关部门履行消防安全监管职责不到位。

4.3.2 南昌市"2·25"火灾事故案例

1. 事故简介

2017 年 2 月 25 日 7 时 12 分起,张某某与其组织的 19 名施工人员及 2 名由李某某叫来的废品收购人员陆续进入唱天下会所 2 层开始施工。

7 时 47 分许,李某某驾驶面包车(高某、彭某某同车)携带 3 个氧气瓶、1 个液化石油气罐、1 把气割枪和 1 只手持式电动切割机到达唱天下会所。李某某等 3 人在附近吃过早饭后,于 8 时许进入唱天下会所,其中李某某安装好氧焊切割设备及手持式电动切割机,开始切割和拆卸会所大堂北部弧形楼梯两侧的金属扶手。至 8 时 18 分许,当李某某在会所大堂北部弧形楼梯中部切割南侧金属扶手时,其助手高某发现位于切割点正下方堆积的废弃沙发着火。火灾造成 10 人死亡、13 人受伤。

事故现场如图 4-5 所示。

图 4-5 南昌市"2·25"火灾事故现场

2. 事故原因

(1)直接原因。

唱天下会所改建装修施工人员使用气割枪在施工现场违法进行金属切割作业,切割产生的高温金属熔渣溅落在工作平台下方,引燃废弃沙发造成火灾。

造成火势迅速蔓延和重大人员伤亡的主要原因是:施工现场堆放有大量废弃沙发且动火切割作业未采取任何消防安全措施,火势迅速蔓延并产生大量高热有毒有害烟气,在消防设施被停用、疏散通道被堵塞、消防设施管理维护不善等多种不利因素作用下,造成了重大人员伤亡。

(2)间接原因。

1)唱天下量贩式休闲会所是事故主要责任方。

①未经批准非法组织改建装修施工,其改建装修工程未进行消防设计并报公安机关消

防机构审核，未制定安全施工措施并报建设主管部门核发建设工程施工许可，擅自组织改建装修施工。

②违规支解、发包改建装修工程。

③违法拆除、停用消防设施并堵塞疏散通道。在实施改建装修工程前，擅自拆除火灾自动报警系统控制器，关闭自动喷水灭火系统阀门，撤走场所内灭火器；同时将大量杂物堆放在 2 层 5 号、6 号疏散通道楼梯间前室内，堵塞了疏散通道。

④未认真履行场所内安全管理和消防安全管理责任，工程发包给个人后，未明确双方对施工现场的消防安全责任，未安排人员对施工组织、施工现场进行安全管理和监督。

2）工程施工承包方是事故主要责任方，未落实工程施工安全管理责任。

①无资质承揽工程并违规层层分包，工程承包人刘某某、廖某某未取得任何建设工程承包资质，违规承揽工程，并将工程层层转包、分包给同样不具备任何资质的个人。

②施工人员违法动火作业，施工人员在不具备特种作业资质的情况下擅自动火作业；施工现场动火作业未履行审批手续，未清理动火区域可燃物，未配备相应的灭火器材，未落实安全监护措施。

③施工现场组织混乱、安全管理缺失，施工现场组织无序、野蛮作业，在施工现场大量堆积拆除垃圾，影响过道通行；安全责任不落实、安全管理极其混乱、安全措施严重缺位。

3）南昌白金汇海航酒店有限公司是起火建筑公共消防设施管理责任单位，作为消防安全重点单位，未依法依规实施严格的消防安全管理。

①未认真履行消防设施管理、巡查职责；未与施工单位共同采取措施，保证使用范围的消防安全；每日防火检查不认真、不细致，未在火灾发生前发现 4 层 1 号疏散通道楼梯间防火门上方固定亮子窗的防火玻璃缺失及 4 号疏散通道楼梯间北侧防火门未关闭的问题。

②未按期进行消防设施检测、测试，未执行《建筑消防设施的维护管理》（GB 25201—2010）7.1.1 条强制要求，每月组织对消防设施进行测试检查，未能确保防排烟系统在火灾发生时有效启动。

③未按要求严格消防控制室管理，未执行《消防控制室通用技术要求》（GB 25506—2010）4.2.1 条强制要求，消防控制室操作人员仅有 1 人取得消防控制室操作职业资格证书，其他值班和操作人员均未持证上岗，未能掌握保证防排烟系统在火灾发生时有效启动的操作技能。

④聘请无资质消防技术服务机构负责酒店消防维保服务，聘请不具备资质的南昌文英消防安装工程有限公司对酒店消防设施进行维修保养。

4.4　模板支撑系统坍塌事故

模板支撑系统及脚手架坍塌事故是建筑施工中极易引发群体性伤亡的主要事故类型之一，尤其随着城市现代化的发展，结构复杂、跨度大、支架高的建筑越来越多。一些高度较高、采用钢管扣件式脚手架作为支撑体系的模板工程频频发生坍塌事故，造成重大的人身伤亡和财产损失。从近年来发生的较大及以上事故统计情况看，模板支撑工程坍塌事故是目前我国建筑施工安全生产重点整治的事故类型。

4.4.1 辽宁省大连市“10·8”模板坍塌事故

1. 事故简介

2011 年 10 月 8 日 13 时 40 分左右，大连市旅顺口区某工程在地下车库浇筑施工过程中，发生模板坍塌事故，造成 13 人死亡、4 人重伤、1 人轻伤，直接经济损失 1237.72 万元。

2011 年 10 月 8 日 10 时 30 分左右，施工单位浇筑混凝土过程中，有施工人员发现浇筑区北侧剪力墙底部模板拉结螺栓被拉断，发生胀模，混凝土外流。由于胀模、漏浆严重，木工打电话给班长要求增派人员，班长找来电焊工、木工等 6 人一起参与地下室剪力墙的清理和修复工作。为修复胀模模板，清运混凝土，工人在模板支架间从胀模处向东，清理出两条可以通过独轮手推车的通道，拆除了支撑体系中的部分杆件，使用独轮手推车外运泄漏的混凝土。与此同时，模板上部继续进行混凝土浇筑施工，13 时 40 分左右，已经浇筑完的超过 400 m^2 顶板混凝土瞬间整体坍塌，钢筋网下陷，正在地下室进行修复工作的 19 名工人中，有 18 人瞬间被支架和混凝土掩埋。事故最后共造成 13 人死亡、4 人重伤、1 人轻伤。

事故现场如图 4-6、图 4-7 所示。

图 4-6 模板坍塌事故现场(一)

图 4-7 模板坍塌事故现场(二)

2. 事故原因

(1)直接原因。

由于浇筑剪力墙时发生胀模，现场工人为修复剪力墙胀模板，清运泄漏混凝土，随意拆除支架体系中的部分杆件，使模板支架的整体稳定性和承载力大大降低。在修缮模板和清运混凝土过程中，没有停止混凝土浇筑作业，在混凝土浇筑和振捣等荷载作用下，支架体系承受不住上部荷载而失稳，导致整个新浇筑的地下室顶板坍塌。

(2)间接原因。

施工现场安全管理混乱，违章指挥，违章作业是造成这起事故的主要原因。模板支护施工前未组织安全技术交底，未按施工方案组织施工，仅凭经验搭设模板支架体系，未按要求设置剪刀撑、扫地杆和水平拉杆，北侧剪力墙对拉螺栓布置不合理；模板搭设和混凝土浇筑未向监理单位报验，擅自组织模板搭设和混凝土浇筑施工，导致模板支护和混凝土浇筑中存在的问题未能及时发现和纠正；现场施工作业没有统一指挥协调，施工人员各行其是，随意施工，导致交叉作业中的安全隐患没能及时排除；剪力墙胀模后，生产负责人未向监理人员报告，未到现场组织处理，未对现场处理胀模工作提出具体安全要求；工人修缮模板和清运混凝土过程中，拆除了支撑体系中的部分杆件，从胀模处向东清理出两条独轮手推车通道，用于清运混凝土，破坏了模板支撑体系的稳定性，降低了支架承载能力，且未停止混凝土浇筑作业。

1)项目部负责人和安全管理人员工作严重失职是造成这起事故的重要原因。项目经理未到位履职，由不具有注册建造师资格的人负责现场生产管理；模板专项施工方案由不具有专业技术知识的安全员利用软件编制，该方案也未经项目部负责人、技术负责人和安全管理部门负责人审核；未设置专职安全生产管理人员，兼职安全员不能认真履行安全员职责，对施工现场监督检查不到位，未能及时发现施工现场存在的安全隐患。

2)施工单位未认真贯彻落实《安全生产法》《建设工程安全生产管理条例》等法律法规，未建立建筑施工企业负责人及项目负责人施工现场带班制度；对项目经理未到职履责问题失察；对所属项目部监督检查不力，导致项目部安全制度不健全、安全措施不落实、职工教育培训不到位、未设专职安全生产管理员、安全管理不到位等问题不能及时发现、及时整改，是造成这起事故的重要原因。

3)监理公司未认真贯彻落实《安全生产法》《建设工程安全生产管理条例》等法律法规，对施工项目监督检查不力，发现施工单位未按方案施工时未加以制止；对施工单位地下车库模板支护未报验就擅自施工的违规行为，未履行监理单位的职责进行制止；现场监理人员未依法履行监理的义务和责任，对施工现场巡视不到位，得知模板支护施工时未到现场查看，也没有给予足够重视，使这次本该报验而未报验的模板支护和浇筑混凝土施工作业在没有监理人员在场监督的情况下进行，未能及时发现和制止施工现场存在的安全隐患，是造成这起事故的重要原因。

4)住房和城乡建设主管部门监督检查不到位，对施工现场事故隐患排查治理不力，未能及时消除事故隐患。

4.4.2　河北省邯郸市“7·7”预压支架坍塌事故

1. 事故简介

2012 年 7 月 7 日 22 时 20 分，河北省邯郸市某立交桥工程施工现场发生一起预压支架坍塌事故,造成 4 人死亡,直接经济损失约 260 万元。

2012 年 7 月 7 日 19 时,劳务公司班长安排 5 名施工人员到北环立交桥二区 ZH8 号墩柱附近进行施工作业,主要工作是在一辆汽车吊的配合下,将 ZH8 号墩柱北侧预压沙袋转移到南侧支架上(第八跨支架)。22 时 20 分左右,预压沙袋吊装完毕。由于正值雨季,为防止沙袋受雨水浸泡而加大荷载,班长组织 3 名工人给预压沙袋上覆盖防雨篷布,另外两人下去送对讲机。在覆盖防雨篷布过程中,堆积大量预压沙袋的立交桥第八跨支架突然发生局部坍塌,致使班长和现场三名工人随预压沙袋坠落被埋。7 月 8 日 1 时许,4 名被埋人员陆续被救出并送往医院,经抢救无效全部死亡。

事故现场如图 4-8 所示。

图 4-8 预压支架事故现场

2. 事故原因

(1)直接原因。

施工人员为了腾出 ZH8 号墩柱北侧的工作面,将 ZH8 号墩柱北侧预压沙袋转移到南侧支架上(第八跨支架)。而在这个过程中,现场工人未依照规程将沙袋按规定的预压荷载均匀排列,而是将沙袋堆积集中放置,造成局部荷载远超支架预压设计荷载,导致第八跨支架局部坍塌。

(2)间接原因。

1)现场搭设的支架缺少必要的斜撑,使部分细部结构成为机动体系,致使支架结构的稳定性存在隐患。现场搭设的支架扫地杆距地面高度 500 mm(标准规定支架扫地杆距地面高度应小于或等于 350 mm,自由端伸出量大于总量的$\frac{1}{3}$)。另外立杆上端 U 形顶托支撑的方木普遍存在偏心受压现象。上述因素是造成本次事故发生的主要原因。

2)劳务分包单位安全意识淡薄,内部管理混乱,未经同意,施工人员私自加班、违章指挥、违规作业,是造成本次事故的重要原因之一。

3)施工总承包单位对劳务分包单位管理松懈,现场安全管理不到位,对劳务分包单位私自加班、违规作业的行为未能有效制止,是造成本次事故发生的重要原因之一。

4)监理单位未充分履行监理职能,监督管理不到位,对劳务派遣公司私自加班、违规作业等不安全施工行为未能及时发现和制止，是造成本次事故发生的次要原因。

4.4.3　湖北省仙山牡丹博览园“3·27”高支模坍塌事故

1. 事故简介

2017年3月27日14时35分，湖北省麻城市五脑山国家森林公园仙山牡丹博览园水上乐园综合楼工程(以下简称事故工程)施工现场发生一起模板支架坍塌较大事故，造成施工人员9人死亡、6人受伤。直接经济损失900万元。

3月27日8时许，周某组织人员开始浇筑塔楼屋顶混凝土，浇筑顺序自西南角、西北角、东北角、东南角顺时针依次浇筑框架柱和梁，然后浇筑塔楼屋顶屋面井字梁，最后自塔楼屋顶正中顶端向四周浇筑屋面板。塔楼屋顶总浇筑作业面积约225 m^2(15 m×15 m)，梁、板钢筋模板重15.3 t，混凝土浇筑量为160 m^3，事发时浇筑混凝土132 m^3，约316.8 t，事发时作业面施工总荷载为14.46 kN/m^2。现场浇筑方式为泵送混凝土，输送设备为一台汽车泵，振捣设备为两台震动泵。塔楼屋顶浇筑共有18人作业，散布在屋顶四个坡面的多个部位，其中混凝土浇筑工16人，木工2人。

3月27日12时30分，18名施工人员完成框架柱、梁混凝土浇筑后即午间休息；13时30分，15名施工人员(另外3人未上塔楼屋顶)继续浇筑屋面井字梁和屋面板；14时35分，框架柱、梁浇筑完成，屋面井字梁浇筑基本完成；在进行第14车混凝土的浇筑时(10 m^3/车，总混凝土浇筑量约132 m^3)，东南角模板突然出现坍塌，随即整个模板支架系统快速向中部塌陷，所有屋顶施工人员随坍塌的混凝土、钢筋及模板支架系统一同坠落，并被坍塌物掩埋。

事故现场如图4-9所示。

图4-9　湖北省仙山牡丹博览园“3·27”高支模坍塌事故现场

2. 事故原因

(1)直接原因。

模板支架搭设不符合规范要求，架体承载力不足以承载施工荷载，搭设模板支架所用的钢管和扣件等材料质量不合格，混凝土浇筑工序不当。逐渐增加的荷载超过模板支架的承载能力，导致模板支架失稳坍塌，人员坠落，造成伤亡。

(2)间接原因。

调查中,发现相关企业、行业管理部门、相关地方政府在日常管理和监督检查中,存在以下主要问题。

一是企业安全生产主体责任未落实。

1)源瑞佳公司作为事故工程的施工单位,不具备建筑施工资质,违法承包事故工程,将事故工程违法转包给不具备资格的人员进行施工建设,施工现场负责人、技术人员无证上岗,现场安全管理缺失,施工管理混乱。

2)仙山牡丹公司作为事故工程的开发商、经营单位、实际建设单位,未建立安全生产责任制,未取得建筑工程管理资质,违法承揽事故工程,主要负责人和相关人员不具备相应的安全生产知识和管理能力,违规委托个人进行事故工程的设计;事故工程在未办理相关报建、施工等手续的情况下,违法发包给不具备资质的源瑞佳公司进行施工建设。

3)五脑山管理处作为事故工程的发起人,也是事故工程的建设单位和管理部门,未认真履行监管职责,对事故工程投资方和建设方不具备相关资质的情况失察,对事故工程未履行法定建设程序、未办理相关手续的违法行为失管,对事故工程层层违法转包等行为不作为,对事故工程建设中存在的安全管理和事故隐患等问题失察失管。

二是政府及相关监管部门未认真履行安全监管责任。

1)麻城市林业局作为麻城市林业主管部门,未依法行使林业行业监管职责,对五脑山管理处未依法履职的行为、对事故工程存在的违法违规行为失察失管。

2)麻城市规划局作为麻城市规划主管部门,对城乡规划监察大队在综合楼工程建设中规划监管缺位的问题失察失管,对综合楼工程建设违反规划法律法规的问题监管不力。

3)麻城市住房和城乡建设局,作为麻城市建筑行业的主管部门,对建设市场管理监察中队未依法履职的行为、对事故工程存在的违法违规行为失察失管。

4)麻城市国土资源局,作为麻城市土地审批和监管的部门,对所属的龙池桥国土资源管理所未依法履职的行为、对事故工程违法用地行为失察失管。

5)麻城市城乡规划监察大队原直属中队,负责事故工程片区违法、违规项目建设的行政执法工作,对辖区内项目建设行为开展规划动态巡查、跟踪监管不及时,致使事故工程违法建设行为持续发生。

6)麻城市住房和城乡建设局建设市场管理监察中队,是受麻城市住房和城乡建设局委托对麻城市建筑市场行政执法的责任主体,在发现事故工程存在的违法违规行为,并下达《催办通知书》和《停工通知书》的情况下,未采取有效措施制止和查处,也未及时向上级部门和领导报告,致使违法违规行为持续发生。

7)麻城市龙池桥国土资源管理所,负责事故工程片区土地动态巡查工作,未及时发现事故工程违法用地行为,在发现后又未依法予以制止,致使事故工程违法建设行为持续发生。

8)麻城市人民政府对林业局、规划局、住房和城乡建设局、国土资源局等职能部门未依法履职的行为失察失管。

4.4.4 河南省上蔡县“9·15”支模坍塌事故

1. 事故简介

2017 年 9 月 15 日 4 时 20 分左右,上蔡县河南省大程泉谷坊食品有限公司一期建设项目浅圆仓子项施工工地,发生坍塌事故,造成 3 人死亡、3 人受伤,直接经济损失 267.86

万元。

2017年9月14日21时左右，由河南置信建筑工程有限公司承建的河南省大程谷泉坊食品有限公司一期建设项目QC03＃浅圆仓施工现场，施工人员12人(其中有9名工人是混凝土工程分包人张某某临时找来的)进入施工现场进行3＃浅圆仓顶钢筋混凝土顶盖施工，10人在仓顶，张某某在3＃浅圆仓施工上下井架上顶平台指挥浇筑混凝土，技术员彭某某在另一仓顶(4＃)观察。施工至9月15日4时20分左右，在浇筑第7车混凝土约一半时，浇筑面从东北侧突然坍塌，仓顶作业人员中王某某、刘某某、夏某某和泵车司机程某某等4人在下坠过程中，抓住靠近钢筋混凝土筒壁仓顶钢筋，悬置空中(高度28.5 m位置)，后经救援脱险；其余6名工人同时坠落，聂某某、谢某某当场死亡，王某甲、王某乙、刘某某、聂某某受伤，其中重伤人员王某甲于2017年9月16日10时经抢救无效死亡，王某某、刘某某、聂某某经上蔡县协和医院救治，生命体征平稳。该起事故共造成3人死亡、3人受伤。依据《企业职工伤亡事故经济损失统计标准》(GB 6721—1986)等标准统计，核定事故造成直接经济损失267.86万元。

2. 事故原因

(1)直接原因。

1)经现场勘查发现，高大模板支撑系统所使用的钢管壁厚不符合《建筑施工扣件式钢管脚手架安全技术规范》(JGJ 130—2011)要求，规定为Φ48.3×3.6 mm，实地随机抽测10根钢管半数小于3.0 mm，最大值3.7 mm，最小值2.2 mm，平均值2.9 mm，扣件质量低下，现场发现劈裂、破坏的扣件，未见到进场钢管、扣件质量检测报告；3＃浅圆仓现场高大模板支撑系统基础未按照《建筑施工扣件式钢管脚手架安全技术规范》(JGJ 130—2011)要求进行找平、压实或灰土地基等方法处理，事故现场发现基础为原状回填土，未进行任何处理，地基变形过量；坍塌现场未发现模板支撑系统与筒仓内壁结构间设置拉接构造措施，不符合相关规范要求；为材料运输方便，擅自在模板支撑系统中部预留宽度大于2.5m的通高空间，将模板支撑系统分割成2个独立受力体系，加大了系统的“高宽比”，严重削弱模板支撑系统的刚度和整体稳定性。上述因素复合叠加在一起，导致支架强度、刚度不足，是导致事故发生的直接原因。

2)混凝土浇筑过程中存在局部荷载集中，而高大模板支撑系统未布置变形监控点，未对系统水平、垂直位移情况、杆件相关挠度变形情况实施有效监控。

(2)间接原因。

1)建设单位存在的主要问题。

该工程未依法取得建设工程施工许可证。与河南置信建筑工程有限公司签订施工合同后，未履行安全生产管理责任。发现施工单位有违法分包的行为时，未向工程建设主管部门报告。未履行《建设工程高大模板支撑系统施工安全监督管理导则》(建质〔2009〕254号)要求对危险性较大的分部分项工程进行审查、签字，未督促施工单位编制、审查专项方案及严格按方案实施。对施工单位违法分包工程的行为未履行管理责任。工程有关图纸未经施工图审查部门审核通过即组织施工。

2)施工单位存在的主要问题。

未对该项目实施有效监管，管理制度缺失，安全生产主体责任未落实。无项目施工过程的安全检查、验收记录。项目违法分包给无资质自然人承担危险性较大的分部分项工程施工。高大模板支架搭设人员无证上岗。未编制专项施工方案、未进行专家论证、未进行技术交底、未进行检查验收。浇筑混凝土时未落实架体巡视、监控措施,未及时发现并控制事故隐患。

3)监理单位存在的主要问题。

未履行安全监理责任,发现施工单位有违法分包的行为时,未向工程建设主管部门报告。未督促施工单位编制并审查施工安全专项方案,未对危险性较大的分部分项工程(高大模板支撑系统)履行旁站监理职责,未组织、参与"危大工程"检查验收,发现"危大工程"不安全行为时未履行报告职责和制止义务。

4)设计单位存在的主要问题。

未针对本工程高大模板支撑系统施工安全风险进行安全交底,未提供施工安全指导意见。

5)上蔡县产业集聚区管委会存在的主要问题。

管委会"三定方案"(上编〔2016〕4 号)规定的主要职责第八项为"负责集聚区内安全生产与环境保护督查监管",但在全国安全生产大检查中,管委会未对辖区内的建设项目施工工地进行隐患排查,对非法建设项目长期存在失察,未尽到安全生产监督管理职责。

6)上蔡县住房和城乡建设局存在的主要问题。

未按全国安全生产大检查工作要求制定本系统的"安全生产大检查方案",没有在全县房屋建筑等方面认真开展安全生产大检查和隐患排查治理,在事故调查组要求提供安全生产大检查方案及相关材料时弄虚作假。

7)上蔡县综合执法局存在的主要问题。

未履行非法建筑的巡查、拆除及查处职责,对上蔡县河南省大程泉谷坊食品有限公司一期建设项目非法建设现象长期存在失察失管。

4.4.5 龙川县麻布岗镇远东花园建筑施工"5·23"模板支撑系统坍塌事故案例

1. 事故简介

2020 年 5 月 23 日 12 时 10 分许,9 名工人在远东花园第 4 栋(以下称涉事建筑)顶层(第 20 层)浇筑"花架"(构架)混凝土作业时,花架模板发生倾覆向外坍塌,造成 8 人坠落遇难,1 人坠落到脚手架上被反弹回第 20 层天面受轻伤,直接经济损失 1068 万元。

事故现场如图 4-10、图 4-11 所示。

图 4-10 龙川县麻布岗镇远东花园建筑施工"5·23"模板支撑系统坍塌事故现场(一)

图4-11 龙川县麻布岗镇远东花园建筑施工“5·23”模板支撑系统坍塌事故现场(二)

2.事故原因

(1)直接原因。

现场勘查:涉事建筑第20层楼顶天面装饰花架(屋面构架)和模板向建筑外侧倾倒;预拌混凝土泵管排出方向与倾倒方向一致;泵管支座底部水平固定的2条方木为折断状态。花架标高67.800 m,花架高3 m,柱距5 m,梁板宽1 m、厚0.2 m。

技术原因分析如下。

(1)花架梁板模板支撑采用木立柱支撑,没有设置纵横向水平结构造稳定措施,木立柱存在偏心受力工况,稳定性差。

2)泵送混凝土立管安装不牢固,混凝土泵机作业时,泵管晃动产生水平推力,触动木支撑架。

3)装饰花架(屋面构架)上混凝土浇筑作业人员多,施工动荷载较大。

综合分析:在施工荷载作用下,致使本身处于不稳固状态下的模板支撑体系(木支撑架)向外倾覆坍塌,造成花架上面的作业人员坠落的伤亡事故。

(2)间接原因。

涉事企业违规违法建设经营、安全生产主体责任不落实,属地监管失职,相关行业监管部门失职。

1)建设单位。远东公司违规违法建设经营、安全生产主体责任不落实。

①该公司未取得用地、规划、报建、施工等合法手续,进行违规违法建设。

②该公司未取得房地产开发资质擅自从事房地产开发经营。

③该公司将涉事建筑违规违法发包给没有建筑资质的个人施工。

④该公司安全生产主体责任不落实。

⑤该公司违法占用耕地。

2)龙川县和麻布岗镇行业监管部门失职。龙川县和麻布岗镇相关行业监管部门未按规定履行日常监管职责,日常监督检查严重缺失。

3)施工单位。邓某荣施工队。邓某荣(已遇难)既是本次花架施工的承包人,也是涉事建筑的承包人。

经调查,邓某荣名下未注册登记公司,其雇有约16名工人随其务工,没有建筑施工资质、安全管理机构、专兼职的安全员、安全教育培训,也未与雇佣工人签订劳动合同。

设计单位。涉事建筑由广州天靖建筑设计有限公司设计。在涉事建筑未取得项目批准文件、城乡规划、工程建设强制性标准和国家规定的建设工程设计深度要求的依据下,违法承揽涉事建筑设计业务。

4.4.6 广东陆河县“10·8”模板支撑系统坍塌事故

1. 事故简介

2020年10月8日10时50分,陆河县看守所迁建工程业务楼的天面构架模板发生坍塌事故(见图4-12、图4-13),造成8人死亡、1人受伤,直接经济损失1163万元。

图4-12 广东陆河县“10·8”模板支撑系统坍塌事故现场(一)

图4-13 广东陆河县“10·8”模板支撑系统坍塌事故现场(二)

2. 事故原因

(1)直接原因。

1)违规直接利用外脚手架作为模板支撑体系,且该支撑体系未增设加固立杆,也没有与已经完成施工的建筑结构形成有效的拉结。

2)天面构架混凝土施工工序不当,未按要求先浇筑结构柱,待其强度达到75%及以上后再浇筑屋面构架及挂板混凝土,且未设置防止天面构架模板支撑侧翻的可靠拉撑。

(2)间接原因。

1)施工单位。

涉事施工企业安全生产主体责任严重缺失,违法违规建设经营,施工管理混乱。层层违法转包、分包给没有相关证照和资质的个人。公司主要负责人和有关安全管理人员没有到施工现场履行管理职责，只派出实习生到施工现场收集资料。公司三级安全教育培训记录造假，公司安全生产检查台账记录造假。未进行图纸会审，未取得《建筑工程施工许可证》先行开工。

2)监理单位。

严重违反规定，工作形同虚设、制度不落实，弄虚作假，聘请无证人员实施监理工作；专业监理工程师、监理员 2 人均为挂靠人员，未驻场履职。

(3)设计、图审单位。

工程设计存在缺陷，审图不到位。

(4)建设单位。

对施工单位、监理单位的督促管理缺失。

派出 1 名不熟悉情况的工作人员到施工现场，也没有明确其工作职责，导致失管、挂空挡。

4.5 建筑起重机械事故案例

4.5.1 汉中圣桦国际城项目部“12·10”塔式起重机坍塌事故案例

1. 事故简介

2018 年 12 月 10 日 8 时许，位于南郑区梁山镇龙岗新区，由四川标升建设工程有限公司(以下简称四川标升公司)承建的汉中圣桦国际城 C 区一期项目工地 4＃塔式起重机(以下简称塔吊)突然发生坍塌(见图 4-14)，造成包括塔吊司机在内共 3 人死亡的较大事故，直接经济损失 450 万元。

图 4-14　汉中圣桦国际城项目部“12·10”塔式起重机坍塌事故现场

2. 事故原因

(1)直接原因。

1)事故塔吊是在“SCMc5012”型号基础上，用多型号、多批次、多厂家零部件拼凑、改装而成“SCMc5510”，平衡臂短了 1 m，配重少了 920 kg，不符合《SCMc5510 塔式起重机安装使用说明书》(四川建设机械(集团)股份有限公司)整机配置安全技术条件。

2)塔身第 7 标准节下部南东方位主弦杆角钢有近$\frac{1}{2}$的横向断裂陈旧伤，结构完整性被破坏。

3)事故塔吊起重力矩限制器失效，在事故工况点起吊物严重超载，塔吊处于严重超负荷运行状态。

4)事故塔吊附着以上自由端高度达 25.5 m，超过《安装使用说明书》规定达 13.33%，塔身自由端稳定性下降。

(2)间接原因。

1)胜建公司：购买来历不明的、不符合安全技术条件的塔吊，使用伪造的《特种设备制造许可证》《整机出厂合格证》和铭牌等塔吊技术资料以及渭南市建设工程质量安全监督中心站《建筑起重机械产权备案销号证明》，借用他人《SCMc5510 塔式起重机安装使用说明书》，骗取《陕西省建筑起重机械产权备案证》并违规出租；违规从事塔吊顶升和附着安装，使用非原塔吊生产厂家附着装置，附着安装位置不当；未按合同约定履行对塔吊进行定期检查和维护保养的义务，维保无记录，未及时消除塔吊起重力矩限制器失效的安全隐患。

2)润达公司：出租没有完整、真实安全技术档案、不符合安全技术条件的塔吊给四川标升公司，且塔吊进场安装前未依规提交自检合格证明。

3)成豪公司：未在安装前对塔吊结构组件安全技术状况进行全面检查并做详细记录；在没有《安装使用说明书》的情况下编制《塔吊安装专项施工方案》，内容要素不全，不符合规范要求；塔吊安全装置未安装到位；塔吊安装时公司专业技术人员、专职安全管理人员未进行现场监督，技术负责人未定期巡查；将塔吊二次顶升及附着安装施工交给不具备塔吊安装资质的胜建公司施工；塔吊安装完成后，未严格按照《塔式起重机安装自检表》的项目、内容进行自检，结论失实。

4)正和公司：未严格审查报检塔吊资料，在资料不全的情况下进行检验；未严格按照《建筑施工升降设备设施检验检测标准》(JGJ 305—2013)附录 E《塔式起重机检验报告》的项目、内容进行检验，漏项、缺项严重，验证试验记录不全，检测报告结论失实。

5)四川标升公司：租用不符合安全技术条件的塔吊；组织塔吊联合验收时未严格按照《塔式起重机安装验收记录表》规定的内容进行；对起吊料斗超重失察，对塔吊作业人员违反“十不吊”的违规行为未及时发现和制止；安全技术交底针对性不强，未指派专职设备管理人员和专职安全管理人员对塔吊使用、维保情况进行现场监督检查。

6)中兴公司：未认真审核塔吊《特种设备制造许可证》《产品合格证》等资料；未认真审核塔吊《安装工程专项施工方案》，对塔吊安装单位执行《安装工程专项施工方案》情况监督不力；对塔吊使用、维护保养情况监督检查不到位；参加塔吊安装联合验收未认真履行监督职责。

7)圣美嘉公司：未认真履行建设单位安全生产主体责任，对项目参建单位安全生产工作失察失管。

8)南郑区质安站：在塔吊安装告知环节审核把关不严，未及时发现和制止违规塔吊进入工地；在塔吊使用登记环节对安装、检测、验收和登记资料未认真审查，现场核查工作存在严重疏漏，违规向涉事塔吊核发《建筑起重机械使用登记证》；在塔吊使用环节现场监督不到位。

9）城固县质安站：未针对实际情况制定建筑起重机械产权备案登记工作制度和工作流程，盲目依赖建筑起重机械产权单位对申报资料真实性的承诺，未认真审查塔吊有关备案材料的真实性和完整性，违规向胜建公司不符合安全技术条件的塔吊核发《陕西省建筑起重机械产权备案证》。

10）南郑区住房和城乡建设局：未全面落实对建筑行业安全生产监督职责，对《建筑起重机械安全监督管理规定》（建设部令第166号）落实不力，对下属单位南郑区质安站的安全监督工作疏于指导，监管不力。

11）城固县住房和城乡建设局：未全面落实对建筑行业安全生产监督职责，未认真贯彻落实《建筑起重机械安全监督管理规定》（建设部令第166号）对建筑起重机械安全监管的相关规定，对下属单位城固县质安站建筑起重机械监管工作疏于指导，监管不力。

12）南郑区人民政府：对建筑施工安全生产工作领导不力，对区住房和城乡建设局建筑施工起重机械安全监管工作监督指导不到位。

13）城固县人民政府：对建筑施工起重机械安全管理工作领导不力，对县住房和城乡建设局建筑施工起重机械安全监管工作监督指导不到位。

14）汉中市住房和城乡建设局：贯彻落实《建筑起重机械安全监督管理规定》（建设部令第166号）不到位，未认真履行建筑起重机械安全行业监管职责，对全市建筑起重机械安全监管工作监督不力。

4.5.2 宁波市镇海区“3·13”塔吊倒塌事故案例

1. 事故简介

2020年3月13日11时12分左右，位于宁波市镇海区骆驼街道的东西盛ZH08-05-01地块项目（一标段）“郦城云邸”建筑工地发生17#塔吊倒塌事故（见图4-15），造成3人死亡、1人受伤，直接经济损失627万元。

图4-15 宁波市镇海区“3·13”塔吊倒塌事故现场

按照事故塔吊拆卸合同约定和拆卸告知表中明确的时间安排，于2020年3月13日上午7时30分左右，华信公司塔吊拆卸项目部负责人刘某某带领塔吊拆卸工周某某、李某某、王某某、袁某某、安全员李某某、塔吊司机莫某某等6名作业人员到达东西盛ZH08-05-01地块项目（一标）“丽城云邸”建筑工地，在中天集团公司对华信公司项目部作业人员进行技术交底后，准备开始拆卸作业。作业前，监理单位和施工单位旁站人员拉好警戒线后当即离开现场。

7时50分左右,塔吊拆卸工周某某、李某某、王某某、安全员李某某先行登上塔吊开始拆卸作业,塔吊司机莫某某、拆卸工袁某某在登塔过程中被刘某某中途叫回,并派去维修19#楼施工升降机故障。

8时54分左右,由周某某在司机室操作塔吊,吊起事故塔吊东侧地面上的配重块回转到西侧(指塔吊起重臂所指方向),进行第一次配平,接着与李某某、王某某、李某某一起下到操作平台拔掉塔机与标准节和标准节与标准节之间的连接销轴,拆出第一节标准节后,塔吊起重臂回转至东侧,将配重块放置地面后再次回转至西侧,吊起第1节已拆卸标准节,进行第2次配平。于10时24分左右,拆出第2节标准节后,操作塔吊将已拆出的第1节标准节放置西侧地面最小幅度处。

10时37分左右,塔吊吊起第2节已拆卸标准节,进行第3次配平,并于11时03分左右拆出第3节标准节。11时09分左右,塔吊起重臂回转至东侧,小车开至最远幅度处,将第2节标准节放置地面。

11时12分左右,塔吊起重臂在空载状态下再次回转至西侧时,失去平衡,由西向东偏北侧开始翻转,塔吊上4名作业人员和塔吊上部结构一起坠落地面。

2. 事故原因

(1)直接原因。

事故塔吊拆卸过程中,在塔吊过渡节与塔身未可靠连接的状态下,安装单位现场负责人指挥无资格作业人员违反塔式起重机操作手册及塔吊拆卸专项方案中的相关要求,操作塔吊进行了回转、变幅及吊运作业,致使爬升架受到附加倾覆力矩,造成爬升架杆件及连接部位失效,平衡臂、起重臂及回转总成等上部结构缺少支撑,失去平衡,整体翻转坠落,是事故发生的直接原因。

(2)间接原因。

1)事故塔吊安装单位华信公司未能满足企业相应资质的条件,安全生产管理不力,未能及时发现并消除生产安全隐患。

作为事故塔吊产权、出租和安装拆卸单位,华信公司存在以下问题:①公司技术负责人长期缺位,未能满足建筑企业起重设备安装工程专业承包一级资质标准要求的条件;②公司技术负责人长期缺位,由资料员在自行编制的塔吊拆卸专项施工方案上代为签字;③未安排专业技术人员进行现场监督,未配备专业技术负责人并定期进行巡查;④在塔吊拆卸时,对现场作业人员配备不到位、作业人员违反塔式起重机操作手册及塔吊拆卸专项方案进行作业、现场负责人违规指挥等行为,未能及时发现并予以消除;⑤未组织制定并实施本单位安全生产教育和培训计划,未对新上岗作业人员李某某进行安全生产教育和培训。

2)事故塔吊承租使用单位中天集团公司未认真履行安全生产主体责任,对事故塔吊安装拆卸单位监督管理不力。

作为项目工程总承包单位,又是塔吊承租使用单位,中天集团公司存在以下问题:①未健全和落实安全生产责任制和项目安全生产规章制度,对项目负责人李某甲未按要求在岗履职的行为失察失管;②事故塔吊拆卸作业时,项目负责人李某甲未按要求在施工现场履职。

3)工程监理单位方正监理公司履行监理责任不到位,未按照法律法规规定实施监理。

作为项目监理单位,方正监理公司存在以下问题:①未认真执行实施项目危大工程专项施工方案监理实施细则,且事发时监理员李某乙不在拆卸作业现场旁站,并对塔吊拆卸过程进行监督检查,监理工作不到位;②未认真审核塔吊拆卸专项施工方案,并监督塔吊安装单位执行塔吊拆卸工程专项施工方案；③对工程总承包单位的项目负责人李某甲未按要求在岗履职的行为，未下达整改通知，也未向有关主管部门报告。

4)建设单位龙禧房地产公司未认真落实安全生产责任制，对发现的安全问题督促整改不力。

龙禧房地产公司未认真履行建设单位管理职责，组织安全生产大检查落实不力。对工程总承包单位安全生产工作管理不到位，对工程总承包单位项目负责人李某甲未按要求在岗履职问题，未及时督促整改等。

5)行业主管部门及属地政府安全生产监管不力。

当地建设主管部门及属地政府对建筑领域尤其是危大工程安全生产工作监管不到位，对工程总承包单位中天集团公司的项目负责人李某甲未按要求在岗履职、塔吊安装企业华信公司专业技术负责人长期缺位和华信公司未能满足建筑企业起重设备安装工程专业承包壹级资质标准要求的条件等问题失察失管。

4.5.3　广东省东莞市“4・13”起重机倾覆重大事故

1. 事故简介

2016 年 4 月 13 日 5 时 38 分许，位于广东省东莞市麻涌镇大盛村的预制构件厂一台通用门式起重机发生倾覆，压塌轨道终端附近的部分住人集装箱组合房，造成 18 人死亡、33 人受伤，直接经济损失 1861 万元。

根据天气雷达、地面自动气象观测、无人机航拍、现场监控录像和风场模拟结果等数据、资料，结合现场调查取证，还原了事发现场的气象情况，认定事故所在地风向为西南风(216°)，风速至少为 26 m/s，事故起重机沿轨道正向风速为 24.2 m/s。4 月 11 日 20—22 时，冯某某操作事故起重机进行钢筋吊运作业，工作完成后将事故起重机停放在 3 号生产线离轨道事故端 116 m 处，停机后没有将夹轨器放下并夹紧轨道。至事故发生前，事故起重机没有作业。4 月 13 日 2 时起，广东省受到一条长约 500 千米的飑线影响，出现了 8～10 级、阵风 11 级以上强对流天气。5 时 38 分许，飑线弓状回波顶突袭事发地，风力迅速增大，阵风达到 11 级。在风力作用下，起重机沿轨道向生活区集装箱组合房方向移动并逐渐加速，速度超过可倾覆的临界速度，到达轨道终端时，撞击止挡出轨遇到阻碍，整机向前倾覆。倾覆后的起重机压塌部分集装箱组合房，造成居住在集装箱组合房内的人员重大伤亡。经全力搜救，现场共搜救出 51 人(18 人遇难、33 人受伤)。

2. 事故原因

(1)直接原因。

经现场勘验，事故发生前，事故起重机的 4 个夹轨器齐全、有效且均可以正常投入使用，但均处于非工作的收起状态。经抗倾覆稳定性计算验证，事故起重机滑动至轨道终端时的速度已超过造成倾覆的临界速度，倾覆是必然的结果。调查认定，若夹轨器处于工作状态，事故起重机不会沿轨道滑动至终端并倾覆。

通过反复的现场勘验、调查取证、模拟计算、专家论证、综合分析，查明事故的直接原因是：①起重机遭遇到特定方向的强对流天气突袭；②起重机夹轨器处于非工作状态；③起重机受风力作用，移动速度逐渐加大，最后由于速度快、惯性大，撞击止挡出轨遇阻碍倾覆；④住人集装箱组合房处于起重机倾覆影响范围内。

(2)间接原因。

1)新侨公司特种设备使用管理不到位。新侨公司作为事故起重机实际使用单位，特种设备安全使用管理严重不到位。未建立且未落实特种设备岗位责任、隐患治理、应急救援以及吊装作业安全管理制度。日常检查不到位、隐患排查治理不到位,未发现特种设备作业人员长期存在的违章作业行为。特种设备现场管理混乱,未安排专门人员进行现场安全管理,现场指挥人员配备严重不足;未对特种设备作业人员的资格真伪进行严格核实,导致特种设备作业人员不具备操作资格上岗作业的问题严重;未按照规定组织从业人员进行岗前培训和三级培训,未有效开展特种设备规章制度和安全操作规程、危险因素、防范措施和事故应急措施的相关安全生产教育和培训,未督促执行操作规程;特种设备作业人员习惯性违章操作。对灾害性天气防范工作认识不足,未采取有效防控措施,未对施工现场及周边环境开展隐患排查,未发现事故起重机夹轨器处于非工作状态,未能及时采取措施消除隐患,对事故发生负有责任。

2)东江口预制构件厂安全生产主体责任不落实。东江口预制构件厂违法组织建设集装箱组合房,选址未进行安全评估,未保持安全距离,未进行有效隔离或采取其他有效防范措施,存在安全隐患。而且该厂作为事故起重机登记使用单位,特种设备安全使用管理缺失,安全生产管理责任不落实。特种设备安全管理和吊装作业相关制度和操作规程不落实,使用、管理混乱失范。作为项目发包方,以包代管,对承包单位监督检查不到位,隐患排查治理不到位,未发现长期存在的特种设备作业人员习惯性违章和不具备操作资格上岗作业等问题,发现吊装作业无专门人员现场指挥等现场管理问题未督促整改,未对事故起重机进行技术交底,未按照规定组织特种设备作业人员进行岗前培训和三级培训,未有效开展特种设备规章制度和安全操作规程、危险因素、防范措施和事故应急措施等方面的安全生产教育和培训,未督促执行操作规程,导致有关作业人员长期习惯性违章操作。对灾害性天气防范工作认识不足,面对恶劣天气,未组织采取有效防控措施,未对施工现场及周边环境开展隐患排查,未发现事故起重机夹轨器未处于工作状态,未能及时采取措施消除隐患,对事故发生负有责任。

3)四航局一公司对东江口预制构件厂安全生产工作疏于管理,安全生产责任制落实不到位,组织安全生产大检查、隐患排查治理不到位,未能发现下属单位特种设备安全管理严重缺失、发包项目安全生产“以包代管”等未落实安全生产法律法规问题,对下属单位特种设备作业人员证件审查不严,导致下属单位特种设备作业人员不具备操作资格的问题严重;未按照规定组织对一线员工进行安全生产教育培训;对灾害性天气防范工作认识不足,面对恶劣天气,未组织采取有效防控措施,未对施工现场及周边环境开展隐患排查,未及时采取措施消除隐患、防止事故发生。

4)中交四航局安全生产责任制落实不到位,对下属单位落实安全生产法律法规工作督促指导不力,安全生产大检查不到位、不细致,气象灾害信息收集及响应等制度存在缺失。

5)东莞市质量技术监督局对事故发生单位特种设备安全监管不力,对其长期存在的特种设备作业人员习惯性违章和不具备操作资格上岗作业等问题失察;对事故发生单位的特种设备违法行为查处不力;对该市特种设备兼职安全监察员队伍指导不到位。

6)东莞市麻涌镇经济科技信息局(质量技术监督工作站)自 2015 年以来从未对事故发生单位进行检查,未能发现事故发生单位存在的未建立健全特种设备岗位责任等安全管理制度、特种设备安全技术档案缺失以及特种设备作业人员习惯性违章和不具备操作资格上岗作业等问题。对大盛村特种设备兼职安全监察员巡查“走过场”问题失察;未及时采取有效措施,提高巡查人员业务能力;未能有效协助东莞市质量技术监督局对辖区起重机械等特种设备使用单位开展监督管理工作。

7)东莞市城市综合管理局麻涌分局未按照上级检查规范执行监督检查,对辖区企业内部监督检查履职不到位,未将事故发生单位纳入日常监督检查范围,未发现事故发生单位存在违法建设集装箱组合房的问题,存在监管真空地带,在履行职责方面存在缺失。

4.5.4　广东省东莞市“7・8”门式起重机坍塌事故

1. 事故简介

2017 年 7 月 8 日 10 时 30 分许,广东省东莞市发生一起门式起重机坍塌事故,造成 3 名现场进行拆除作业的人员受伤,后经紧急送院抢救无效死亡,事故共造成 3 人死亡。

2017 年 7 月 8 日 8 时许,陈某某到达事故现场,当时工人正在做拆除门式起重机前的准备工作,其间陈某某离开现场购买工具。9 时许,鸿高公司的工作人员李某某与陈某某在拆除现场签订拆除协议,协议约定由东莞市塘夏矿山起重设备经营部对鸿高公司位于东莞市企石镇铁岗村九龙井的一块闲置用地的 1 台废弃的门式起重机进行拆除。

鸿高公司事先联系了 3 台吊车,拟用于拆除门式起重机时稳定横梁,其中现场 2 台吊车已到位,分别停放在门式起重机横梁的两边,准备固定门式起重机横梁,参与拆除作业的 3 名工人(张某某、户某某、尚某某)在未佩戴安全绳、安全帽等劳动防护用品的情况下登上门式起重机。10 时 30 分许,现场拆除作业人员在门式起重机支腿未被固定(稳定),且门式起重机主横梁未被吊起(稳定)的情况下,提前割除了支腿和主横梁连接的 5 个法兰盘的 33 个连接螺栓,使其余 3 个法兰盘与主横梁的连接焊缝撕裂脱开,造成门式起重机整体倾倒坍塌,导致在门式起重机上面作业的张某某、户某某和尚某某坠地受伤,后经紧急送院抢救无效死亡,事故共造成 3 人死亡。

事故现场图片如图 4-16 所示。

图 4-16　东莞企石镇“7・8”龙门吊坍塌事故现场图片

2. 事故原因

(1)直接原因。

现场拆除作业人员在没有对设备采取任何保护(稳定)措施的情况下拆除了刚性支腿与主横梁的连接螺栓,改变了原稳定性结构,造成整体失稳、向南坍塌。

(2)间接原因。

1)拆除单位在拆除作业前未制定相应拆除措施,在拆除作业过程中盲目作业。

2)产权单位将业务发包给无营业执照单位进行拆除作业,安全管理不到位。

4.5.5 陕西省靖边县“11·26”塔吊拆除倒塌事故

1. 事故简介

2017年7月11日11时30分左右，陕西省靖边县某工地在进行塔吊拆卸作业过程中发生一起塔吊倒塌事故，造成2人死亡。

2017年7月11日9时30分许，榆林市榆阳区广联租赁有限责任公司塔吊安装拆卸队队长李某某雇用牌号为陕KD3800的汽车起重机配合拆卸塔吊起重臂。在拆塔吊起重臂过程中，现场共有李某某、党某某、许某某3名拆卸人员，其中李某某负责在地面指挥及司索，党某某、许某某站在起重臂上负责拆卸销轴。该塔吊的起重臂共有7节55 m，按顺序用销轴连结。事故发生前，已拆下4节共25米，之后继续解体第3节起重臂，当党某某、许某某在空中打出第3节起重臂2个下连接销时，平衡臂总体开始倾翻。在倾翻力矩的作用下，首先拉断了下回转总成同基础节东侧的4个连结销，平衡臂开始下沉，剩余的第1节、第2节起重臂连同仍有一销连结的第3节大臂向上翻转，拉断塔身西侧四个连接销及部分连结耳板后，平衡臂(含6块配重)连同回转总成及以上塔头、剩余起重臂组成的整体，从10 m高空向上翻转180°后直接落到地面，导致正在起重臂上作业的党某某、许某某2人被抛出后坠落至地面。事故发生后，现场人员立即拨打120急救电话，医护人员到现场后，经诊断党某某、许某某2人已无生命体征。

事故现场图片如图4-17所示。

图4-17 陕西省靖边县“11·26”塔吊拆除倒塌事故现场图片

2. 事故原因

(1)直接原因。

榆林市榆阳区广联租赁有限责任公司塔吊拆卸人员，在塔吊拆卸过程中严重违反操作规程，采取分节连续拆除塔吊起重臂而未拆卸平衡臂配重，致使塔吊整体平衡被破坏，重心后移而发生倾覆，是造成此次事故的直接原因。

(2)间接原因。

1)榆林市榆阳区广联租赁有限责任公司无塔吊拆卸资质，拆卸人员无特种作业人员操作证，在塔吊拆卸前未履行任何申报程序，未进行安全技术交底和安全教育，拆卸现场无安全人员监督，擅自违规拆卸塔吊。

2)陕西建工集团有限公司停工期间安全管理不到位,编制的专项方案不合理,相关负责人停工现场巡查周期较长,现场管理人员严重失职,发现其他单位擅自拆卸塔吊未制止、未上报。

4.5.6 广东省广州市"7·22"塔吊坍塌较大事故

1. 事故简介

2017 年 7 月 22 日 18 时 07 分,广东省广州市某项目发生建筑工地塔吊坍塌较大事故,造成 7 人死亡、2 人重伤,直接经济损失 847.73 万元。

发生事故塔吊于 2016 年 6 月 30 日在该工地首次安装使用,在 2017 年 7 月 19 日前共进行了两次顶升作业,共安装顶升 11 个标准节。第三次顶升作业时间为 2017 年 7 月 20 日至 7 月 22 日,7 月 20 日完成了第一道附着装置的安装,21 日完成了 3 个标准节(第 12～14 个标准节)的安装;7 月 22 日完成了 3 个标准节(第 15～17 个标准节)的安装,塔身高度 104 m,事故发生在第 4 个标准节(第 18 个标准节)与顶升套架连接的状态下内塔身顶升过程中,塔吊处于加完标准节已顶起内塔身第 2 个步距的状态,由顶升环节正转换至换步环节,左换步销轴已处于工作位置,右换步销轴处于非工作位置,此时塔身高度约 110 m(见图 4-18)。

图 4-18　塔吊倾覆过程中上部宏观结构

(1)发前顶升情况。

据现场监控录像记录,事故发生前顶升作业的主要过程如下。

7 月 22 日 5 时 59 分,塔吊司机到达塔吊司机室,开始吊运建筑材料。

7 时 42 分,8 名顶升作业人员抵达现场。6 名作业人员登塔准备作业,2 名作业人员在地面准备安全警戒及挂钩工作。

10 时 11 分,地面工作人员卸下吊钩,装上顶升专用吊具。

11 时 11 分,开始吊装第 15 个(7 月 22 日第一个标准节)标准节的 1/2 组件。

12 时 53 分,2 名增援的顶升作业人员抵达现场,登塔参与顶升作业。

18 时 03 分至 18 时 07 分,当第 18 个标准节完成加节,内塔身开始顶升 4 分钟左右时发生了本起事故。

(2)塔吊坍塌过程(见图 4-19)。

图 4-19　塔吊坍塌过程

通过监控拍摄到的坠落视频显示,塔吊坍塌从 18 时 7 分 8 秒开始,有效可见的坠落过程共 10 秒。

18 时 7 分 8 秒,圆盘钢筋和吊钩最先落地,起重臂随后斜插到塔身处。

18 时 7 分 9 秒,起重臂臂端倾斜插入地面,随后各个臂节接连落地、倾倒。

18 时 7 分 11 秒,起重臂变幅小车落地时,圆盘钢筋再次向西拉动。

18 时 7 分 12 秒,司机室落地,落到塔身东侧不远处,随后上塔身弯曲下坠后压碎司机室。

18 时 7 分 13 秒,平衡臂落地,平衡臂坠落在塔身东侧较远处。

18 时 7 分 13 至 7 分 15 秒,顶升机构的滑板、销轴、爬升走台等散落在塔身附近的地面上,其间有若干作业人员落地。

18 时 7 分 16 秒,塔帽斜插入地面。

18 时 7 分 17 秒,顶升套架沿着内塔身向回转支座方向滑动。

18 时 7 分 16 分至 18 时 7 分 18 秒,内塔身、顶升套架以塔帽为圆心向东翻转,头朝西坠落在塔帽的东侧,滑动底座位于最东侧。

2. 事故原因

(1)间接原因。

经调查认定,本起事故的直接原因为:部分顶升人员违规饮酒后作业,未佩戴安全带;在塔吊右顶升销轴未插到正常工作位置,并处于非正常受力状态下,顶升人员继续进行塔吊顶升作业,顶升过程中顶升摆梁内外腹板销轴孔发生严重的屈曲变形,右顶升爬梯首先从右顶升销轴端部滑落;右顶升销轴和右换步销轴同时失去对内塔身荷载的支承作用,塔身荷载连同冲击荷载全部由左爬梯与左顶升销轴和左换步销抽承担，最终导致内塔身滑落，塔臂发生翻转解体，塔吊倾覆坍塌。

具体分析如下。

1)销轴孔同轴度发生变化。

塔吊右顶升销轴对应的摆梁外腹板销轴孔与顶升摆梁内腹板销轴孔发生了非同步塑性变形，导致摆梁内外腹板销轴孔之间的同轴度发生显著偏差，右顶升销轴难以正常插入与拔出，这属于事故发生前重要的安全隐患。塔吊安拆人员在销轴孔发生变形、销轴插拔困难的情况下，未意识到这一隐患的严重后果，选择用锤击的方式解决销轴插拔困难的问题，继续顶升作业(见图 4-20～图 4-23)。据痕迹检测，塔吊在多次顶升过程中，存在锤击销轴端面的情况，致右顶升摆梁上内外腹板销轴孔同轴度偏差变大，导致销轴不易插拔。

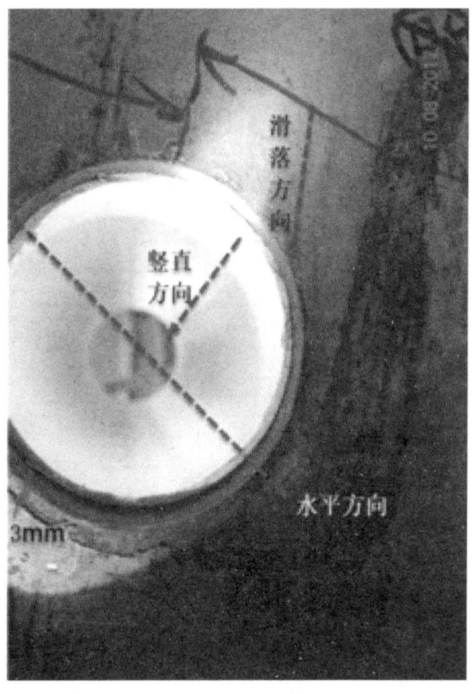

图 4-20　右顶升销轴内侧销轴孔变形

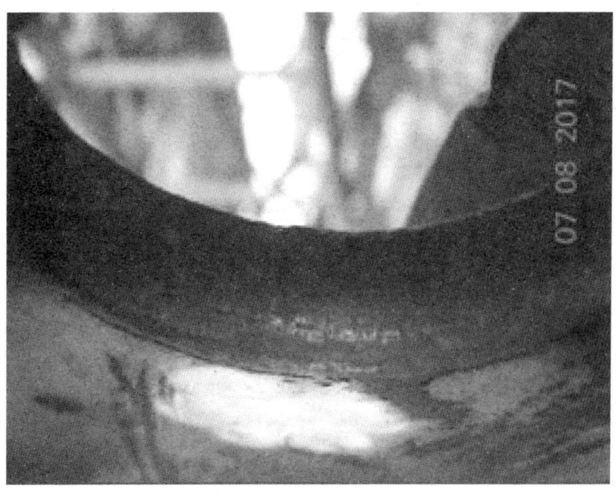

图 4-21　局部放大图

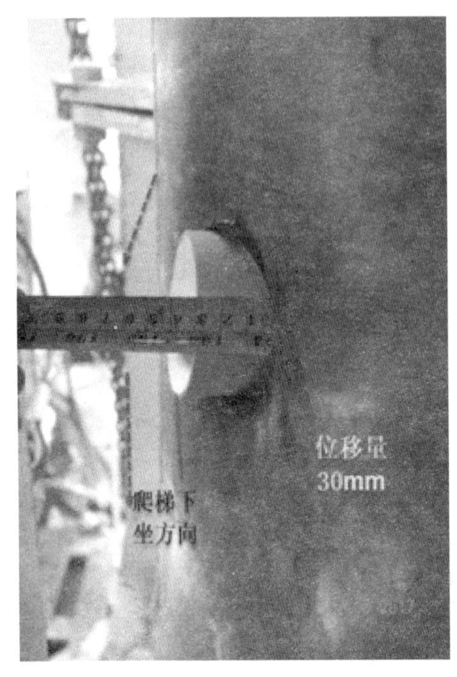

图 4-22　右顶升销轴外支承板孔边弯曲大变形

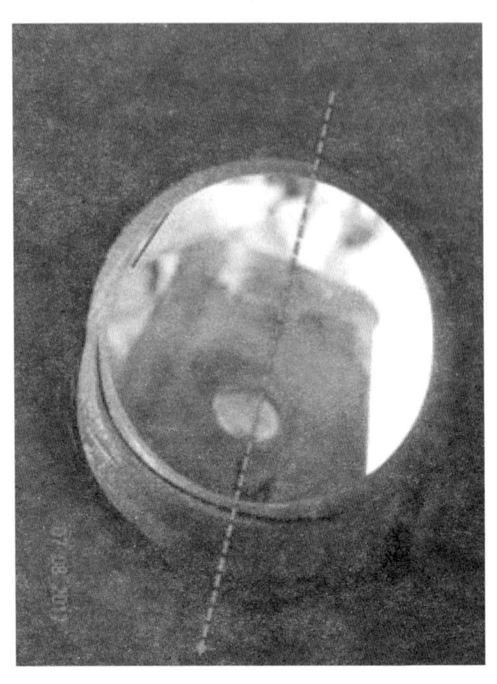

图 4-23　右顶升销轴孔边塑性变形

2)爬梯踏步座变形。

塔吊在多次顶升后,爬梯踏步板孔表面也受销轴挤压发生塑性变形,造成爬梯踏面厚度增大,相邻踏步步距发生变化,左右爬梯同孔位踏步板孔的同轴度发生变化,致使左右爬梯踏面在换步时不在同一水平线上,当一边换步销轴插入后,另外一边换步销轴插入就存在一定的难度(见图 4-24～图 4-32)。

图 4-24　右顶升爬梯第四孔形貌

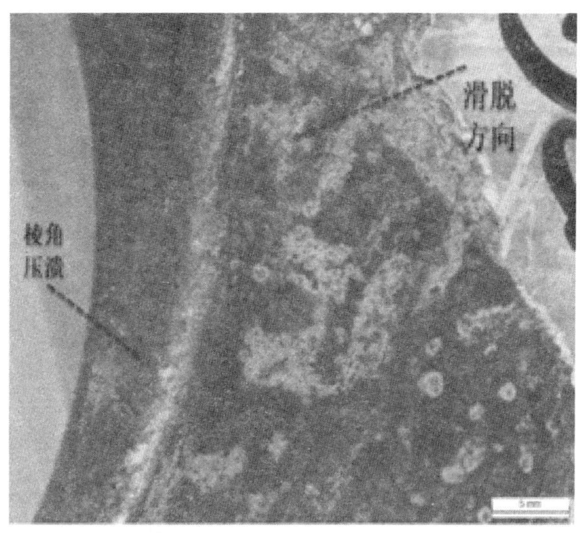

图 4-25 左图局部的放大图

3)销轴插拔操作辅助确认装置结构不完整。

据塔吊制造单位提供的图纸显示,操作导向滑杆及弹簧销是销轴正常插入与拔出位置的辅助确认装置。顶升系统应有 4 套销轴插拔操作手柄导向及弹簧销,但现场只安装有 1 套销轴插拔操作手柄导向系统,并代之以铁丝或葫芦链条临时绑扎滑杆插孔。另依据事故塔吊供货包装清单显示,新塔吊初次发货时仅提供 2 套销轴插拔操作手柄导向滑杆与弹簧销(见图 4-26～图 4-31)。

图 4-26 左下销操作杆上的滑杆插孔

4)顶升作业工人违章冒险作业。

根据《广东省广州市公安司法鉴定中心检验报告》(穗公(司)鉴(理化)字〔2017〕01748号)显示,经对死者血液中乙醇定性定量检验,龚某某、陈某某、褚某某、张某某、卢某某的血液中均有乙醇成分,含量分别是:龚某某 64.5 mg/100 mL、陈某某 34.9 mg/100 mL、褚某某(新增援顶升作业)5.1 mg/100 mL、张某某(新增援顶升作业)149.7 mg/100 mL、卢某某 8.9 mg/100 mL。上述行为违反了《塔式起重机操作使用规程》(JG/T 100—1999)第 3 条的规定。

图 4-27　右下销操作杆上的滑杆插孔

图 4-28　换步销操作滑杆安装支座

图 4-29　右侧顶升销轴辅助连杆装置

图 4-30　左顶升销轴操作杆的滑杆插孔

图 4-31　左侧换步销轴操作杆的滑杆插孔

根据现场监控录像记录显示，事故部分伤亡人员坠落着地前已与塔吊分离，表明事故发生时有的顶升作业人员未佩戴安全带。上述行为违反了《塔式起重机操作使用规程》(JG/T 100—1999)3.2.7条的规定。

5)人为破坏等因素排除情况。

经事故调查组现场勘查、计算分析，排除了人为破坏、气象、地基沉降、塔身基础、结构及其连接失效、非原制造厂主体构件、外部冲击荷载、顶升油缸失效等因素引起事故发生的可能。

(2)间接原因。

1)事故塔吊安装顶升单位北京正和公司安全生产管理不力，未能及时消除生产安全事故隐患。

北京正和公司安全技术交底落实不力；编制的塔吊顶升专项施工方案存在严重缺陷；安全生产检查巡查和安全生产培训教育不到位；未及时消除事故隐患；塔吊安全使用提示警示不足等。

2)事故塔吊承租使用单位中交四航局总承包分公司没有认真履行安全生产主体责任，

对事故塔吊安装顶升单位监督管理不力。

中交四航局总承包分公司具体实施将该项目主体工程施工违法分包给中建三局;未健全和落实安全生产责任制和项目安全生产规章制度,放任备案项目经理长期不在岗,并任命不具备相应从业资格的人员担任项目负责人;未认真审核塔吊顶升专项施工方案等。

3)工程监理方珠江监理公司履行监理责任不严格,未按照法律法规实施监理。

珠江监理公司旁站监理员无监理员岗位证书上岗旁站,且事发时不在顶升作业现场旁站;未认真审核塔吊顶升专项施工方案;未认真监督安全施工技术交底等。

4)中交四航局、中建三局、厦门威格斯公司、马尼托瓦克公司等涉事企业不认真落实安全生产责任制,事故预防管控措施缺失。

中交四航局未履行建设单位监管职责,对下属单位安全生产工作监管不力;中建三局未严格执行安全生产法律法规,承接了事故项目主体工程的施工;厦门威格斯公司未能有效指导塔吊顶升作业;马尼托瓦克公司未就同型号事故塔吊曾发生的事故原因以及所暴露出的操作问题发函提醒警示相关客户重点关注此类操作问题等。

5)行业主管部门及属地政府安全生产监管不力。

行业主管部门及属地政府对违法分包、项目经理挂靠等问题监管不力;对塔吊重点环节安全监管不够细致;对上级批转的投诉举报不及时认真查处;未能督促事故单位消除安全隐患等。

4.5.7 玉林市玉林碧桂园凤凰城五期“5·16”施工升降机坠落事故案例

1.事故简介

2020年5月16日19时40分左右,施工升降机司机周建明驾驶施工升降机,搭载塔吊指挥覃某某、混凝土工人杨某甲、混凝土工人杨某乙、混凝土工人杨某丙、混凝土工人罗某某共6人,准备到A1标段1#、2#、5#楼项目的5#楼楼顶进行浇筑造型混凝土。原计划是搭乘施工升降机到32层(该楼地面以上32层),然后再通过到楼顶的楼梯通道走上到楼顶层面。19时50分,施工升降机笼体底部上升到5#楼33层楼面(最高附墙以上,按照技术标准,施工升降机驾驶员应该在第32层层站时制动升降机停靠),施工升降机笼体发生侧翻,最终坠落到地面造成事故(连带32层1个附墙,最上面5个标准节等),事故造成搭乘施工升降机的6人中的3人当场死亡,另外3人重伤经送医后,于20时30分抢救无效死亡。

事故现场如图4-32、图4-33所示。

图4-32 玉林碧桂园凤凰城五期“5·16”施工升降机坠落事故现场(一)

图 4-33　玉林碧桂园凤凰城五期“5・16”施工升降机坠落事故现场(二)

2. 事故原因

(1)直接原因。

事故施工升降机导轨架顶部往下第 5 节标准节与第 6 节标准节连接位置左侧 2 根高强度螺栓缺失、未安装有效的上限位装置及上极限装置，广东龙越建筑工程有限公司将未经验收合格的施工升降机投入使用、施工升降机司机周某某违规操作，是造成事故的直接原因。

(2)间接原因。

1)广西北流航博建筑机械租赁有限公司(施工升降机租赁安拆单位)。施工现场管理缺失，无施工升降机顶升加节施工专项方案；未按规定配备足够安拆人员；没有落实专业技术人员现场监督；未按规定配备满足安拆工艺的力矩扳手确保安全生产条件；违反规定，组织没有获得施工升降机特种作业操作资格证的员工林某某进行施工升降机的顶升加节操作；未按规定落实安全生产教育和培训，导致陈某某、林某某、姚某某等 3 名员工未具备必要的安全生产知识和熟悉有关的安全操作规程、未掌握安拆岗位的安全操作技能参与施工升降机顶升加节操作。

2)广东龙越建筑工程有限公司(施工单位)。作为项目工程的承建单位，管理混乱，在原项目经理潘某某辞职后，未按规定及时任命项目负责人及向相关监管部门报备；未按规定配备足够的专职安全生产管理员；未督促落实专职设备管理人员张某某、专职安全生产管理员吴某某按规定对施工升降机顶升加节进行现场监督检查；未按规定组织安拆、监理等有关单位对施工升降机顶升加节操作后进行验收及出具验收记录，就违规投入使用。

3)广西至佳建设工程咨询有限公司(监理单位)。对建设项目安全生产的监理主体责任不落实，施工现场管理不到位。对广西北流航博建筑机械租赁有限公司执行施工升降机顶升加节施工未严格监督检查，项目监理部未按规定严格把关施工升降机验收手续，未把施工升降机顶升加节中发现的安全事故隐患按规定及时汇报行业主管部门。

4)玉林市盛享碧桂园房地产开发有限公司(建设单位即发包方)。安全生产主体责任不落实，未对广东龙越建筑工程有限公司、广西至佳建设工程咨询有限公司的安全生产工作进行统一协调管理，未定期进行安全检查，对广东龙越建筑工程有限公司申请变更项目经理的事项没有及时办理，对监理单位报告的安全事故隐患没有及时处理；未对广东龙越建筑工程有限公司、广西至佳建设工程咨询有限公司存在的问题及时进行纠正。

4.5.8 晋城市晋城“11·4”施工升降机坠落事故案例

1. 事故简介

2020年11月4日11点30分许,2号楼西侧吊笼施工升降机司机张某将施工升降机停靠在地面后下班休息,升降机处于待机状态。中午12点39分,某公司欧阳某坦、欧阳某洋和张某智3人进入施工现场,12点41分许,3人进入施工升降机西侧吊笼,自行操作施工升降机前往楼顶进行防水作业。12点44分许,施工升降机运行至24层以上,越过最高一道附着约1 m时,第7节标准节和第8节标准节(从上往下数)连接螺栓失效,西侧吊笼连同上端7节标准节一起向西倾覆,从距地面约70 m高处坠落至地面炉渣堆上,造成3人死亡。事故现场如图4-34、图4-35所示。

图4-34 晋城市晋城“11·4”施工升降机坠落事故现场(一)

图4-35 晋城市晋城“11·4”施工升降机坠落事故现场(二)

2. 事故原因

(1)直接原因。

第 7 节标准节和第 8 标准节间东侧两条螺栓的螺母缺失，螺栓连接失效，施工升降机西侧吊笼从地面上升越过最高一道附着约 1 m 时，第 8 节以上自由端部分无法克服来自西侧吊笼的倾覆力矩，发生断裂性倾覆，是造成事故的直接原因。

(2)间接原因。

1)瑞圣达公司。该公司作为施工升降机租赁公司和安装单位，违规将超过设计使用年限未评估、没有安全技术档案的施工升降机租赁给中富公司；伪造《建筑起重机安装告知资料》中的《建筑起重机械备案情况》、晋塔公司副总工刘某某签字、晋塔公司公章等签订《安装合同》《安全协议》办理安装告知表和使用登记表；冒用晋塔公司起重设备安装资质证书，派遣无建筑施工特种作业操作资格证人员进行违规安装、维护和保养。

2)宏圣公司。该公司将使用大中型施工机械设备的业务违规分包给中富公司；未认真审核事故升降机相关资料造假的问题；未组织相关单位对施工升降机进行验收；未按规定履行事故升降机租赁、安装、验收、使用、维护保养的职责；备案项目负责人与实际项目负责人不符，且配备不具备资格人员担任项目负责人；未督促方舟公司、中富公司签订专门的安全生产管理协议，约定各自的安全生产管理职责；拒不执行监理部门下达的事故施工升降机停止使用指令；发生事故后未及时上报事故情况。

3)中富公司。劳务分包公司(2＃楼施工升降机使用单位)违法出借资质；违法分包；租赁、使用不符合规定(限制使用)的施工升降机；未按规定履行设备维护保养和安全管理职责；安排未取得施工升降机特种设备操作资格证人员上岗作业。

4)方舟公司。未建立安全生产责任制，未配备项目专职安全生产管理人员；未按照规定对欧阳某坦、欧阳某洋、张某智(事故中 3 人均死亡)进行安全生产教育培训考核和日常用工管理；未与中富公司签订交叉作业专门的安全生产管理协议；防水施工人员违规操作施工升降机。

5)德宇公司。未认真审核事故升降机相关资料造假的问题；未按规定严格履行事故升降机租赁、安装、验收、使用、维护保养的监理职责；针对施工单位违规使用事故施工升降机的问题未能有效制止，未按规定向建设主管部门报告。

6)铭基公司。未认真履行建设单位安全管理职责，对施工总承包单位和监理单位管理不严格；对事故升降机使用登记资料审核流于形式、隐患整改不彻底。

7)百强公司。作为事故升降机检测检验单位，违法安排无检测检验资质人员孙某某对事故施工升降机进行检测检验；违法编制、出具虚假施工升降机检测检验报告。

4.5.9　河北省秦皇岛“9·5”施工升降机吊笼坠落事故

1. 事故简介

2012 年 9 月 5 日 11 时 50 分，河北省秦皇岛市某工程施工升降机吊笼发生坠落事故，造成 4 人死亡，直接经济损失 430 万元。

达润·时代逸城四期工程 15 号楼外用升降机于 2012 年 8 月 11 日开始安装，至 8 月 26 日安装到第 10 层，高约 35 m。因升降机没有安装完毕，卸料平台没有搭设，使用手续未办理，不具备使用条件。2012 年 9 月 5 日 9 时，工长调来 2 名工人铺设 15 号楼外用升降机吊笼入口平台，并安排他们看守，不让任何人随意动升降机。11 时 50 分左右，15 号楼木工班组4名工人吃完午饭后提前上班，看到升降机在一层停滞，就要使用升降机上楼，看守人员出面制止，他们不听劝阻，态度强硬，执意乘电梯，并将卡在吊笼门的木头方子拽出。先有3名工人进入，后又有1名工人跑步进入，关门后开动电梯，1分钟左右升降机吊笼冒顶坠落，导致事故的发生。

事故现场如图4-36、图4-37所示。

图4-36 施工升降机吊笼坠落事故现场(一)

图4-37 施工升降机吊笼坠落事故现场(二)

2.事故原因

(1)直接原因。

施工单位木工班组施工人员不听劝告，擅自使用未安装完毕的升降机。

(2)间接原因。

1)企业安全教育培训工作不到位，未按照国家有关规定对职工进行三级安全教育培训，职工安全意识淡薄，违章使用未安装完毕并未经安全验收合格的施工升降机。

2)安全防护不到位。在15号楼施工升降机安装未完成且未投入使用前，企业对施工升降机未采取有效的安全防护措施，导致职工擅自进入并使用施工升降机，而发生安全事故。

3)施工升降机在安装过程中存在缺陷，未采用防止越程的装置和措施，同时安全防护装置也未安装到位。

4.5.10 湖北省武汉市“9·13”施工升降机坠落事故

1.事故简介

2012年9月13日13时10分许，武汉市东湖生态旅游风景区东湖景园某建筑工地发生一起施工升降机坠落事故，造成19人死亡，直接经济损失1800万元。

9月13日11时30分许，升降机司机将东湖景园C7-1号楼施工升降机左侧吊笼停在下终端站，按往常一样锁上电锁拔出钥匙，关上护栏门后下班，并按正常作息时间(11时30分至13时30分)到宿舍午休。当日13时10分许，19名工人提前上班，准备到该楼顶楼进行装修施工，由于电梯司机尚未提前到岗，这部分急于上班的工人擅自将停在下终端站的C7-1号楼施工升降机左侧吊笼打开，携带施工物件进入左侧吊笼，然后在没有钥匙的情况下强行操作施工升降机上升。该吊笼运行至33层顶楼平台附近时突然倾翻，连同顶部4节标准节一起坠落地面，造成吊笼内19名工人当场死亡。

事故现场如图4-38、图4-39所示。

图 4-38　施工升降机坠落事故现场(一)

图 4-39　施工升降机坠落事故现场(二)

2. 事故原因

(1)直接原因。

事故发生时,事故施工升降机导轨架第 66 节标准节和第 67 节标准节连接处的 4 个连接螺母脱落,无法受力。在此工况下,事故升降机左侧吊笼超过备案额定承载人数(12 人),承载 19 人和 245 kg 物件,上升到第 66 节标准节上部(33 楼顶部)接近平台位置时,产生的倾翻力矩大于对重体、导轨架等固有的平衡力矩,造成事故施工升降机左侧吊笼顷刻倾翻,并连同第 67～70 节标准节坠落地面。

(2)间接原因。

1)总承包单位管理混乱:该单位将施工总承包一级资质出借给其他单位和个人承接工程;总包单位使用非公司人员的资质证书,在投标时将其作为东湖景园项目经理,安排其实际参与项目投标和施工管理活动;安全生产责任制没落实,未与项目部签订安全生产责任书;安全生产管理制度不健全、不完善;培训教育制度不落实,未建立安全隐患排查整治制度;对东湖景园施工和施工升降机的安全生产检查和隐患排查流于形式,未能及时发现和整改事故施工升降机存在的重大安全隐患。

2)东湖景园 C 区施工项目部安全责任未落实:该项目部现场负责人和主要管理人员非总包公司人员,现场负责人及大部分安全人员不具备岗位执业资格;安全生产管理制度不健全、不落实,在东湖景园无《建设工程规划许可证》《建筑工程施工许可证》《中标通知书》和《开工通知书》的情况下,违规进场施工,且施工过程中忽视安全管理,现场管理混乱,并存在转包行为。

3)建设管理单位不具备工程建设管理资质:该管理单位在东湖景园无《建设工程规划许可证》《建筑工程施工许可证》和未履行相关招投标程序的情况下,违规组织施工单位、监理单位进场开工。未经规划部门许可,放、验红线,擅自要求施工方以前期勘测的 3 个测量控制点作为依据,进行放线施工;在《建筑规划方案》之外违规多建一栋两单元住宅用房;在施工过程中违规组织虚假招标投标活动。该管理单位未落实企业安全生产主体责任,未与项目管理部签订安全生产责任书;安全生产管理制度不健全、不落实,未建立安全隐患排查整治制度。

4)监理单位安全生产主体责任不落实:该项目监理单位未与分公司、监理部签订安全生产责任书,安全生产管理制度不健全,落实不到位;公司内部管理混乱,对分公司管理、指导不到位,未督促分公司建立健全安全生产管理制度;对东湖景园《监理规划》和《监理细则》审查不到位;使用非本公司人员的资格证书,安排不具备执业资格的人担任项目监理人员;安全管理制度不健全、不落实,在项目无《建设工程规划许可证》《建筑工程施工许可证》和未取得《中标通知书》的情况下,违规进场监理;未依照相关规定督促相关单位对使用升降机进行加节验收和使用管理,也未参加验收;未认真贯彻相关文件精神,对项目安全生产检查和隐患排查流于形式,未能及时发现和督促整改事故施工升降机存在的重大安全隐患。

5)建设单位违反有关规定:该项目建设单位选择无资质的项目建设管理单位;对项目建设管理单位、施工单位、监理单位落实安全生产工作监督不到位。

6)建设主管部门武汉市城乡建设委员会作为全市建设行业主管部门,虽然对全市建设工程安全隐患排查、安全生产检查工作进行了部署,但组织领导不力,监督检查不到位。上述问题是导致事故发生的重要原因。

4.5.11 浙江省杭州市"12·24"施工升降机吊笼坠落事故

1. 事故简介

2012 年 12 月 24 日 14 时 40 分左右,浙江省杭州市萧山区某工程发生一起施工升降机吊笼坠落事故,造成 3 名维修人员死亡,直接经济损失 280.5 万元。

12 月 23 日上午 8 时许,架子工(无施工升降机操作证书)操作 17 号楼施工升降机运送脚手架钢管,升降机因突发故障停靠在 28 层。施工现场安全负责人知情后,通知施工设备管理负责人联系修理人员。修理人员(无资格)到场修理。当日修理两次未能排除故障,认为需要更换防坠器。12 月 24 日 14 时 30 分左右,此名修理人员带领 3 人到达修理现场。负责人在办公室电告安全员新防坠器放在升降机底座旁边。4 人抬着新防坠器(重约 50 kg)乘坐室内电梯到达 28 层升降机旁边,相继进入升降机吊笼内准备更换防坠器,其中 1 人因临时有事离开。更换过程中,施工升降机吊笼突然从 28 层(高 73 m)坠落地面,3 名维修工送医院抢救无效死亡。

事故现场如图 4-40、图 4-41 所示。

图 4-40 浙江省杭州市"12·24"施工升降机吊笼坠落事故现场(一)

2. 事故原因

(1)直接原因。

维修人员无证作业,在未查明升降机吊笼无法下降原因时,错误地判定吊笼防坠器发生故障;在吊笼无配重、维修人员未对制动器性能进行检查确认的情况下,盲目在高空中拆除更换防坠器,是导致事故发生的直接原因。

图 4-41　浙江省杭州市“12 · 24”施工升降机吊笼坠落事故现场(二)

(2)间接原因。

1)聘用不具备维修施工升降机资格的修理人员维修施工升降机:项目部聘请的 4 名修理人员既没有维修资格(无法提供资质证书),又不是维修协议单位的维修人员。

2)施工现场安全管理不到位:该公司项目部未能及时维护保养施工设备,在 12 月 15 日发现配重钢丝绳断裂失去配重的情况下,仍由无升降机操作资格证的架子工继续使用升降机,而且升降机维修现场没有安全管理人员、没有安全防护设施。

3)施工现场监理单位安全监督不到位:该项目监理公司对施工现场隐患督查不力,未能发现并及时制止项目部违规使用待拆的施工升降机。

4.5.12　新郑市龙湖镇“5 · 9”物料提升机坠落事故案例

1. 事故简介

2019 年 5 月 9 日 13 时 45 分左右,位于河南新郑市龙湖镇龙湖广场东南角的一栋村民在建违法建筑施工中发生一起高处坠落事故,造成 4 人死亡、1 人受伤,直接经济损失412.22 万元。

2. 事故原因

(1)直接原因。

1)建房用物料提升机卷扬机减速器轴承损坏,齿轮损坏,齿轮传动失效。

2)建房用物料提升机吊篮防坠落装置失效。

3)建房工人安全意识差,违规乘坐物料提升机,操作人员盲目启动物料提升机上升。

(2)间接原因。

包工头师某某在无相应施工资质、无正规设计图纸和施工组织设计方案的情况下,违法承揽工程,组织施工人员实施风险较大的施工作业;未选择使用符合标准的合格设备,设备缺少检查和维护保养,长期“带病”运行,未制定安装方案,未安排持证专业人员操作物料提升机;包工头和现场施工负责人对工人乘坐吊篮行为未进行有效制止,施工现场未设置安全防护措施和警示标示,无安全操作规程,未进行安全教育,未制定应急预案;作业前未对现场进行隐患排查,未采取有效安全措施,组织工人冒险作业。

房东魏某某、孙某某在未取得建设用地规划许可证、建设工程规划许可证、建筑工程施工许可证的情况下,擅自进行违法建设,并将工程发包给无建筑施工资质和工程管理能力的个人,对施工现场使用不合格设备、违规乘坐吊篮行为未进行有效制止。

新郑市相关部门和龙湖镇、小乔村未对施工现场开展有效的监督检查,未及时坚决、有效制止违法建设和不具备安全条件的作业行为,未按规定依法取缔违法建设,对镇区村民建房管理失控,致使施工现场管理混乱,违法、违规行为突出。

4.6 高处坠落事故案例

4.6.1 北京市顺义区“11.28”卸料平台侧翻事故

1. 事故简介

2020 年 11 月 28 日 13 时 23 分许,位于顺义区赵全营镇的原板桥三期项目 1#商务办公楼等 12 项工程施工现场,3#商务办公楼 10 层北侧卸料平台发生侧翻,造成 3 人死亡。

事故现场如图 4-42、图 4-23 所示。

图 4-42　北京市顺义区“11·28”卸料平台侧翻事故现场(一)

图 4-43　北京市顺义区“11·28”卸料平台侧翻事故(二)

2. 事故原因

(1)直接原因。

1)卸料平台严重超载是导致吊环螺杆过载脆性断裂的主要因素。

2)卸料平台钢丝绳主绳与水平钢梁夹角过小、吊环未紧贴建筑结构边梁、悬挑长度略大等设计、安装不符合有关规定的情况导致卸料平台实际承载能力降低，是吊环螺杆断裂的次要因素。

3)吊环材质、焊缝长度不满足设计要求，吊环存在焊趾凹坑、制作吊环时材质性能受损，吊环材料在低温下脆性增加等因素均进一步增加吊环螺杆脆性断裂的可能，在严重超载情况下吊环螺杆发生过载脆性断裂、引发卸料平台侧翻，作业人员未系挂安全带，从高处坠落，导致事故发生。

(2)间接原因。

危险性较大的分部分项工程安全管理混乱；安全管理(监理)人员配备不足，相关人员未到岗履职，安全生产教育培训不落实；行业监管不到位。

4.6.2 巴中经开区"7・21"高处坠落事故

1. 事故简介

2021 年 7 月 21 日 11 时 10 分左右，巴中经开区泰诚・中央公园项目工地发生高处坠落一般生产安全事故，建筑工人郑某某从 1＃楼 15 楼坠落至 1 楼地面，经巴中骨科医院 120 急救医生现场检查无生命体征，当场宣布死亡，直接经济损失 130 万元。事故现场如图 4-44 所示。

图 4-44 巴中经开区"7・21"高处坠落事故现场

2. 事故原因

(1)直接原因。

1)郑某某无视安全风险，安全意识淡薄，高处作业时未佩戴安全绳。

2)爬架平台铺设的木板未固定，平台下面未设置防止坠落的安全网。

(2)间接原因。

某公司未严格对作业人员进行安全教育和培训，未严格督促作业人员遵守劳动纪律和安全操作规程，未制止作业人员冒险作业；外墙飘窗台砌筑未制定施工方案，风险隐患排查不彻底，在施工中未进行有效的安全技术交底。

4.6.3 广东省广州市"3・25"较大坍塌事故

1. 事故简介

2017 年 3 月 25 日 7 时 55 分，广东省广州市从化区第七热力电厂，项目垃圾储坑厂房屋面防腐板安装操作平台发生高处坍塌坠落事故,造成平台上作业人员9人死亡、2人受伤,直接损失1065万元。

据调查,操作平台于2017年3月13日首次搭建,平台作业面标高45.5 m。2017年3月16日,屋顶防腐板安装作业正式开始,直至事故发生前尚未完成。2017年3月25日7时左右,饶某某等15名作业人员前往工地,于7时20分左右到达垃圾储坑卸料平台,因下雨,作业人员在卸料平台避雨未进入作业场所。7时45分左右停雨后,除了2名作业人员杨某某和马某某通过楼梯步行前往作业地点外,饶某某等13名作业人员乘坐施工项目人货梯提升至7层楼面,再从7层楼面陆续下落至事发操作平台。他们陆续下落操作平台的位置处于屋面板最低点,是该列屋面板所有下落点中距离施工区域操作平台最近的地方,落差约1.3 m,该事发操作平台上集中堆放了前一天从相邻列拆除的竹排。建安公司作业人员陈某某和余某某事先佩戴好了安全带,登上事发操作平台后,陈某某将安全带扣在事发操作平台简易桁架上,余某某移动到另一块操作平台为陈某某传递施工材料和工具;屋面防腐板安装作业的部分人员由于前一天下班时将安全带放在该操作平台上,未事先佩戴好安全带,他们在到达事发操作平台后才佩戴安全带,站位相对集中。2017年3月25日7时55分,第1名作业人员余某某已经移动到另一块操作平台上正准备给陈勇华递送工具,第2名人员陈某某在事发操作平台正准备接余某某递过来的工具,饶某某等10名屋面防腐板安装作业人员正在进行作业准备工作,第13名人员宁某某正准备登上事发操作平台,此时事发操作平台发生失稳坍塌。坠落地面的10名作业人员中:饶某某等9名作业人员当场死亡;陈某某因事先佩戴了安全带,坠落过程中安全带卡在竹排上,落地前,因竹排垂直先着地,陈某某吊在竹排上得到缓冲,落地后仅受轻伤。事故发生时,施工员、安全员、监理员均未在事故现场。

2. 事故原因

(1)直接原因。

经调查认定,本起事故的直接原因为:用于安装垃圾储坑屋面防腐板的操作平台存在整体稳定性差的结构缺陷;用于组成操作平台的简易桁架存在明显构造缺陷;事发操作平台上的荷载较大且荷载分布不均匀;在雨天环境、人员站位相对集中的情况下简易桁架发生了平面外屈曲失稳,位于45.5 m高处的操作平台坍塌,而平台上人员要么未佩戴安全带,要么未正确使用安全带,人员连同物料发生高处坠落导致伤亡事故。

具体分析如下。

1)事发操作平台存在结构缺陷。

①作为操作平台重要支撑构件的各个简易桁架之间基本无横向连系,简易桁架上铺的竹排仅有部分首尾与简易桁架绑扎固定,对增加简易桁架间横向连系作用极为有限,各简易桁架独立受力承载,操作平台的整体性差,特别是侧向稳定性差。

②简易桁架上铺设的竹排柔性大,竖向刚度不足。当人员走动、搬运材料等荷载作用在竹排上面时,竹排振动弯曲对简易桁架产生侧向推力,容易造成简易桁架侧向失稳。

③当同一块操作平台的五榀简易桁架中有一榀发生较大变形或侧向失稳时,荷载重新分布,其余四榀将随之发生较大变形或侧向失稳,产生“多米诺骨牌”现象,导致操作平台整体坍塌。

坠落的五榀简易桁架均呈平面外弯曲变形,变形方向一致,印证了上述判断。

2)简易桁架存在明显的构造缺陷。

①简易桁架下弦杆的4个缺口由于采用2片扁钢通过螺栓螺母连接,结构完整性差,不

符合《锅炉钢结构设计规范》(GB 50017—2008)主管在节点处连续贯通的要求。

②简易桁架的上、下弦钢杆的壁厚为 2 mm,不符合《锅炉钢结构设计规范》(GB 50017—2008)壁厚不宜小于 3 mm 的要求。

③简易桁架在缺口处未设斜腹杆,缺口闭合后形成梯形或矩形单元,此时缺口处桁架的上弦杆、下弦杆不是纯轴向受力,而是同时承受弯扭、剪切作用,造成桁架的承载能力严重削弱。

④简易桁架两端的半圆形鞍座未能与屋面桁架之间形成可靠连接,也未设锁紧或保险装置,一旦简易桁架产生大的变形,就容易从屋面桁架脱落。坠落的事发操作平台中的自编 2# 简易桁架缺失固定半圆形鞍座,更容易发生侧向失稳,事故中变形也最严重。

3)事发操作平台荷载较大且受力状况不利。

①事发操作平台上的荷载较大且荷载分布不均匀。事发前,从另一块平台拆除的竹排堆放在事发操作平台上,竹排因雨天吸水而增加了重量;屋面防腐板安装作业人员在登上平台后为了佩戴安全带集中在事发操作平台的局部位置;平台上还堆放有其他物料和工具。

②事发操作平台搭设需要使用简易桁架的跨度为 6.5 m,是事发简易桁架的最大使用跨度,受力要求最高;而且此时简易桁架 4 个缺口部位均用扁钢闭合代替方钢参与承载受力,受力薄弱点最多,处于最不利的受力状况。

4)事发操作平台安全警示标志和临边、兜底防护缺失。

经现场核查:一是 45.5 m 高处位置的事发操作平台未设置相关安全警示标志,提醒作业人员小心高处坠落;二是事发操作平台没有设置相关的临边防护和兜底防护,现场未见兜底安全网和临边防护栏杆、扶梯,既无法防止施工物料的飞溅掉落,也无法防护人员失足坠落;三是事发操作平台未设置限载标识,提醒作业人员操作平台的最大荷载和限定允许作业人数,以防止超载情况发生。上述情况不符合《建设工程安全生产管理条例》第二十八条第一款、《建筑施工高处作业安全技术规范》(JGJ 80—2016)3.0.4 条、6.1.3 条、6.1.4 条的有关规定。

5)事发操作平台生命绳缺失且作业人员未佩戴及未正确使用安全防护用品。

经现场核查和调查询问:一是事发操作平台未设置生命绳,高处作业现场没有稳固的位置可挂扣安全带;二是事故中有 10 人坠落至地面,但坠落现场仅发现 6 条安全带,而且 5 条是单钩安全带,作业人员安全带配备数量明显不足,且未按要求配备双钩安全带;三是屋面防腐板安装作业人员登上高处操作平台才佩戴安全带做法错误。上述情况不符合《建筑施工高处作业安全技术规范》(JGJ 80—2016)3.0.5 条的有关规定。

桁架的相关参数如表 4-1～表 4-4 所示。

表 4-1　垃圾储坑屋面桁架的水平间距　(单位:mm)

列序号	水平间距	屋面防腐板施工情况	备注
1	5000	已完工	位于最南侧的一列
2	5000	已完工	
3	4000	已完工	跨度最小的一列
4	6500	已完工	
5	6500	已完工	
6	6000	已完工	

续表

列序号	水平间距	屋面防腐板施工情况	备注
7	6000	已完工	该列操作平台于事发前拆除，竹排和简易桁架堆放在8×b操作平台上
8	6500	正在施工	8×a平台坍塌坠落发生事故
9	6500	未施工	
10	6000	未施工	
11	4500	未施工	
12	8700	未施工	位于最北侧的一列

表 4-2 简易桁架变形量 (单位:mm)

自编简易桁架号	长度	变形量	弦长	备注
1#	6660	650	6480	面外屈曲
2#	6700	1110	6300	变形最大,面外屈曲
3#	6700	870	6360	面外屈曲
4#	6700	800	6350	面外屈曲
5#	6700	670	6380	面外屈曲
平均		4100	6374	均为面外屈曲

表 4-3 简易桁架固定半圆形鞍座的开口与深度 (单位:mm)

自编简易桁架号	开口宽度	开口深度	备注
1#	210	106	内壁有水印与剐蹭痕迹
2#	0	0	事故前已割掉
3#	245	91.5	内壁有水印与剐蹭痕迹
4#	219	104	内壁有水印与剐蹭痕迹
5#	215	100	内壁有水印与剐蹭痕迹
平均	222.2	100.4	

表 4-4 简易桁架半圆形可移动鞍座的开口与深度 (单位:mm)

自编简易桁架号	开口宽度	开口深度	备注
1#	215	98.8	内壁有水印与剐蹭痕迹
2#	190	102.8	内壁有水印与剐蹭痕迹,开口缩小
3#	242	90	内壁有水印与剐蹭痕迹,开口最大
4#	219	103	内壁有水印与剐蹭痕迹
5#	219	106	内壁有水印与剐蹭痕迹
平均	217	100.1	—

4.6.3 内蒙古自治区鄂尔多斯市“5·04”高处坠落事故

1. 事故简介

2017 年 5 月 4 日 12 时 15 分，鄂尔多斯市某大桥施工现场，发生一起高处坠落事故，造成 2 人死亡、2 人受伤。

2017 年 5 月 4 日 12 时许，大桥桥墩施工现场，劳务公司工人安某某与起重机司机张某某共同决定，使用工地的桥墩维护框（铁制椭圆形吊篮）吊用 4 名在 14 号桥墩高处作业的工人下班吃饭。12 时 15 分，安某某将吊篮上的钢丝绳与起重机的扣锁连接后，示意起重机司机起吊。

当将吊篮起吊至 14＃墩右幅二步（13.5 m）高处作业平台后，4 名工人先后进入吊篮并示意起吊，这时起重机起吊，但突然发生吊篮坠落，吊篮及吊篮内的 4 名工人随之坠落地面，经 120 抢救，2 人死亡、2 人受伤。事故造成直接经济损失 243.5 万元。

2. 事故原因

（1）直接原因。

工人安某某与起重机司机张某某共同决定，违规使用起重机起吊桥墩维护框（铁制椭圆形吊篮）运送工人下降高空作业平台过程中，维护框和工人、高处掉落致 2 人死亡。

（2）间接原因。

1）工人安某某及起重机司机张某某安全意识淡薄，安某某对现场的安全作业规程和安全施工条件是否符合要求一无所知，两人又共同决定，违规操作。

2）内蒙古某建筑劳务有限责任公司，雇佣无高空从业资质工人进行高处作业，以包代管，将施工现场交由安某某负责，致使施工现场安全管理混乱，吊装作业无指挥人员，工人安全教育培训不足，工人日常作业违规现象长期存在。

3）项目部施工现场安全管理工作存在不足，进行起吊作业时，现场无安全管理人员，对劳务公司的施工人员长期存在的违规作业行为放任管理；且擅自与劳务分包公司签订桥涵承包合同。

4）监理公司以及总监办对施工项目部的劳务分包行为监管不力；虽然在检查中发现了工人的违规行为，但督促整改力度不足，现场安全监理不到位。

建设单位项目办对施工项目部及各监理单位严格履行安全施工、监理职责的监督不力。

4.6.4 重庆市万州区“10·10”高处坠落事故

1. 事故简介

2017 年 10 月 10 日 12 时 20 分左右，重庆市万州区某酒店附属设施修建施工作业现场，一名作业人员在抬运圈梁木模盒子安装过程中，因身体失稳，不慎坠落至高约 7.8 m 的河床地面上，头部受重伤，经送医院抢救无效死亡，直接经济损失 75 万元。

2017 年 10 月 10 日，万州区某酒店附属设施修缮加固工程施工现场，木工组长甲某（死者）5 时（一般开工时间是 7 时）就赶到作业现场，在主楼一层大厅为当天的工作作准备（夹铁丝，准备绑扎关模的木盒子），其他作业人员在 7 时左右也开始上班。木工班组有 3 人在附属设施顶部（地坝）作业，他们分头用木工板和木方制作模板，然后再由两人一起配合安装。中午吃过午饭后，大约 12 时 10 分左右，甲某叫另一名工人一起抬他上午做好的模板（长

6 m,高 0.5 m,宽 0.4 m,重约 30 kg),准备到地坝圈梁处去安装,甲某抬着模板端头,另一名工人站在模板盒子中间(靠山墙端,背朝着甲某)抬运模板(两人均面向小河上游方向),两人用手抬着模板平行向外测圈梁处移动(距离外侧边缘大约 2 m),当抬到圈梁处离边缘 50 厘米处时,另一名工人感到模板向外侧偏了一下,回头看时,发现甲某人已经落下飘在半空,随后就坠落到了河床地面的乱石中。

事故发生后,另一名工人立即大声呼救,距离事发地约 200 m 的彭某某和在下面一层加固支模顶托的程某某等听见呼声后,都跑到坠落现场,见甲某侧卧在地,头部流血,呼之不应,他们扶起甲某将他抬到公路边,同时拨打 120,120 医生赶到后在现场对甲某进行了抢救,后送往万州区第一人民医院救治,甲某经抢救无效于当日下午 14 时死亡。甲某死亡后事故单位在大周镇政府组织下积极与死者家属协商,并达成善后赔偿协议,一次性赔偿死者家属 75 万元,未造成社会不稳定。

2. 事故原因

(1)直接原因。

根据调查组对事故现场的勘验和调查取证分析认为:施工现场临边安全防护缺失,作业人员未系安全带违规作业,是造成此次事故的直接原因。

(2)间接原因。

柿子塘酒店经营人未保证安全生产的资金投入,施工现场不具备相应的安全生产条件,现场安全管理不到位。

1)柿子塘酒店经营人为节约管理成本,减少安全投入,未将建设项目发包给具备相应资质的单位。经查:该酒店经营人为减少投入,未将该附属设施修缮加固项目发包给具备相应资质的单位,而是自行在当地找来钢筋工、砖工、木工、电工等进行施工作业,因其不具备相应的管理能力、专业知识,所以施工作业时也未制定专项施工方案、技术及施工安全管理措施。

2)作业现场未完善安全防护设施,个人安全防护用品缺乏。据该酒店经营人彭某某介绍,其租用了搭设防护的钢管、防护网等,但安排作业人员搭设时,他们认为没有必要就未进行搭设,未保证安全投入的有效实施,致使作业现场临边(坝子顶部临边作业处距河床地面高约 8 m)未设置防护栏杆,造成作业人员从临边处坠落,同时作业人员反映他们作业时只戴有安全帽,没有安全带,该经营人未为作业人员购买和提供个人劳动防护用品,致使作业人员高处临边作业时未使用安全带。

3)柿子塘酒店经营人未保证安全教育培训的资金投入。经查:酒店经营人未保证专门用于作业人员安全教育培训的费用,在作业人员施工作业前或施工过程中未开展专门的安全教育和培训,只是口头提醒注意安全,致使作业人员安全意识不强,不具备必要的安全生产知识,自我保护能力差。

4)柿子塘酒店经营人现场安全管理不到位。经查:彭某某作为酒店经营人及现场管理人对施工现场未进行有效管理和监护,对作业人员在地坝顶部临边处安装圈梁模板作业时临边无防护设施,且作业人员也未系安全带的情况,未发现和制止,未及时消除事故隐患。

4.7　脚手架坍塌、倒塌事故

4.7.1　扬州“3·21”附着式升降脚手架坠落事故案例

1. 事故简介

2019 年 3 月 21 日 13 时 10 分左右，扬州经济技术开发区的中航宝胜海洋电缆工程项目 101a 号交联立塔东北角 9 层处附着式升降脚手架（以下简称爬架）下降作业时发生坠落，坠落过程中与交联立塔底部的落地式脚手架（以下简称落地架）相撞，造成 7 人死亡、4 人受伤。

3 月 16 日，苏维公司在进行日常安全巡查时发现 101a 号交联立塔西北侧爬架已下降到位，要求施工单位对已下行后的爬架系统进行检查验收，但未对爬架的下降行为进行制止。3 月 17 日至 3 月 19 日，刘某某和吕某某又先后组织爬架相关人员对 101a 号交联立塔北侧主体爬架进行了下降作业。3 月 20 日，101a 号交联立塔东北角爬架开始下降作业。3 月 21 日上午，南京特辰架子工李某某、龚某某、谌某某、姚某某等在班组长廖某某的带领下，继续对爬架实施下降。苏维公司监理人员发现后，未向施工单位下发工程暂停令及其他紧急措施。3 月 21 日 10 时 12 分，苏维公司监理员李某某在总监理工程师张某某的安排下用微信向市安监站徐某某报告，称“爬架系统正在下行安装（外粉），危险性大于上行安装，存在安全隐患，监理备忘录已报给业主方，未果，特此报备”。同时用微信转发了 2018 年 6 月 26 日《监理备忘》，内容为“鉴于爬架专业分包单位项目经理不到岗履职，相关爬架验收资料该项目经理签字非本人所为，违反危险性较大的分部分项安全管理规定，存在安全隐患；要求总包单位加强专业分包的管理，区分监理安全管理责任，特此备忘”。徐某某随即电话联系扬州市建宁工程技术咨询有限责任公司设备检测部主任高某某，询问爬架下行隐患及注意事项。10 时 24 分，徐某某电话联系中建二局生产经理胡某某，并将该《监理备忘》微信转发胡某某。胡某某接到徐伟电话后，将《监理备忘》微信转发给吕某某。

3 月 21 日上午，中建二局项目部工程部经理杨某某口头通知浙蜀公司施工员励某某，要求组织劳务工在落地架上进行外墙抹灰作业，另外安排一个劳务工去东北角爬架上进行补螺杆洞作业。励某某安排奚某某、孙某某、张某某、徐某某、王某某、凌某某、孙某某月 7 人在落地架上进行抹灰，安排宋某某在爬架上进行补螺杆洞。

工地工人下午上班时间是 12 时 30 分，项目部管理人员上班时间是 13 时 30 分。3 月 21 日 13 时 10 分左右，101a 号交联立塔东北角爬架（架体高约 22.5 m，长约 19 m，重约 20 t）发生坠落，架体底部距地面高度约 92 m。爬架坠落过程中与底部的落地架相撞（落地架顶端离地面约 44 m），导致部分落地架架体损坏。事故发生时，南京特辰共有 5 名架子工在爬架上作业；浙蜀公司有 1 名员工在爬架上从事补洞作业，有 7 名员工在落地架上从事外墙抹灰作业（5 名涉险）。中建二局、苏维公司未安排人员在施工现场安全巡查。

事故现场如图 4-47～图 4-48 所示。

2. 事故原因

（1）直接原因。

违规采用钢丝绳替代爬架提升支座，人为拆除爬架所有防坠器防倾覆装置，并拔掉同步控制装置信号线，在架体邻近吊点荷载增大，引起局部损坏时，架体失去超载保护和停机功能，产生连锁反应，造成架体整体坠落，是事故发生的直接原因。作业人员违规在下降的架

图 4-47　扬州“3.21”附着式升降脚手架坠落事故现场(一)

图 4-48　扬州“3.21”附着式升降脚手架坠落事故现场(二)

体上作业和在落地架上交叉作业是导致事故后果扩大的直接原因。

(2)间接原因。

1)项目管理混乱。一是中航宝胜海洋工程电缆有限公司未认真履行统一协调,管理职责,现场安全管理混乱;二是中建二局该项目安全员吕某某兼任施工员删除爬架下降作业前检查验收表中监理单位签字栏;三是前海特辰备案项目经理欧某某长期不在岗,南京特辰安全员刘某某充当现场实际负责人,冒充项目经理签字,相关方未采取有效措施予以制止;四是项目部安全管理人员与劳务人员作业时间不一致,作业过程缺乏有效监督。

2)违章指挥。一是南京特辰安全部负责人肖某某通过微信形式,指挥爬架施工人员拆除爬架部分防坠防倾覆装置(实际已全部拆除),致使爬架失去防坠控制;二是中建二局项目部工程部经理杨某某、安全员吕某某违章指挥爬架分包单位与劳务分包单位人员在爬架和落地架上同时作业;三是在落地架未经验收合格的情况下,杨某某违章指挥劳务分包单位人员上架从事外墙抹灰作业;四是在爬架下降过程中,杨某某违章指挥劳务分包单位人员在爬架架体上从事墙洞修补作业。

3)工程项目存在挂靠、违法分包和架子工持假证等问题。一是南京特辰采用挂靠前海特辰资质方式承揽爬架工程项目;二是前海特辰违法将劳务作业发包给不具备资质的李某某个人;三是爬架作业人员(李某某、廖某某、龚某某等 3 人)持有的架子工资格证书存在伪造情况。

4)工程监理不到位。一是苏维公司发现爬架在下降作业存在隐患的情况下,未采取有效措施予以制止;二是苏维公司未按住房和城乡建设部有关危大工程检查的相关要求检查爬架项目;三是苏维公司明知分包单位项目经理长期不在岗和相关人员冒充项目经理签字的情况下,未跟踪督促落实到位。

5)监管责任落实不力。市住房和城乡建设局建筑施工安全管理方面存在工作基础不牢固、隐患排查整治不彻底、安全风险化解不到位、危大工程管控不力,监管责任履行不深入、不细致,没有从严从实从细抓好建设工程安全监管各项工作。

4.7.2　湖北“4・15”脚手架坍塌事故案例

1. 事故简介

2020 年 4 月 11 日,襄阳鑫华凯物业管理有限公司总经理任某刚与湖北新特艺建筑装饰工程有限公司经理王某华进行协商搭建人行防护通道。双方并未正式签订人行防护通道的施工合同及相关技术要求,只是口头达成协议,由襄阳鑫华凯物业管理有限公司承担施工费用,王某华上报公司法定代表人余某德后,余某德同意搭建,并安排公司项目经理刘某负责人行防护通道施工现场的技术管理,由王某华负责找人施工。

2020 年 4 月 12 日,王某华联系公司长期合作的脚手架作业工沈某军及其工友共 6 人搭建人行防护通道,但没未进行相关资质的核查。同时,刘某与沈某军对接,没有进行技术交底,没有设计平面图,没有设置专项的搭设方案,只是口头交代沈某军严格按规定施工。

2020 年 4 月 13 日上午,襄阳鑫华凯物业管理有限公司安排人员设置警戒线,封闭南门(事故现场大门),派专人引导行人及车辆从东门进出,并清理了施工现场车辆。随后,沈某军等 6 人开始搭设人行防护通道。施工前,施工单位在通道两头各放了 3 个安全警示锥并设置了警示带,并在通道两端各安排 1 名工人进行劝导。在施工时,刘某发现搭建的通道架体斜向支撑不够、立杆间距过大、剪刀撑未按规定搭设等安全隐患,口头上要求施工人员进行整改,但施工人员没有落实到位,刘某于下午 16 时左右离开施工现场。

4 月 14 日 13 时 10 分左右,襄阳鑫华凯物业管理有限公司总经理任某刚看到人行防护通道底部横管(搭设时固定用)已拆除,就擅自开放了人行通道及南门入口。

4 月 15 日 7 时 50 分左右,一名工人在人行防护通道顶部作业,人行防护通道由慢渐快向人行道方向倾倒,发生坍塌,将正在人行防护通道行走的 7 名行人砸倒,造成 1 人死亡、6 人受伤。

事故现场如图 4-49 所示。

图 4-49 湖北"4·15"脚手架坍塌事故现场

2. 事故原因

(1)直接原因。

湖北新特艺建筑装饰工程有限公司搭建的人行防护通道架体斜向支撑不够、立杆间距过大、剪刀撑未按规范搭设,致使架体整体重心不稳,同时施工人员在架体顶部操作,进一步使架体超载,导致架体失稳,发生坍塌。

(2)间接原因。

1)安全管理不到位。湖北新特艺建筑装饰工程有限公司对施工现场安全和技术管理混乱。施工现场没有安全警示标识,未签订相关施工合同,未对施工人员进行技术交底,没有设计平面图及专项的施工方案,未审定施工人员的相关资质,对搭建人行防护通道脚手架的规定、标准不熟悉。襄阳鑫华凯物业管理有限公司未与施工方签订相关施工合同,未向有关部门报备,未制定施工现场的专项安全措施及预案,未向襄阳天下小区业主公告,在施工未完成的情况下,擅自开放人行通道通行,没有有效地劝阻行人通行。

2)安全隐患排查整改不到位。湖北新特艺建筑装饰工程有限公司对施工现场缺乏监管,技术监管人员对发现的安全隐患,未及时进行督促整改,在隐患没有整改的情况下,继续施工导致事故发生。

3)安全教育培训不到位。湖北新特艺建筑装饰工程有限公司对施工人员没有开展安全生产教育培训,施工人员缺乏基本的安全操作技能,安全生产意识淡薄。

4.8 起重信号司索工的案例

4.8.1 汕头一工地塔吊吊物坠落事故

1. 事故简介

2020 年 12 月 2 日 12 时,新邵县浩盾工程劳务有限公司华润工地班组负责人刘某某安排欧阳甲、欧阳乙 2 名普通工人当天下午随货车将龙骨型材送至华润中心项目工地。材料进场前刘某某有向不二幕墙项目部进行报备。下午 13 时 38 分,刘某某通过微信通知青某某下午有材料需要吊装,青某某告知其材料进场后由地面指挥协调塔吊吊运工作,她负责在楼顶解钩。14 时 30 分左右,材料进场,欧阳甲、欧阳乙随货车进入工地,由刘某某安排协助塔吊作业，二人负责在货车上捆绑龙骨型材。下午 15 时 10 分左右，开始第一次起吊。事发时所用绑绳为尼龙吊带，由于起吊龙骨型材数量较多，体积较大，吊带不够长，无法采用兜绳捆绑法、卡绳捆绑法捆绑，二人用尼龙吊带兜住龙骨型材后采用钢丝绳穿过吊带耳朵并用螺纹扣锁住的方式捆绑。二人捆绑后交由塔吊地面指挥的起重司索信工徐某某确认后就离开货车。徐某某在未确认捆绑是否符合安全起吊条件的情况下呼叫塔吊司机张某某起吊，起吊时龙骨型材平稳没有滑动，直到吊到约 42 m 高空处，龙骨型材从吊装绳索中脱落溃散，一部分散掉到工地围挡内部；一部分散掉到工地围档外面的长平路道上，并砸到路过的汽车和行人，造成 1 人死亡、4 人受伤，3 辆汽车不同程度受损。

事故现场如图 4-50 所示。

图 4-50　汕头一工地塔吊吊物坠落事故现场照片

2. 事故原因

(1)直接原因。

吊运龙骨型材过程中，在未按照兜绳捆绑法、卡绳捆绑法等操作规程捆绑牢固的情况下，地面指挥的司索信号工指挥塔吊司机起吊，违反了《建筑施工塔式起重机安装、使用、拆卸安全技术规程》(JGJ 196—2010)4.0.7 条、4.0.12 条、6.1.1 条规定，以致龙骨型材在起吊及随吊臂转动过程中因惯性从捆绑的吊装绳索中脱落溃散，高处坠落砸中地面人员和车辆。

(2)间接原因。

1)中建不二幕墙装饰有限公司汕头华润中心三期万象城 B 区(暂名)项目(第二期)项目部，其施工现场生产安全事故隐患排查治理制度不健全，未能采取技术、管理措施及时发现并消除事故隐患，违反了《安全生产法》第三十八条规定；以致吊装作业过程中，未能安排专门人员进行现场安全管理，确保操作规程的遵守和安全措施的落实，违反了《安全生产法》第四十条规定；导致在吊运龙骨型材过程中，未能及时发现和制止吊装作业现场的违规指挥、违章作业行为。

2)深圳市国利机械租赁有限公司，未对其作业人员徐某某进行安全生产教育和培训合格就让其上岗作业；明知道其未经起重司索信号工特种作业培训并考核合格，其持有的起重司索信号工特种作业人员操作资格证书系假证，不具备起重司索信号工所需安全生产知识和技能，仍分派其到起重司索信号工岗位从事地面塔吊指挥作业，违反了《安全生产法》第二十五条、第二十七条规定，《建设工程安全生产管理条例》(国务院令第 393 条)第二十五条规定,《建筑起重机械安全监督管理规定》(原建设部令第166号)第二十五条规定,以致在吊运龙骨型材过程中出现违规指挥、违章作业行为。

3)北京远达国际工程管理咨询有限公司汕头华润中心项目监理部,其履行《建筑起重机械安全监督管理规定》(原建设部令第166号)第二十二条规定的安全职责不到位,未能及时发现和制止施工现场起重司索信号工徐某某持假冒特种作业人员操作资格证书上岗作业,对特种作业人员的特种操作资格证书审核失察。

4)中国建筑第五工程局有限公司汕头华润中心三期万象城B区(暂名)项目(第二期)项目部,其履行《安全生产法》第四十六条规定的安全职责不到位,对承包单位的安全生产工作统一协调、管理不力,虽有定期进行安全检查,但未能及时发现安全问题及督促整改。

4.9 建筑施工生产安全事故分析

4.9.1 模板支撑系统及脚手架坍塌事故

1. 事故特点

模板支撑系统坍塌事故大多发生在混凝土浇筑阶段。由于混凝土浇筑过程中会有相当数量的施工人员在浇筑面上作业,模板支撑结构倒塌事故发生前没有明显征兆,突发性较强,且支架变形倒塌迅速,作业人员往往无法及时逃生,所以一旦发生模板支撑系统坍塌,往往都是群死群伤,社会影响相当恶劣。

模板支撑结构作为一种临时支撑结构,它的受力和工作状况受许多变化因素的影响。高支撑结构坍塌事故表明,这种结构安全稳定的关键在于支撑脚手架是否稳固。从模板支架坍塌事故中不难发现,由于目前国内超过70%模板支撑结构采用扣件式钢管支撑体系。且扣件式钢管支撑受人为因素影响非常大,因此扣件式钢管高支撑坍塌事故在模板支撑工程及脚手架坍塌事故中所占的比例最大。

2. 事故原因分析

以模板支撑工程及脚手架坍塌事故作为案例分析,对导致模板坍塌事故的直接原因和间接原因进行分析。

(1)施工安全技术问题。

1)模架支撑体系搭设存在问题。

①杆件间距过大,不设剪刀撑。

剪刀撑在提高脚手架整体承载能力方面作用很大,在支撑结构四周均设置剪刀撑时,垂直剪刀撑将支撑结构变成一个封闭体,能极大地提高支撑结构的整体刚度,从而可大大提高支架承载力。水平剪刀撑设置在上部对支撑结构稳定承载能力贡献更大。而通过事故原因调查分析,很多事故都是由于剪刀撑未随着支撑结构同步搭设,而且剪刀撑斜杆未与支撑结构进行扣接,大大降低了系统支撑作用,从而导致坍塌事故的发生。如辽宁省大连市"10·8"模板坍塌事故,架体均未见剪刀撑,杆件间距过大,导致事故发生。

②模架支撑无扫地杆,与结构无可靠连接。

不设置扫地杆支撑结构非线性稳定承载力比设置扫地杆减小15%左右,因此为了保证扣件式钢管高大模板支撑体系的安全,必须设置扫地杆。而扣件式或碗扣式钢管脚手架支撑在施工现场搭设时，施工人员为操作方便，不设置扫地杆的现象时有发生；这致使大部分架体与结构无可靠连接，也是导致坍塌事故发生的主要原因。如辽宁省大连市“10·8”模板坍塌事故中，施工人员为进入模架支撑内部清理胀模问题，而擅自拆除了模板支撑结构的扫地杆，最后导致模架支撑整体坍塌。

2)混凝土浇筑程序存在问题。

混凝土浇筑程序直接影响到模板支撑体系的安全工作。在非对称路径下浇筑混凝土，支撑结构受力不对称、不均匀；在对称路径浇筑混凝土，支撑结构所受内力较对称、较均匀，且支撑结构的最大支撑轴力出现在混凝土浇筑完全结束之后。因此，在施工过程中应对称浇筑混凝土。如辽宁省大连市“10·8”模板坍塌事故，地下车库入口处的剪力墙与顶板混凝土为不对称浇筑，进而导致了事故的发生。

(2)模板支撑系统构配件质量问题。

在模板支撑工程及脚手架坍塌事故调查中发现，脚手架钢管壁厚很少有达到3.5 mm标准规定的要求，部分甚至低于3.00 mm，由于《钢管脚手架扣件》(GB 15831—2006)未对扣件质量作硬性规定，导致扣件生产厂家投机取巧，扣件越做越薄，在目前建筑市场上很难找到完全符合标准的扣件；钢管和扣件的多次重复使用，批次不分，厂家不分，使用年限不分的现象非常普遍。如河南省上蔡县“9·15”支模坍塌事故中，实地随机抽测10根钢管半数小于3.0 mm，最大值3.7 mm，最小值2.2 mm，平均值2.9 mm，扣件质量低下，现场发现劈裂、破坏的扣件，未见到进场钢管、扣件质量检测报告等。

通过对模板支撑工程及脚手架坍塌事故直接原因的分析，模架支撑结构搭设与混凝土浇筑的问题，作业人员违章作业、不按安全专项施工方案施工以及模板支架的钢管、扣件等材料质量达不到要求是导致模板支撑工程及脚手架坍塌事故的重要原因。这5起模板支撑工程及脚手架坍塌事故的原因中，模架支撑结构搭设与混凝土浇筑问题是最主要的因素，其次是作业人员违章作业、不按安全专项施工方案施工和模板支架的钢管、扣件、碗扣等材料达不到质量标准。

(3)施工安全生产管理问题。

1)施工单位安全责任未落实，安全管理不到位。

①安全专项施工方案编制存在缺陷，技术交底不到位。

在对模板支撑系统坍塌事故案例进行统计分析时，发现很多事故案例都存在着专项方案编制不认真、编制内容抄袭规程规范、使用引用规程规范不当、计算模型与实际搭设不符、稳定性设计计算错误等问题。从目前掌握的一些情况来看，安全专项施工方案频频出现问题有以下原因：部分方案编写人员的模板支架设计理论水平及施工经验不足，缺乏模板支架设计的专业培训；在相当一部分方案编制过程中，工程技术人员闭门造车、东抄西搬，与工程实际脱节。如江苏启东“8·26”事故，施工单位未按要求编制高大模板支撑架安全专项施工方案，而是抄袭其他工地的专项施工方案，而且方案的专家论证意见存在造假的行为。

②施工人员违章作业，不按施工方案施工。

本书选取的5起模板支撑工程及脚手架坍塌事故中，绝大多数事故都存在作业人员违章施工、施工方法不当等行为。在建筑施工现场，“凭经验、没问题”思想盛行。施工作业人员对施工方案和技术交底的要求不认真落实，随心所欲地使用和搭设脚手架，造成模板支撑系统稳定性及承载力等不满足要求而导致事故的发生。如辽宁大连“10·8”模板坍塌事故中，由于修缮模板和清运混凝土过程中，没有停止混凝土浇筑作业，在混凝土浇筑和振捣等荷载作用下,支架体系承受不住上部荷载而失稳,导致整个新浇筑的地下室顶板坍塌。

③现场安全管理力量不足,特种作业人员不具备资格。

一些施工企业中既懂安全管理理论又具有实际经验的安全管理人员较少,而承揽的工程较多,加之企业各项目之间人员的频繁调动,造成一些工程项目的安全管理人员不能按照规定足额配备,严重影响了项目的安全管理工作。另外,部分从事脚手架搭设的人员未持有特种作业人员资格证书,违章违规作业的行为不能得到有效制止。如辽宁省大连市"10·8"模板坍塌事故中,由于兼职的安全员不能认真履行安全员职责,对施工现场监督检查不到位,未能及时发现施工现场存在的安全隐患,导致了事故的发生。

④安全投入不足,降低了安全防护的水平。

为降低工程管理成本,现在许多施工单位将周转材料以"扩大劳务分包"的形式转包给施工劳务队,而施工队再转包给周转材料租赁站。这种层层转包的方式,由于层层"扒皮",降低了安全防护的实际投入,又增加了安全管理难度。施工现场安全防护及安全措施不到位,最后导致了事故的发生。

2)监理公司未能履行安全责任,对项目监督不到位。

一些监理单位对施工现场监理不力,对工程中发现的安全隐患未能及时有效地制止和报告,或有的现场监理工程师对高大支撑结构系统的技术标准和构造要求不了解,对模板工程的专项施工方案没有进行实质性的审查,也未能及时地督促整改。如北京市清华大学附属中学体育馆及宿舍楼"12·29"钢筋坍塌重大事故中,监理公司未能及时发现该工地施工人员多次违反规定进行夜间施工的行为。

3)作业人员安全生产意识淡薄,安全教育培训不到位。

在对模板支撑工程及脚手架坍塌事故原因调查分析中发现,安全教育培训不到位是经常被提及的问题之一。施工作业人员大多数为农民工,他们安全生产意识淡薄、安全素质差,对专项施工方案的相关要求未能真正落实。而一些施工企业对从业人员的安全教育培训工作不重视,甚至存在弄虚作假的行为,致使施工人员的安全培训及技术交底等工作流于形式。如辽宁省大连市"10·8"模板坍塌事故中,由于模板支护施工前未组织安全技术交底,仅凭经验搭设,导致模板支护和混凝土浇筑中存在的问题未能及时发现和纠正;项目经理部未依法依规开展安全教育培训,造成作业人员缺乏必要的安全生产知识和能力,违规作业,最后导致了事故的发生等。

4)经营管理混乱。

建工一建公司存在非本企业员工以内部承包的形式承揽工程的行为。在清华附中工程项目投标阶段,建工一建公司涉嫌允许杨某某以本企业名义承揽工程,致使不具备项目管理资格和能力的杨某某成为项目实际负责人,客观上导致出现施工现场缺乏有专业知识和能力的人员统一管理、项目部管理混乱的局面。

4.9.2 建筑起重机械事故

1. 事故特点

建筑起重机械是工程施工中必不可少的关键设备,随着建筑业的高速发展,施工机械化程度也越来越高,施工现场使用的建筑起重机械的数量也越来越多。多年来建筑起重机械一直是各级住房城乡建设主管部门安全监管的重点。建筑机械事故具有很鲜明的特点,这是因为建筑起重机械属于特种设备,因设备本身和外在因素影响极容易发生事故,而且一旦发生事故往往是群死群伤事故，在建筑施工较大及以上事故中所占比例也比较大。另外，建筑起重机械重大事故多为施工升降机事故，如湖北省武汉市“9・13”施工升降机坠落事故，死亡人数 19 人。起重机械事故还有一个明显的特点，就是起重机械安拆、顶升和维修阶段发生事故的比例较高。本节选取的 10 起建筑起重机械较大及以上生产安全事故中，有 4 起是塔式起重机倒塌事故，2 起门式起重机坍塌事故，4 起是施工升降机坠落事故。对其发生的时段分析可以看出，塔式起重机倒塌事故主要发生在塔吊安装、拆卸和顶升阶段，施工升降机事故主要发生在作业及维修阶段。

2. 事故原因分析

(1)施工安全技术问题。

1)建筑起重机械安装拆卸和顶升作业存在违规行为。

起重机械安装拆卸及顶升过程是发生事故的高风险阶段。一些安拆单位在安装拆卸、顶升起重机械设备时，违反有关技术标准规范和操作规程，或者没有按照厂家提供的起重机械说明书的有关要求进行作业，最后导致事故的发生。如广东省广州市“7・22”事故，塔吊顶升作业时，部分顶升人员违规饮酒后作业，未佩戴安全带；在塔吊右顶升销轴未插到正常工作位置，并处于非正常受力状态下，顶升人员继续进行塔吊顶升作业，顶升过程中顶升摆梁内外腹板销轴孔发生严重的屈曲变形，右顶升爬梯首先从右顶升销轴端部滑落；右顶升销轴和右换步销轴同时失去对内塔身荷载的支承作用，塔身荷载连同冲击荷载全部由左爬梯与左顶升销轴和左换步销抽承担，最终导致内塔身滑落，塔臂发生翻转解体，塔吊倾覆坍塌事故的发生。

2)建筑起重机械安全装置缺失或处于失效状态。

建筑起重机械安全装置是保障起重机械正常运行，防止事故发生的最重要的基本保障。但是一些起重机械安装单位，忽视安全生产，对安全装置的重要性认识不够，在起重机械安装过程中，不按照规定安装相关的安全装置。或者在使用过程中为减少安全装置的报警，人为地将安全装置拆除，或使其处于失效的状态，从而导致起重机械设备在危险状态时安全装置不能有效发挥报警作用。如广东省惠州市“9・20”事故，施工单位违反《塔式起重机安全规程》(GB 5144—2006)的强制性规定，在塔式起重机上没有安装风速仪，塔吊不具备风速警报功能，致使在风速超过 4 级时，仍然进行塔式起重机顶升作业，最后导致事故的发生。

3)建筑起重机械违规维修或日常维护保养缺失。

建筑起重机械发生重大故障后，要由专业人员进行检查和维修。另外，起重机械运行过程中，安全状态也会不断发生变化，因此需要相关单位定期对起重机械进行维护、保养，及时发现问题及时解决。但是一些企业对起重机械的维护保养及故障维修等工作不重视，维修人员不具备相应的资格，日常的维护保养严重缺失，最后导致事故的发生。如浙江省杭州市“12・24”施工升降机吊笼坠落事故，施工升降机突发故障后，维修人员在未查明故障原因的情况下，错误地判定吊笼防坠器发生故障；在吊笼无配重、维修人员未对制动器性能进行检查确认的情况下，盲目在高空中拆除更换防坠器，最后造成了事故的发生。

(2)施工安全管理问题。

1)工程建设各方主体安全生产责任不落实。

①安拆单位专项施工方案编制不规范、审核不严谨、交底落实不到位。

起重机械安拆作业是危险性较大的分部分项工程，按照建筑起重机械安全监督管理规定，安拆单位应根据工程实际情况与建筑起重机械性能要求编制安装、拆卸工程专项施工方案,并由单位技术负责人签字。实际上很多安拆单位往往忽视这项工作,各工程安拆方案的重点控制环节基本未提及或千篇一律,如基础形式、受力计算、排水措施、附着高度、间距、位置、多塔升节时的顺序、防雷接地、机械设备周边的防护措施等,再加之使用单位、监理单位审核流于形式,安全技术交底不到位等都为建筑起重机械的安拆埋下安全隐患。如广东省东莞市"7・8"龙门吊坍塌事故中,拆除单位在拆除作业前未制定相应拆除措施,在拆除作业过程中盲目作业。

②施工总承包单位未能切实履行总承包安全管理责任。

一些施工总承包单位未认真履行总承包单位安全管理职责,将安拆及顶升业务分包给不具备相应资质的企业或个人,或以包代管。在塔吊安拆及顶升施工过程中,也未认真审查特种作业人员的操作资格证书。技术交底制度和检查等制度流于形式,未能在施工现场得到有效落实;总包单位的专职安全生产管理人员、设备管理人员不在现场履职,对于违章作业行为不能及时制止。如浙江省杭州市"12・24"施工升降机吊笼坠落事故,施工总包单位现场负责人在发现升降机钢丝绳断裂失去配重后,未能制止,仍违规使用,而且没有查验修理人员资格证;湖北省武汉市"11・26"起重伤害事故,施工总承包单位项目部现场负责人,对起吊作业现场安全管理不力,对存在质量缺陷的钢丝绳督促查验不到位。

③监理单位对建筑起重机械设备及作业环节监督不严。

监理单位在对设备进场时监理单位审查核验把关不严,进场的设备未办理进场验收手续,使用前未组织使用联合验收,未有效核查起重机械合格证等相关证件,未认真核查特种作业人员人证相符情况,出现病态设备进场、无证人员上岗的现象较为普遍,安拆现场监理往往缺失。如内蒙古呼和浩特市"6・12"塔吊倾倒事故中,监理单位对塔吊安装资料未认真审核,未对塔吊安装现场进行有效监管。

2)作业人员安全意识淡薄和专业技能低下。

起重机械作业属于特种作业,起重机械安装、拆卸、维修及顶升作业人员必须取得特种设备操作资格证方可作业。而一些无证作业人员没有经过系统的培训,操作能力差,故障判断和应急情况处理经验少,作业中违反安全操作规程、违章作业的行为就会时有发生。一些特种作业人员在安拆作业时不配带安全防护用品、不按操作规程和专项施工方案要求进行安拆作业。如浙江省杭州市"12・24"吊笼坠落事故中,维修人员无证作业,在未查明升降机吊笼无法下降原因时,错误地判定吊笼防坠器发生故障,在未对制动器性能进行检查确认的情况下,盲目在空中拆除更换防坠器,导致事故的发生。

3)建筑起重机械设备维修保养及检查制度等不完善。

定期维护保养是保持起重机械设备良好技术状态和正常运行的必要措施。定期检查是发现设备故障,排除安全隐患的必要手段。未按规定进行维修保养检查,无法发现设备存在问题,造成建筑起重机械设备带病运行,导致安全事故发生。如浙江省杭州市"12・24"施工升降机吊笼坠落事故中,由于该公司项目部未能及时维护保养施工设备而导致事故的发生;湖北省武汉市"9・13"施工升降机坠落事故中,施工升降机导轨架第 66 节标准节和第 67 节标准节连接处的部分连接螺母脱落,无法受力,在此工况下,施工升降机左侧吊笼超过备案额定承载人数导致事故的发生等。

4)对于建筑起重机械租赁市场管理不到位。

目前部分租赁企业规模小,人员配置和机构不完善,管理制度不健全,私营、个体租赁企业占建筑租赁市场的主导部分,致使设备挂靠现象较为普遍,设备虽通过产权备案归属到产权备案企业，但实际所有权仍归属个人。部分租赁的设备质量不过关，以次充好，以无充有。重租赁轻维护、只使用不保养，设备的日常维修保养、建档、报废、流转等制度规定落实不到位；个别企业私自改装建筑起重机械设备，不经检测投入使用，或通过更换标准节等手段将已淘汰的设备重新使用，违规使用不合格的产品。可以说，建筑起重机械租赁市场管理无序的混乱状态已成为建筑起重机械事故频发的源头。

4.9.3 高处坠落事故

1. 事故特点

高处坠落事故是多发性安全生产事故，是建筑施工生产安全事故中比例最大、人员伤亡最多的事故类型。据统计，2017年，全国房屋市政工程生产安全事故中，高处坠落事故占全部事故起数的47.83%，是最易造成人员伤亡的事故类型。高处坠落事故在世界范围内都是建筑安全事故中数量最多、比例最大的。因此，高处坠落是每个国家建筑安全生产都面临的治理重点和难点，也是在短时间内难以根除和明显改善的，必须制定长期有效的管理机制。

通过对近年来发生的高处坠落事故进行统计分析显示，高处坠落事故中，因现场防护不到位导致事故的比例为三分之二，排在第一位；因人为操作失误导致事故约为四分之一，排在第二位。因此，预防高处坠落事故的关键：一是加强对建筑施工现场容易发生高处坠落事故的重点部位的防护；二是加强对施工人员的安全教育培训，提高他们的安全意识和自我防范能力。

2. 事故原因分析

(1)施工安全防护技术问题。

施工现场的重点部位，如：砌筑、抹灰、钢筋等操作平台；塔吊、施工升降机和物料提升机卸料平台；楼层临边洞口；外脚手架；物料提升机；吊篮；屋面等临边、洞口、作业面等安全防护设施不完善、安全防护措施不到位是高处坠落事故发生的最重要原因之一。如青海省西宁市"5·4"事故，施工人员未依照安全技术交底拆除前检查水平硬防护架体的安全性，人员无安全保障措施，也未正确使用安全带，在作业现场无安全管理人员的情况下违规进行拆除作业，最后导致事故的发生。

(2)施工安全管理问题。

1)施工企业安全责任不落实。

施工单位安全管理不到位，未认真落实安全生产责任制。一些施工企业为了追求利润最大化而在安全防护方面投入不足，预防高处坠落的安全设施被简化或缺失。项目管理人员对现场存在的习惯性违章和一些隐患问题不敏感、不制止，无动于衷、见怪不怪，甚至有的管理人员还带头盲目乱干。如浙江省湖州市"6·16"事故，事发电梯井道内所采取的安全防护措施不符合安全施工组织设计方案的要求，但是项目负责人、项目安全组组长却组织相关人员通过了对电梯井道水平防护架的验收，并投入使用，导致事故的发生。

2)安全教育培训不到位。

施工企业未按规定开展对作业人员的安全教育和安全技术交底，或安全教育和安全交底流于形式、没有针对性。施工人员安全生产意识淡薄，一些从事高空作业的施工人员，不佩戴安全带、防滑鞋等安全防护用品，不具备特种作业资格证书。如青海省西宁市"5·4"高处坠落事故中，由于安全教育不到位，施工作业人员安全意识淡薄，在作业时未正确使用安全带;另外,施工单位指挥无架子工特种作业操作证、不具备上架作业资格的工人上架拆除水平硬防护架体作业,最后导致事故的发生。

3)监理单位安全监理不力。

项目监理单位未按规定认真履行监理职责,对施工现场安全防护不到位的问题没有及时督促施工单位整改,对施工企业和项目人员违章指挥、违规作业等行为视而不见。如青海省西宁市“5·4”高处坠落事故中,监理单位没有及时组织清理防护架上散落的建筑垃圾和制止特种作业人员无证上岗;内蒙古乌兰察布市“4·12”事故中,项目总监经常不在施工现场。

第5章　建筑施工生产安全事故及防范

5.1　建筑施工生产安全事故概述

建筑施工生产安全事故定义为:在房屋建筑和市政基础设施工程施工过程中发生的造成人身伤亡或者重大直接经济损失的生产安全事故。

5.1.1　建筑施工安全管理中的不安全因素

建筑施工安全管理是指建设行政主管部门、建筑安全监督管理机构、建筑施工企业及有关单位对建筑安全生产过程中的安全工作,进行计划、组织、指挥、控制、监督、调节和改进等一系列致力于满足施工安全的管理活动。

建筑施工安全管理中的不安全因素如下。

1.人的不安全因素

(1)人的不安全因素。

人的不安全因素是指人的心理、生理、能力中所具有的不能适应工作或作业岗位要求的影响安全的因素,主要包括以下内容。

1)心理上的不安全因素,指人在心理上具有影响安全的性格、气质和情绪,如急躁、懒散、粗心等。

2)生理上的不安全因素,包括视觉、听觉等感觉器官迟钝,身体素质、年龄等不适合工作或作业岗位要求的影响因素。

3)能力上的不安全因素,包括知识技能、应变能力、资格等不能适合工作或作业岗位要求的影响因素。

(2)人的不安全行为。

人的不安全行为是指造成事故的人为错误,如人为地使系统发生故障或发生性能不良事件、违背设计和操作规程的错误行为等,主要包括以下内容。

1)操作失误,忽视安全、忽视警告;

2)造成安全装置失效;

3)使用不安全设备;

4)手工代替工具操作;

5)物体存放不当;

6)冒险进入危险场所;

7)攀坐不安全位置;

8)在起吊物下部作业、停留;

9)在机器运转时进行检查、维修、保养等工作;

10)有分散注意力行为;

11)没有正确使用个人防护用品、用具;

12)不安全装束；

13)对易燃易爆等危险物品处理错误。

2. 物的不安全状态

物的不安全状态是指能导致施工安全事故的物质条件,包括机械设备等物质或环境所存在的不安全因素。

(1)物的不安全状态的主要内容包括：

1)物(包括机器、设备、工具等)本身存在的缺陷；

2)物的放置方法的缺陷；

3)作业环境场所的缺陷；

4)外部的和自然界的不安全状态；

5)作业方法导致的物的不安全状态；

6)保护器具信号、标志和个体防护用品的缺陷。

(2)物的不安全状态的主要内容包括：

1)防护装置缺乏或存在缺陷；

2)设备、设施、工具、附件等存在缺陷；

3)个人防护用品、用具缺少或存在缺陷；

4)施工现场场地环境不良。

3. 施工管理的不安全因素

施工管理的不安全因素通常也称管理上的缺陷,主要包括：

(1)技术上的缺陷；

(2)教育上的缺陷；

(3)生理上的缺陷；

(4)心理上的缺陷；

(5)管理工作上的缺陷；

(6)教育原因、社会原因、历史原因造成的缺陷。

5.1.2 建筑施工事故征兆

施工事故的征兆,是指在安全事故发生之前所显示出的可能要发生事故的迹象。如能及时地发现征兆并采取排险措施,则有可能阻止事故的发生;即使不能阻止时;也可以及时撤出人员和采取保护措施,以减轻事故的伤害和损失。

1. 事故的征兆

事故的征兆按其出现的顺序可分为早期征兆、中期征兆和晚期征兆(见表 5-1)。

(1)早期征兆。

导致事故发生的物体开始启动后初现的迹象,如结构杆件的初始变形、土方的初始开裂、滑动等。

(2)中期征兆。

早期征兆的发展与扩大迹象,如变形迅速发展、裂缝显著扩张、局部土体开始移动、坍塌等。

(3)晚期征兆。

在事故发生前,原有状态面临突变的迹象,如即将发生裂断、折断脱离等险情,预示事故将至。

表 5-1　部分安全事故发生前的常见征兆

事故名称	事故发生前的常见征兆		
	早期征兆	中期征兆	晚期征兆
基坑(槽)塌方	坑槽下部轻度渗水、涌砂;出现裂缝和小块剥离	渗水、涌砂情况加剧,剥层裂缝扩展,底部土层开始大块剥离;深度裂缝向上	坑槽底部土块大量剥离,上部土体失去下部土体支撑,塌方裂缝已明显地扩展到地面上
脚手架及运输车道架倾倒	一侧主杆基础开始出现较为明显的沉降,立杆上部明显向一侧倾斜,连墙杆有初期的拉、压或剪切变形	早期出现的变形迅速扩大,脚手架上部出现晃动,立杆根部明显脱离其支垫物或位移	上部急剧向外倾倒,并伴有异常的响声(多为杆件、连接件破坏时的伴发声)
脚手架局部垮架和倒塌	脚手架局部的横杆、脚手板出现显著弯曲变形和损伤	早期出现的变形和损伤继续发展,连接点开始变形	脚手板、立杆出现折断或滑脱,构件结构出现严重变形,可能会有异常响声
支撑架垮架和倒塌	直接承载的受弯和受压杆件开始出现弯曲变形	变形迅速扩大、立杆根部移位、节点出现破坏迹象	部分杆件开始掉落、折断,支撑结构严重变形和失稳
机械设备倾翻	一侧开始出现明显沉降,缆风、锚固设施出现松动迹象	机械设备明显倾斜,缆锚点出现拉出或破坏迹象	机械设备严重倾斜,伴有锚拉点破坏的早期声响
塔式起重机	基础沉降、开裂,主要构件有异响、主要构件出现细微裂缝、塑性变形、机构有失灵迹象		设备严重倾斜,连接螺栓松动、断裂,锚固松动、弯折,整体失稳或造成其他机械事故
施工升降机	基础沉降,有异响声、严重变形,机构有失灵迹象		锚固松动、拉出或损坏,吊笼卡住,强烈抖动
高处作业吊篮	工作平台升降不平稳,工作钢丝绳局部损坏,机构工作异常		悬挂支架失稳,工作平台倾斜,角度超标,工作钢丝绳有异响声,工作机构不稳定
汽车式起重机	支腿地基下沉,吊臂晃动,起升钢丝绳磨损,机构有失灵迹象		地基严重下沉,吊臂失稳,传动机构有严重异响声,整机失稳

2. 事故征兆发现后的处理

如果难以准确地判断事故征兆的类别时，应当按照后一级的办法进行处理(见表 5-2)，即大致判断为“早期征兆”者，按“中期征兆”处理；大致判断为“中期征兆”者，按“晚期征兆”处理。以免判断失误，延误发生指令的时间，造成难以挽回的伤害和损失。

表 5-2 安全事故征兆发生后的处理方法

事故征兆类别	发现后的处理方法
早期征兆	设专人并采用可靠检测手段对发现的征兆进行日夜监视，尽快确定原因；认真研究征兆的发展情况，确定需要采取的处置措施，并立即组织实施
中期征兆	确定排险措施和保护措施，并立即实施。在确定不能有效制止征兆继续发展时，立即安排和撤离危险区域人员以及设备和物品
晚期征兆	发出紧急警令、信号。停止一切排险工作，迅速撤离人员

5.1.3 建筑施工安全事故类别

建筑施工中常见的事故有高处坠落、坍塌、物体打击、触电、机械伤害(见表 5-3)。这五类事故占事故总数的 85%以上，俗称“五大伤害”。此外，施工中还易发生起重伤害、中毒、窒息和火灾、爆炸等伤害事故。

表 5-3 建筑施工安全事故

序号	事故类别名称	常见伤害形式
1	高处坠落	脚手架或垂直运输设施上坠落的伤害；从洞口、楼梯口、电梯口、天井口和坑口坠落的伤害；从楼面、屋面、高台边缘坠落的伤害；从施工安装中的工程结构上坠落的伤害；从机械设备上坠落的伤害；其他因滑跌、踩空、拖带、碰撞、翘翻、失衡等引起的坠落伤害
2	坍塌	沟壁、坑壁、边坡、洞室等的土石方坍塌伤害；因基础掏空、沉降、滑移或地基不牢等引起的其上墙体和建(构)筑物的坍塌伤害；施工中的建(构)筑物的坍塌伤害：施工中临时设施的坍塌伤害；堆置物的坍塌伤害；脚手架、井架、支撑架的倾倒和坍塌伤害；强力自然因素引起的坍塌伤害；支承物不牢引起其上物体的坍塌伤害
3	物体打击	空中落物、崩块和滚动物体的砸伤；触及固定或运动中的硬物、撞伤；器具、硬物的击伤；碎屑、破片的飞溅伤害
4	触电	起重机械臂杆或其他导电体碰触高压线事故伤害；带电电线(缆)断头、破口的触电伤害；挖掘作业损坏埋地电缆的触电伤害；电动设备漏电伤害；雷击伤害；拖带电线机具电线绞断、破皮伤害；电闸箱、控制箱漏电和误触伤害；强力自然因素致断电线伤害

续表

序号	事故类别名称	常见伤害形式
5	机械伤害	机械转动部分的绞入、碾压和拖带伤害；机械工作部分的钻、刨、削、锯、击、撞、挤、砸、轧等的伤害；滑入、误入机械容器和运转部分的伤害；机械部件的飞出伤害；机械失稳和倾翻事故的伤害；其他因机械安全保护设施缺失、失灵和违章操作所引起的伤害
6	起重伤害	起重机械设备的折臂、断绳、失稳、倾翻事故的伤害；吊物失衡、脱钩、倾翻、变形和折断事故的伤害；操作失控、违职操作和载人事故的伤害；加固、翻身、支承、临时固定等措施不当事故的伤害；其他起重作业中出现的砸、碰、撞、挤、压、拖作用伤害
7	火灾	电器和电线着火引起的火灾；违章用火和乱扔烟头引起的火灾；电焊、气焊作业时引燃易燃物的火灾；爆炸引起的火灾伤害；雷击引起的火灾伤害；自燃和其他因素引起的火灾伤害
8	爆炸	工程爆破措施不当引起的爆破伤害；雷管、炸药和其他易燃易爆物质保管不当引起的爆炸事故伤害；施工中电火花和其他明火引燃易爆物事故伤害；哑炮处理中的事故伤害；在生产中的工厂进行施工中出现的爆炸事故伤害；高压作业中的爆炸事故伤害；乙烯罐回火爆炸伤害
9	中毒和窒息	一氧化碳中毒、窒息伤害；亚硝酸钠中毒伤害；沥青中毒伤害；在有毒气体存在和空气不流通场所施工的中毒窒息伤害；炎夏和高温作业中暑伤害；其他化学品中毒伤害
10	其他伤害	钉子扎脚和其他扎伤、刺伤；拉伤、扭伤、跌伤、碰伤、烫伤、灼伤、冻伤、干裂伤害；溺水和涉水作业伤害；高压(水、气)作业伤害；从事身体机能不适宜作业的伤害；在恶劣环境下从事不适宜作业的伤害；疲劳作业情况下进行作业的伤害；其他意外事故伤害

5.1.4　安全事故等级

安全事故的等级见表 5-4。

表 5-4　安全事故的等级

级　　别	具备下列条件之一者
特别重大事故	造成 30 人以上死亡，或者 100 人以上重伤，或者 1 亿元以上直接经济损失的事故
重大事故	造成 10 人以上 30 人以下死亡，或者 50 人以上 100 人以下重伤，或者 5000 万元以上 1 亿元以下直接经济损失的事故
较大事故	造成 3 人以上 10 人以下死亡，或者 10 人以上 50 人以下重伤，或者 1000 万以上 5000 万元以下直接经济损失的事故
一般事故	造成 3 人以下死亡，或者 10 人以下重伤，或者 100 万元以上 1000 万元以下直接经济损失的事故

5.2 建筑施工生产安全事故预防措施

5.2.1 模板支撑工程及脚手架坍塌事故预防措施

1. 严格建筑施工安全专项方案编制审核

施工、监理等单位应严格按照住房和城乡建设部《危险性较大的分部分项工程安全管理办法》(建质[2009]87号)的有关要求,编制、审核和审批论证建筑施工安全专项方案。对搭设高度超过5 m的模板支架,专项方案必须经施工单位技术负责人、项目总监理工程师审核签字。对于高度超过8 m的模板支架,施工单位必须组织专家对建筑施工安全专项施工方案进行严格论证。

2. 加强模板搭设过程的安全管理

建筑施工模板支架搭设必须由持有建筑施工特种作业操作资格证书的架子工进行。模板支架搭设前,施工单位应当按规定对作业人员进行安全技术交底,明确搭设参数和构造要求。搭设过程中,施工单位应当严格按照模板设计及专项施工方案实施,指定专人实行过程监控,对剪刀撑设置、连接件安装质量等关键节点验收,并如实填写验收记录。搭设完毕后,必须经施工单位项目技术负责人、项目总监理工程师验收签字,确认安全可靠后,才能浇筑混凝土。模板支撑的拆除,必须在确认混凝土强度达到设计要求后才能进行,且拆除的顺序也应严格遵照模板施工技术方案的要求,严禁野蛮拆模。

3. 施工企业认真落实安全生产主体责任

施工企业认真落实安全生产管理职责,按照有关规定,配备安全管理人员,对无法履职、无能力履职的人员及时予以更换;应定期对施工现场进行安全检查,消除安全隐患。要切实加强安全生产培训教育工作,认真落实三级教育制度,切实提高从业人员安全意识和安全技能,杜绝违章作业,防范事故发生。加强对分包单位的安全管理,严禁将工程项目分包给不具备安全生产许可证的劳务队伍;在分包合同中明确各单位的安全管理职责,并定期进行检查、考核,严禁以包代管。

4. 监理单位应切实加强现场安全管理,认真履行安全监理职责

监理单位要按照规定配备项目监理人员,确保企业资质、人员数量、资格等条件符合有关要求。要加强对现场的安全管理工作,督促施工单位安全管理人员到位、履职。要切实做好施工关键环节、关键工序的旁站监理工作;要及时巡查现场安全状况,对发现的违规行为和安全隐患责令相关单位进行整改,对拒不整改的,及时报告政府主管部门。

监理单位要严格按照《建设工程监理规范》(GB/T50319—2013)履行建设工程安全生产管理法定职责,严格按照《建设工程高大模板支撑体系施工安全监督管理导则》(建质〔2009〕第254号)的要求,编制安全监理实施细则,明确对高大模板支撑体系的重点审核内容、检查方法和频率要求,严格按照审批的施工专项方案对高大模板支撑体系搭设、拆除及混凝土浇筑过程进行安全管理。

5. 加大违法行为查处力度

住房和城乡建设主管部门应当加大对模板支撑系统安全监管力度,严厉查处不按规定编制、审核、论证、执行模板支撑系统专项方案,不按规定进行材料查验、资格审核、技术交底、搭设验收、混凝土浇筑等违法违规行为,及时消除重大安全隐患。

5.2.2 建筑起重机械事故预防措施

1. 严格建筑起重机械设备市场的准入控制，从源头上确保设备质量安全

建筑起重机械设备引起安全事故的主要原因之一在于其质量问题，因此各省市建设主管部门应对各地的建筑起重机械设备备案资料进行审查，建筑起重机械应当具有特种设备制造许可证、产品合格证，确保其通过国家相关部门检测、认证，设计、生产是合格的。

2. 加强建筑起重机械安拆、使用和日常维护的安全管理

首先，强化建筑起重机械安拆队伍管理。建筑起重机械事故发生在安装、拆除及顶升加节阶段的比例很大，必须抓好安拆队伍建设，强化资质管理，坚决杜绝没有安拆资质的队伍从事建筑起重设备的安拆和顶升加节；提高安拆作业人员的操作技能和安全意识，加强对作业人员的培训和发证管理，杜绝无证上岗的操作行为；加强起重机械维修保养人员和门式起重机、流动式起重机特种作业人员的发证培训和考核。

其次，加强安装、顶升、拆卸等环节管理。督促安装单位在安装前按照安全技术标准及建筑起重机械性能要求，编制建筑起重机械安装拆卸工程专项施工方案，施工方案应具有针对性和可操作性，在现场监督执法中严查“照搬照抄”方案和不按方案组织安拆等行为；督促总承包企业落实建筑起重机械设备的安全生产主体责任，严格履行设备进场验收、安装、顶升加节、使用和日常维护、拆除等环节的管理职责。

3. 加强总包单位对建筑起重机械设备的全过程安全管理

建筑起重机械的安全使用按照建筑起重机械安全监督管理规定应由多方责任主体共同负责。总包单位要加强对产权单位起重机械采购和租赁管理制度的审核，杜绝质次价廉的起重机械设备及其配件进入工程现场，切实提高机械的本质安全；总包单位应加强对起重机械在选购、配置、安装、使用、维护、保养、改造、报废等整个生命周期中各个环节的管理，注重过程控制，严把验收关、检测关、检查关，使起重机械的使用过程处于有效控制和监管之下，从而有效防止设备违规租赁和使用的问题；总包单位要加强对安装拆卸人员的资格审核，杜绝无证操作人员进入施工现场作业。

4. 监理单位应切实加强现场安全管理

监理作为建筑施工市场重要责任主体，在建筑起重机械的安全管理方面负责审核建筑起重机械的安全技术档案、安拆单位资质、安拆专业特种作业人员持证上岗情况、专项施工方案等；在安拆、使用过程中，进行旁站监理；对建筑起重机械进行安全检查并及时报告安全隐患等。监理单位要切实加强对建筑起重机械设备的安全监理，发现隐患要立即督促施工企业整改，不按照要求整改的，要立即报当地建设行政主管部门处理。要进一步加强对建筑工地起重机械租赁、安装、使用、维修、检验、检测活动的监督管理工作。严格核准审批安装资质、专项施工方案、操作人员资格证书、办理登记使用手续等。

5. 加强建筑起重机械专业人才的培养和安全培训

近几年，由于部分施工企业在改制、改革中对设备管理不重视，取消了原有的设备管理部门。然而，建筑起重机械行业属于高危行业，特种作业人员意外伤害保障制度不完善、社保制度不健全，同时工资普遍偏低，造成了从业人员流动性大、经验丰富的持证操作人员偏少。因此，应加强培养机械、机电一体化等与建筑起重机械管理相关的专业人才，让专业的人做专业的事，杜绝因人的因素或管理不当等原因造成的建筑起重机械事故；定期对起重机械操作及其相关人员进行专业培训，通过安全操作规范及流程、防范措施及现场应急处置的培训,不断提高操作人员的操作水平;建筑起重机械设备的司机必须符合相关规定的要求,经建设行业主管部门考试合格并取得相应的建筑起重机械作业人员操作证,要坚持定人、定机、定岗位责任的“三定”制度,操作人员应熟悉本机构造、性能、维护保养和操作规程。

6. 利用信息化技术实现对建筑起重机械设备全过程安全管理

实践证明,通过信息化辅助系统可以有效监管预警和控制设备运行过程中的危险因素和安全隐患,从而预防和减少建筑起重机械安全生产事故的发生。目前,国内很多地方已利用远程建筑起重机械安全监控辅助管理系统,通过物联网等技术实施建筑起重机械设备的备案、检测、安拆、使用等管理业务,同时结合监控设备的实时数据自动采集分析作为有效辅助监管技术手段,形成面向全过程的设备辅助管理系统。同时,应尽快建立大型起重机械在线即时监控系统,实施网上即时监控。

5.2.3 高处坠落事故预防措施

从事故原因分析和调查情况来看,高处坠落事故多发,发生部位不确定,不可能从单一技术手段或者单一管理手段就可以彻底预防高处坠落事故的发生。因此,要针对事故发生的一般规律,从技术上和管理上相对系统地提出预防高处坠落事故的对策及建议。

1. 切实提高施工现场安全防护水平

施工现场安全管理是个动态管理的过程,加强安全防护设施的管理也必须采取行之有效的措施。施工前必须对高处作业的安全标志、工具、仪表、电器设备和其他各种设备进行全面检查,确认无误后方可投入使用;施工过程中,对高处作业应制定安全技术措施,当发现有缺陷和隐患时,必须及时解决;危及人身安全的必须停止作业;因作业需要,临时拆除或变动安全防护设施时,必须采取相应的可靠措施后实施;井架、施工电梯等垂直运输设备与建筑物通道的两侧边,必须设防护栏杆;地面通道上部应搭设安全防护棚,双笼井架通道间,应予以分隔封闭。各种垂直运输接料平台,除两侧设防护栏杆外,平台口还应设置安全门;起重吊装作业、塔吊、物料提升机及其他垂直运输设备的施工组织设计应详细编制,设计中应包括专项计算、装拆施工顺序、安全技术措施与注意事项、特殊情况防范措施等,装拆过程应严格按有关标准、规范执行;施工作业场所所有存在坠落隐患的物件,应一律先行拆除或加以固定,高处作业所有的物料均应堆放平稳,不得妨碍通行及装拆作业。雨天和雪天进行高处作业时,必须采取可靠的防滑、防寒和防冻措施,遇强风、大雾等恶劣天气,不得进行露天攀登与悬空高处作业。

2. 加强对施工人员的安全教育培训工作

高处作业中作业个体相对独立,作业环境复杂,而且面临不断变化的风险因素,在这样的环境下,对于危险或隐患问题的处理主要靠个人的安全技能和经验。因此,提高作业工人个体行为安全是避免发生高处坠落事故的最有效也是最后的一道防线。要切实加强对作业人员的安全教育培训力度,采取有效措施,确保安全教育培训的效果;要认真执行班组安全教育和安全技术交底制度,确保施工人员的行为安全。要加大现场安全检查的力度,通过安全巡检、周检、专项检查等方式对在高处作业中违反安全技术操作规程的人员和违反劳动纪律的行为进行纠正,彻底改变作业人员习惯性违章的行为。

3. 认真落实安全生产责任制

(1)施工企业要严格按照要求对规定范围内的高空作业编制施工安全专项方案,且方案必须按照程序进行审批。对于危险性较大的工程如高大模板工程、30 m 以上的高空作业专项方案还必须组织专家论证审查。要加强对可能会发生高处坠落事故的重点部位的隐患排查治理，尤其是临边、洞口及各类平台等部位。施工前，应逐级进行安全教育及安全作业技术交底，落实所有安全技术措施和个体防护用品，做到纵向到底，横向到边。建筑施工现场，特别是高处作业场所，应设置明显的安全色标、安全标志，传递安全信息，以利于高处作业人员辨别安全区和安全重点关键部位。要积极开发、引进并利用新技术，提高施工现场重点部位的安全防护水平和施工人员个人防护装备的配备。

施工单位要加强对进入施工现场的特种作业人员资格的审核，确保符合条件、具备相应特种作业人员资格的人员进入施工现场。施工总包单位与分包单位之间要加强沟通，确保各方安全职责落实到位。要建立健全现场安全管理体系，在高处作业的管理和控制方面做到关键部位有检查，危险部位有监护，进一步减少建筑施工伤亡事故的发生。

(2)监理单位要认真履行监理职责，督促施工单位加大安全投入，加强施工现场安全防护，同时加强对施工现场安全防护、人员持证上岗等情况的检查力度，对发现的可能导致高空坠落危险的隐患及时督促施工企业整改到位。

5.3 施工现场安全标志

施工现场施工机械、机具种类多，高空与交叉作业多，临时设施多，作业环境复杂，不安全因素多，属于危险因素较大的作业场所。在施工现场的危险部位以及设备、设施上设置安全警示标志，提醒、警示作业人员，时刻认识到所处环境的危险性，避免事故发生。

5.3.1 安全标志

1. 安全标志含义

根据现场国家标准《安全标志及其使用导则》(GB2894)规定，安全标志是用以表达安全信息的布置，由图形符号、安全色、几何图形(边框)或文字构成。包括提醒人们注意的各种标牌、文字、符号以及灯光等，以此表达特定的安全信息。其目的是引起人们对不安全因素的注意，防止发生事故。安全标志主要有安全色和安全标志牌等。

2. 安全标志使用范围

设置在工况企业、建筑工地、厂内运输和其他有必要提醒人们注意安全、容易发生事故或危险性较大的场所，以提高人们的防范意识，减少或避免事故的发生。

3. 安全标志分类

安全标志分为禁止标志、警告类标志、指令类标志和提示类标志四大类型。

(1)禁止标志。

圆形，背景为白色，红色圆边，中间为一红色斜杠，图像用黑色。一般常用的有“禁止烟火”“禁止启动”等。

(2)警告类标志。

等边三角形，背景为黄色，边和图案都用黑色。一般常用的有“当心触电”、“注意安全”等。

(3)指令类标志。

圆形，背景为蓝色，图案及文字用白色。一般常用的有“必须戴安全帽”、“必须佩戴防护眼镜”。

(4)提示类标志。

矩形，背景为绿色，图案及文字用白色。

安全标志应安装在光线充足明显之处。高度应略高于人的视线，使人容易发现；一般不应安装于门窗及可移动的部位，也不宜安装在其他物体容易触及的部位；安全标志不宜在大面积或同一场所使用过多，通常应在白色光源的条件下使用，光线不足的地方应增设照明。安全标志一般用钢板、塑料等材料制成，同时也不应有反光现象。

4. 常用安全标志

常用安全标志如下所示。

禁止安全标志系列

禁止单扣吊装

禁止酒后上岗

禁止乱动消防器材

禁止混放

禁止攀牵线缆

警告安全标志系列

注意安全

当心火灾

当心爆炸

当心有害气体中毒

当心中毒

当心触电

当心落物

当心坠落

当心车辆

当心弧光

当心塌方

当心机械伤人

当心伤手

当心吊物

当心滑跌

当心扎脚

当心坑洞

当心电缆

当心碰头

当心绊倒

指令安全标志系列

必须戴防尘口罩

消防、提示安全标志系列

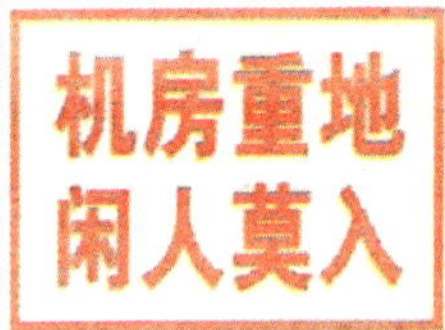

5.3.2　安全色

1. 安全色的含义

根据现行国家标准《安全色》(GB2893)的规定，安全色是传递安全信息含义的颜色。

2. 安全色的分类

(1)红色：表示禁止、停止、危险以及消防设备的意思。凡是禁止、停止、消防和有危险的器件或环境均应涂以红色的标记作为警示的信号。如信号灯、紧急按钮均用红色，分别表示“禁止通行”“禁止触动”等禁止的信息。

(2)黄色：一般用来标志注意、警告、危险。如“当心触电”“注意安全”等。

(3)蓝色：表示指令，要求人们必须遵守的规定。如“必须戴安全帽”“必须验电”。

(4)绿色：表示给人们提供允许、安全的信息。如“在此工作”“在此攀登”等。

(5)黑色：表示用来标注文字、符号和警示标志的图形等。

(6)白色：表示用于安全标志红、蓝、绿色的背景色，也可用于安全标志的文字和图形符号。

(7)黄色与黑色间隔条纹：表示用来标志警告、危险。如各种机械在工作或移动时容易碰撞的部位，如移动式起重机的外伸腿、起重机的吊钩滑轮侧板、起重臂的顶端、四轮配重；平顶拖车的排障器及侧面栏杆；门式起重和门架下端。

(8)红色与白色间隔条纹：表示用来标志禁止通过、禁止穿越等。

在使用安全色时，为了提高安全色的辨认率，使其更明显醒目，常采用其他颜色作为背景，即对比色。红、蓝、绿的对比色为白色，黄的对比色为黑色，黑色与白色互为对比色。

5.3.3　施工现场安全标志设置

施工单位应当根据工程项目的规模、施工现场的环境、工程结构形式以及设备、机具的位置等情况，确定危险部位，有针对性地设置安全标志。施工现场应绘制安全标志布置总平面图，根据不同施工阶段的施工特点，有针对性地进行设置、悬挂和增减。

1. 安全标志设置方式

(1)高度。

安全标志牌的设置高度应与人眼的视线高度一致，禁止烟火、当心坠物等环境标志牌下边缘距离地面高度不能小于 2m；禁止乘人、当心伤手、禁止合闸等局部信息标志牌的设置高度应视具体情况确定。

(2)角度。

标志牌的平面与视线夹角应接近90°,观察者位于最大观察距离时,最小夹角不低于75°。

(3)位置。

标志牌应设在与安全有关的醒目和明亮地方,并使大家看见后,有足够的时间来注意它所表示的内容。环境信息标志宜设在有关场所的入口处和醒目处;局部信息标志应设在所涉及的相应危险地点或设备(部件)附近的醒目处。标志牌一般不宜设置在可移动的物体上,以免这些物体位置移动后,看不见安全标志。标志牌前不得放置妨碍认读的障碍物。

(4)顺序。

同一位置必须同时设置不同类型的多个标志牌时,应当按照警告、禁止、指令、提示的顺序,先左后右,先上后下的排列设置。

(5)固定。

建筑施工现场设置的安全标志牌的固定方式主要为附着式、悬挂式两种。在其他场所也可采用柱式。悬挂式和附着式的固定应稳固不倾斜,柱式的标志牌和支架应牢固地连接在一起。

2. 安全标志设置部位

根据国家有关规定,施工现场入口处、施工起重机械、临时用电设施、脚手架、出入通道口、楼梯口、电梯井口、孔洞口、桥梁口、隧道口、基坑边缘、爆破物及有害危险气体和液体存放处等属于危险部位,应当设置明显的安全标志。

安全标志的类型、数量应当根据危险部位的性质不同,设置不同的安全警示标志,如在爆破物及有害危险气体和液体存放处设置禁止烟火、禁止吸烟等禁止标志;在施工机具旁设置当心触电、当心伤手等警告标志;在施工现场入口处设置必须戴安全帽等指令标志;在通道口处设置安全通道等指示标志;在施工现场的沟、坎、深基坑等处,夜间要设红灯示警。

5.4 施工现场急救

现场急救是在施工现场发生伤害事故时,伤员送往医院救治前,在现场实施必要和及时的抢救措施,是医院治疗的前期准备。

5.4.1 建筑工地一旦发生伤亡事故时,应立即做好的三件事

(1)启动应急预案、有组织地抢救伤员、组织人员疏散、组织抢险救灾。

(2)保护事故现场不被破坏。如因抢救伤员等需要局部破坏现场时,应安排人员做好现场原始记录或拍照等。

(3)及时向单位领导报告,并按规定向上级和有关部门报告。发生火灾时及时拨打"119"火警电话,有人员伤亡时及时拨打"120"急救电话等。

5.4.2 现场抢救的原则

现场抢救必须做到"迅速、就地、准确、坚持",其含义就是:

(1)迅速就是要争分夺秒、千方百计地使受害者脱离危险现场(触电者迅速脱离电源),

并移放到安全地方，这是现场抢救的关键。

(2)就地就是要争取时间(时间就是生命)，在现场(安全地方)就地进行抢救。

(3)准确就是抢救的方法、程序和施行的动作姿势要合适得当。

(4)坚持就是抢救者必须坚持到底、不轻易言弃，直到前来救护的医务人员判定触电者已经死亡、已再无法抢救时，方可停止抢救。

5.4.3　高处坠落急救

(1)当发生下坠时，应立即将头前倾，下颌紧贴胸骨，应屈腿，同时尽可能抓握附近的物体，以尽量降低伤害。

(2)万一施工人员从高处坠落，现场解救不可盲目，不然会导致伤情恶化，甚至危及生命。应首先观察其神志是否清醒，并察看伤员着地部位及伤势，做到心中有数。

(3)伤员如昏迷，但心跳和呼吸存在，应立即将伤员的头偏向一侧，防止舌根后倒，影响呼吸。另外，还必须立即将伤者口中可能脱落的牙齿和积血清除，以免误入气管，引起窒息。对于无心跳和呼吸的伤员，应立即进行人工呼吸和胸外心脏按压，待伤员心跳、呼吸好转后，将伤员平卧在平板上，及时送往医院抢救。

(4)如发现伤员耳朵、鼻子出血，可能有脑颅损伤，千万不可用手帕、棉布或纱布去堵塞，以免造成颅内压力增高和细菌感染。如外伤出血，应立即用清洁布块压迫伤口止血，压迫无效时，可用布带或橡皮带等在出血的肢体近躯处捆扎，上肢出血结扎在臂上 1/2 处，下肢出血结扎在大腿上 2/3 处，做到不出血即可。注意每隔 25～40 min 放松一次，每次放松 0.5～1 min。

(5)伤员如腰背部或下肢先着地，下肢有可能骨折，应将两下肢固定在一起，并应超过骨折的上下关节；上肢如骨折，应将上肢挪到胸口，并固定在躯干上，如果怀疑脊柱骨折，搬运时千万注意要保持身体平伸位，不能让身体扭曲，然后由 3 人同时将伤员平托起来，即由一人托头及脊背，一人托臀部，一人托下肢，平稳运送，以防骨折部位不稳定，加重伤情。

(6)腹部如有开放性伤口，应用清洁布或毛巾等覆盖伤口，不可将脱出物还原，以免感染。

(7)抢救伤员时，无论哪种情况，应边抢救边就近送医院，并且应减少途中的颠簸，也不得翻动伤员。

5.4.4　坍塌事故急救

1. 解除挤压、移动受害者

一旦坍塌发生事故，应尽快解除挤压，在解除压迫的过程中，切勿生拉硬拽，以免进一步伤害；如全身被埋，应先清除头部的土物，并迅速清除口、鼻污物，保持呼吸畅通。

小心谨慎地移动伤员，最为可靠的步骤如下：

(1)双手握住伤员肩膀处的衣服；

(2)以双手腕支撑伤员的头部；

(3)拖拉伤员的衣服。

2. 现场抢救

(1)抢救休克的伤员。

休克伤员的症状是：脸色苍白或发青，咬舌，口齿不清；发冷，皮肤潮湿或出汗，瞳孔放大,眼睛凹陷;恶心、颤抖、口渴;心脏、脉搏跳动加快。

抢救方法如下。

1)可把休克的伤员(头部、胸部、腹部受伤或大腿处,骨折者除外)双腿抬高离地面0.2～0.3 m,让其背部朝下躺着,再使用合适的物体把双腿垫起。这样,能使血液顺畅地流动,达到各器官维持生命所必需的程度。

2)如果休克的伤员呼吸困难,应让其斜倚或侧卧,使其呼吸顺畅。

3)如果伤员有一只腿受伤,可将另一只腿垫高,直至使其他器官获得维持生命所必需的血液。

4)如果伤员出现呕吐,应让其侧卧,并给少量饮水。

5)如果出现呼吸、心跳停止者,应迅速采取心肺复苏法等进行抢救。

(2)抢救骨折者。

骨折包扎应包括包扎骨折处的肌肉、肌腱、血管和韧带。有的骨折容易发现,有的骨折在皮肤和肌肉里面不容易发现,应通过观察伤员的肢体组织有无变形和伤员自我感觉来判断。处理骨折的主要方法是把骨折断面加以固定,并在较长时间内保持良好的固定状态。

简易的固定方法如下:

1)就地取材,如使用薄木板,笔直的棍棒等;

2)护垫用布或毛巾,放于薄木板和伤口之间;

3)两片薄木板之间用领带或布条系紧;

4)不能用绷带正对伤口包扎。

(3)止血。

1)对一般流血伤口的控制。

2)把伤口处的衣服移开。

3)用无菌或消过毒的纱布、清洁干净、吸收性能好的材料放于受伤肢体部位,并系紧。

4)如伤口在手上,应使用清洁干净、吸收性能好的材料止血。

5)控制严重的出血。

如果伤员伤口流血严重,应在伤口处进行直接挤压。这样能阻止动脉直接向伤口供血,如果血从下胳膊处的伤口流出,可直接挤压上胳膊处,即抓住伤员的胳膊上部,挤压内侧。如血从腿部的伤口流出,挤压点应在大腿根部。

5.4.5 机械伤害急救

造成机械伤害的主要原因,可分为违章操作、违章指挥和机械设备缺陷等几种。

发生机械伤害后,在医护人员没有到来之前,应检查受伤者的伤势、心跳及呼吸情况,视不同情况采取不同的急救措施。

(1)机械伤害的伤员,应迅速小心地使伤员脱离致伤源,必要时,可拆卸机器,移出受伤的肢体。

(2)发生休克的伤员,应首先进行抢救。遇有呼吸、心跳停止者,可采取人工呼吸或胸外心脏按压法,使其恢复正常。

(3)骨折的伤员,应利用木板、竹片和绳布等捆绑骨折处的上下关节,固定骨折部位;也可将其上肢固定在身侧,下肢与下肢缚在一起。

(4)对伤口出血的伤员,应让其以头低脚高的姿势躺卧,使用消毒纱布或清洁织物覆盖伤口，用绷带较紧地包扎，以压迫止血，或者选择弹性好的橡皮管、橡皮带或三角巾、毛巾、带状布巾等。对上肢出血者，捆绑在其上臂 1/2 处；对下肢出血者，捆绑在其大腿上 2/3 处，并每隔 25～40 min 放松一次，每次放松 0.5～1 min。

(5)对剧痛难忍者，应让其服用止痛剂和镇痛剂。

采取上述急救措施之后，要根据病情轻重，及时把伤员送往医院治疗。在转送医院的途中，应尽量减少颠簸，并密切注意伤员的呼吸、脉搏及伤口等情况。

5.4.6　眼睛伤害救护

(1)眼有异物时，千万不要自行用力揉眼睛，应通过药水、清水冲洗，仍不能把异物冲掉时，才能扒开眼睑，仔细小心清除眼里异物，如仍无法清除异物或伤势较重时，应立即到医院治疗。

(2)当化学物质进入眼内，立即用大量的清水冲洗，冲洗液可以是凉开水、自来水、河水或井水。此时分秒必争最重要。冲洗时要扒开眼睑，使水能直接冲洗眼睛，要反复冲洗，时间至少 15 分钟以上。在无人协助的情况下，可用一盆水，双眼浸入水中，用手分开眼睑，做睁、闭眼、转动眼球动作，一般冲洗 30 分钟。冲洗完毕后，立即到医院做必要的检查和治疗。

5.4.7　触电事故急救

触电者的生命能否获救，在绝大多数情况下取决于能否迅速脱离电源和正确地实行人工呼吸和心脏按压。拖延时间、动作迟缓或救护不当，都可能造成死亡。

1. 隔离电源

发现有人触电时，应立即断开电源开关或拔出插头，若一时无法找到并断开电源开关时，可用绝缘物(如干燥的木棒、竹竿、手套)将电线移开，使触电者脱离电源。必要时可用绝缘工具切断电源。如果触电者在高处，还要采取防坠落的措施，防止触电者脱离电源后摔伤。

2. 紧急救护

根据触电者的情况，进行简单的检查，根据情况不同分别处理。

(1)对于神志清醒，但感到乏力、头昏、心悸、出冷汗，四肢发麻，甚至有恶心或呕吐的伤者，应使其就地安静休息，减轻心脏负担，加快恢复；情况严重时，应立即小心送往医疗部门检查治疗。

(2)对于呼吸、心跳尚存在，但神志昏迷的伤者，应将病人仰卧，保证周围空气流通，并注意保暖；除了要严密观察外，还要做好人工呼吸和心脏挤压的准备工作。

(3)经检查发现，处于“假死”状态的伤者，则应立即针对不同类型的“假死”对症处理：如呼吸停止，应用口对口的人工呼吸法来维持气体交换；如心脏停止跳动，应用心脏按压法为维持血液循环。

3. 救助方法

(1)口对口人工呼吸法，病人仰卧，松开病人衣物，清理病人口腔阻塞物，使病人鼻孔向上，头后仰；贴嘴吹气，然后放开嘴鼻换气；如此反复进行，每分钟吹气 12 次，即每 5 秒吹气 1 次。

(2)体外心脏按压法，病人仰卧硬板上，抢救者中指(手掌)对病人凹樘，掌根用力向下压，慢慢向下，然后突然放开；连续操作，每分钟进行 60 次，即每秒 1 次。

(3)有时病人心跳、呼吸都停止,而急救者只有一人时,必须同时进行人工呼吸和体外心脏按压,此时,可先吹两次气,立即进行挤压15次,然后再吹两次气,再挤压,反复交替进行。

(4)中暑的急救。

①夏季,在建筑工地上劳动最容易发生中暑,轻者全身疲乏无力,头晕、头痛、烦闷、口渴、恶心、心慌;重者可能突然晕倒或昏迷不醒。

②最早发现有人中暑者应立即大声呼救,及时向有关人员报告,并根据情况立即采取正确方法施救。

③对轻症中暑者应立即进行急救。让病人平躺,并放在阴凉通风处,松解衣扣腰带,慢慢地给患者喝一些凉开(茶)水、淡盐水或西瓜汁等,可以给病人服用十滴水、人丹、藿香正气片(水)等消暑药品。重症者,要及时送往医院治疗。

5.4.8 食物急性中毒急救

在日常生活中要自觉注意防止食物中毒,不能食用变质食物和不卫生的食品和饮料。

(1)最早发现有食物中毒者应立即大声呼救,及时向有关人员报告,并根据情况立即采取正确方法施救。

(2)排除未吸收的毒物。对神志清醒者催吐,喝温水300～500 mL,用压舌等刺激咽后壁或舌根部以催吐,如此反复直到吐出物为清亮液体为止。

(3)由于施工工地人多,容易造成集体食物中毒,如发现有工人集体发烧、呕吐、咳嗽等不良症状,就立即采取正确的方法施救。同时迅速向有关部门报告或报警,迅速联系救护单位,及时将中毒人员送医院治疗。

参 考 文 献

[1] 住房和城乡建设部工程质量安全监督司.特种作业安全生产基本知识.北京:中国建筑工业出版社,2009.

[2] 住房和城乡建设部工程质量安全监督司.建筑施工生产安全事故案例分析.北京:中国建筑工业出版社,2014.

[3] 苟剑明、王芳.安全生产基本知识.北京:中国环境出版社,2012.

[4] 张迪、吴瑞卿.建筑施工安全:北京:中国电力出版社,2011.

[5] 张瑞生.建筑施工安全管理.武汉:武汉理工大学出版社,2009.